正念力

挑战墨菲定律的凯西法则

CASEY'S LAW

IF SOMETHING CAN GO RIGHT,IT SHOULD

[美] 艾尔·凯西（Albert V. Casey）著

谷永亮 译

人民东方出版传媒
People's Oriental Publishing & Media
東方出版社
The Oriental Press

墨菲定律告诉我们，

如果什么事可能向糟糕的方向发展，那它就会。

而艾尔·凯西则证明恰恰相反的一面：

如果事情可能向正确的方向发展，那它就会。

但是为了让事情向正确的方向发展，你需要投入艰苦的努力，聚焦于解决关键性问题，并且相信身边的人。

我们叫它——正念力。

目录

什么是我们自由基础的道德价值？荣誉、对上帝和对国家的责任、为他人服务、忠诚、善良、慷慨、努力工作、自力更生以及最重要的诚实和正直。

具备更灵活的认知能力，拥有创造力和创新能力，获得更高层次的幸福感，善于控制情绪以及更好地理解他人，这会是正念带给我们的变化。

当艾尔·凯西（Albert V. Casey）告诉我他正在写回忆录，或者说得更准确一点，正在把他所生活并指挥的商业世界——铁路、报纸、书刊、电视、大型航空公司、银行业，以及担任美国邮政署长和信托公司总裁时所学到的教训记录下来时，我对他说，我将向他致以一名作者能够获得的最高敬意：亲自到书店去买一本他写的书。

在这个平庸俗气的商业世界中，艾尔·凯西的特立独行放射出明亮的光辉。事实上，他属于那种攻守兼备，充满才智和幽默的伟大商业领袖，而这种商业领袖现在已经越来越少了。他深谙人性，因为他尊重每位下属的个人尊严，并用毫无掩饰和不做作的热情和友好来对待他们。最重要的是，他对未来好像有一种本能的直觉。

换句话说：许多人都能分析财务报表，熟练地制作电子表格，善于增强股东间的凝聚力，能够组织、管理和“主持”董事会议，但是有几个最高执行长官能深入工厂车间去，或走在办公室的走廊上，真正同员工进行沟通，赢得他们的尊敬，激起他们的自豪感和忠诚感呢？艾尔·凯西就能做到。

我是如何知道的呢？五十年来我一直在观察艾尔·凯西——有时是在他身边，有时是从远处——观察他如何在凶险商海中驰骋。

我第一次见到艾尔·凯西是在一个凉爽的秋日，在查尔斯河畔。当时，第二次世界大战刚刚结束，我们都是哈佛大学商学院的新生，在一个班里上课。记得第一次见面时，我们都在用警惕的目光互相打量。我们这个班的学生个个都不简单，大家都是踌躇满志的年轻人，并且才智过人。后来我再也没有遇到过那么不知疲倦、互相之间竞争那么激烈的一帮人了。所有的人都毕业于国内最好的大学，都在异国他乡打过仗，现在又都回来了，渴望找回失去的青春年华。无论是在教室还是在自愿参加的学习小组里，生活的节奏总是那样紧张，就企业经营中遇到的每一个新问题，我们总是一起讨论到深夜。那时战争刚刚结束，存留下来的餐馆破旧得像牛棚一样，我们就在那里讨论问题，目标只有一个：向着正前方全速前进。我们没有时间可以浪费，我们必须追赶上自己的未来。在这些年轻人中，没有一个人不想成为领袖，而艾尔·凯西最为突出。他才华横溢，充满智慧，善于博得他人的喜爱，所有这一切使他成为我们之间的中心人物。

在他的整个职业生涯中，艾尔·凯西证明了一件事，那就是一个人可以意志坚决，也可以待人友好，生意场既充满竞争又充满乐趣，人们可以注意各自的底线又可以毫无顾忌地开怀大笑。如果真的有一个纪念馆专门用来纪念商界最有声望的人，艾尔·凯西的塑像理当位列其中，而且应该放在令人仰慕的位置。不过，事先要提醒雕塑家：别忘了在他的雕像上刻上一个深深的、能够包容一切的笑容。

杰克·瓦伦提（Jack Valenti）

在此我想向许多为此书的诞生做出过贡献的人表示感谢。首先，感谢长期以来担任我的行政助理的莉比·司各特小姐，她不仅为此书的诞生做出了巨大贡献，而且25年来一直在给予我巨大的帮助。感谢鲍勃·厄布鲁、菲尔·威廉姆斯和查克·施耐德向我提供了许多关于时代明镜公司的细节，并帮助我唤起了许多回忆。感谢比尔·罗埃尔和里克·阿布图西，他们同样慷慨地帮助我回想起信托公司的许多错综复杂的细节问题，萨丽·科尔尼则在描述当时发生的一切时给了我很大的帮助。鲍勃·克兰多和基恩·欧伏比克帮助我回忆起美洲航空公司在20世纪七八十年代走过的风风雨雨。我亲爱的友人代夫·麦里克、鲍勃·麦克林和弗兰克·考伊纳帮我填补了南太平洋航空公司的空白。此外我还要特别感谢帕特·帕特森，是她鼓励我完成了这本书；还有我的孩子彼得和朱迪，他们以自己的方式进一步激励了我。最后，我还要感激已故的杰克·盖瑞提，他给予我的帮助是我无法尽述的。在我担任邮政署长和在信托公司工作期间，我们一起度过了不平静的年代，看清了生活的许多方面。我很遗憾杰克已于1996年去世，不能读到这本书。

CASEY'S LAW

01

阿灵顿的童年

墨菲（Murphy）这位神秘且忧郁的爱尔兰人坚持认为，如果事情有可能向坏的方向发展，就一定不会朝好的方向发展。我从未打算有意反对墨菲的观点，但从商近50年来，我发现了被自己后来称为“凯西法则”的规律——如果事情能够向好的方向发展的话，它就不应该朝向坏的方向。

几十年来，甚至可以说几百年来，关于“失败不可避免”的观点一直是与一位神秘且忧郁的爱尔兰人相联系的，他的名字叫墨菲（Murphy）。这位爱尔兰人坚持认为，如果事情有可能向坏的方向发展，就一定不会朝好的方向发展。我从未打算有意反对墨菲的观点。从商近50年来，我出任时代明镜公司和美洲航空公司的总裁，又在政府部门工作过几年。在这期间我发现了被自己后来称为凯西法则的规律，即如果事情能够向好的方向发展的话，它就不应该会向坏的方向发展。

这样说读者是不是觉得太过于简单化了？其实，说到底这完全是个态度的问题，是看到杯子半满还是只看到杯子半空的问题。但是，又不仅仅如此。解决问题往往意味着要承担风险，有时还会是涉及几百万美元的大风险，但承担风险是取得进步和前进过程中的一部分。墨菲的追随者们总是有现成的借口。在出问题的时候，他们耸耸肩膀，一摊双手说：“瞧，告诉过你行不通的。”仿佛这就解释了一切。

我们应该承认，在决策过程中人们可能犯错误。所有的人都时不时地会有失误，商界、政界、体育界都有人如此。但是我们可以从自己的错误中吸取教训。巴尔的摩七星队大名鼎鼎的布克斯·罗宾森（Brooks Robinson）也经常会犯错误，但第二天他就会在训练中吸取教训，避免再发生同样的事情。

我在五个大型企业工作过，并曾两次被政府雇用，担任各种行政工作。本书就是以我的上述经历为基础的。我坚持自己的观点，尤其是在企业伦理和企业结构方面。我希望向人们证明：坚持自己的原则在企业界的确能带来优势。

我还相信应该尽可能简化问题。从商这么多年来，我一直努力避免在决策过程中为太多的细节所累，或者被那些对解决问题并非完全必要的事情束缚手脚。在我从事的多种工作中，过多的细节和案头工作眼看要把我淹没时，我总是果断地采取措施，挡住洪水般的琐事。这一点，也许在我担任邮政署长的那段不平静的日子里表现得最为明显。

我认为每位商界和政界的领导者都应该能够胜任其职。开始工作后不久我就发明了一种方法，即尽可能地减少备忘录的数量。如果读一读六个月前或者六天前你曾发出或收到的一些备忘录，往往你会发现公司完全不需要这些东西。如果有人无视或违反我限制备忘录数量的规定的话，在大多数情况下，我会在他送来的备忘录上写上一条简短的，可以说是敷衍了事的批注作为回答。我为美航效力十一年，从未书写或口述过任何一份备忘录，但照样扭转了公司的局面。

读者可能注意到我在前文中使用了“商界领导者”这个词，我发现每个公司里都有两类人——领导者和经营者。他们的目标和观点互不相同，甚至可以说是相去甚远，而两者又都是一个企业获得成功所必不可少的人物。任何企业如果想要成功的话，那么它的领导者和经营者就必须都对自己的任务有清醒的认识。我认为，在开始从事某一项工作时即确定自己长远的目标和使命十分重要。因为阻碍公司良好运行的一个最大的障碍就是对需要实现的目标没有清醒的认识。领导者必须发出明确的信息，经营者则应该准确无误地听取和理解对自己的要求和期望。关于这一点我以后会进一步谈到。

我和墨菲长期以来的争论源于我相信否定的态度将产生否定的结果。我可以忍受别人解释在某件事情上犯错的原因——只要我相信他真的尽了最大努力；但是如果有人未曾努力尝试就跑到我这里来，向我保证某某计划不会成功，或者摆出现成的借口，那么我会忍不住呵斥他退下。请不要把持否定态度和犯错误混淆起来，这一点很重要：诚实的错误常常来自预先计算过的风险和棘手的选择。我一贯相信我们从自己的失败中学到的比从成功中学到的多得多。

我们都努力不被生活中发生的快节奏变革所淘汰——无论是个人生活还是事业都是如此——即使面对危机，我们也需要提醒自己时刻保持冷静和清醒。危机之所以出现，往往是由于人们任由问题滋长，拖延了太长时间而不去解决。减少甚至消灭危机，从而延长生命的一种方法，就是尽早而不是晚一些找到问题并着手解决。这需要一些训练，这种付出的努力是非常值得的。

有效地利用自身职位优势的最高执行长官和部门领导者会发现：他们明智地使用自己的权力，这些权力就会增加，他们公司的利润也就会增加。使用得当的权力和利润之间有一种密切的关系，一种内在的伙伴关系，以我的亲身经历来看，这种关系完全是相互促进的。

我从来没有为一个我不喜欢和不尊敬的老板工作过，而且，我全心全意地拥护这样一种观点：在企业中前进的最好方法是使你的老板得到升迁。怎样做到这一点呢？请继续往下读。

我曾经三次辞职为接受更重要的职务，每次都得到更高的报酬和权力。但是记住，这个世界是圆的。当你离开一个岗位接受另一份工作时，一定要做得尽可能的友好，可以令人接受，这很重要。以我本人为例，我把离去的公司看成自己最好的朋友之一。当你在企业界流动时，我的建议是切勿把门摔得太重以致无法再次打开。这些是我父亲教我的。

如果你想做个坚韧强硬的人，不必刻意强调，你可以在做出困难决定时仍保持同情。但是，要想让事情办得顺利，就必须记住自己不是世界上最重要的人，而且，无论对首席执行官还是对公司的其他任何人来说，这都适用。在我出任美航总裁没多久时，一位年轻的经理在纽约总部的走廊里向我走来，祝贺我担任新职，并用双手做成一个金字塔状。

他说：“这种‘一人之下万人之上’的职位肯定令人敬畏，位于这座巨大的金字塔顶上，将会有那么多人为你工作，依赖你。”

他指的是美航三万五千名雇员。我轻轻地把他用双手做的金字塔颠倒过来，说：“这才是我对金字塔的理解，是我在底下，为所有上面的人服务。”

十多年后，当这位经理退休时，他给我写了一封感人的信，感谢我帮助他在企业的阶梯上晋升——事实上是他帮助了他自己，他还特别提到在走廊里我把他用手做的金字塔颠倒过来那一幕。

商业的成功没有简单现成的公式，但与人打交道肯定是其中最重要的方面之一。我母亲虽然总是督促我取得好成绩，但也用自身的示范让我看到，倾听和关注别人是至关重要的。

我的妻子艾丽曾对我说："艾尔，你在微笑，在大笑，在讲爱尔兰笑话，但你始终在观察别人的反应，进而推测出他或她的感受，你总是在评价别人。"她比谁都更了解我。

19 世纪 40 年代，爱尔兰出现土豆饥荒后，我父母的家庭分别移民来到美国。我母亲的家庭在缅因州安顿下来，而我父亲的家庭则落户波士顿。他们的祖先来到美国时一无所有，但到我出生时，我的爷爷已在波士顿的罗克斯伯里地区拥有数片地产，而我就出生在那里。

1923 年，我 3 岁的时候，我们全家从罗克斯伯里搬到了马萨诸塞州的阿灵顿，就在查尔斯河对面。一个很大的卡车农场从丘吉尔大街一直延伸到海兰大街，正对着一所中学。这个农场和我们家只隔一条街，街那头有个梅诺托米岩石公园，里面有着广场和美丽的希尔湖。

我童年时，故乡的生活和美国其他地方一样，十分美好。第一次世界大战已经过去，美国不仅富有，而且看上去似乎拥有无穷的机会。生产增长，股票市场繁荣，价格稳定，税率低，预算平衡，美元坚挺……汽车已成为普通家庭的消费品，无线电娱乐业也迅速扩张。

我父亲有个双胞胎兄弟，他常常遗憾他们两人都未能接受大学教育，尤其是因为他们的父亲，也就是我的爷爷，说起来还挺有钱。但我爷爷认为年轻人应该工作，而不是脑子里装满书本上的东西。尽管如此，父亲还是读完了林恩高中。他在那里不仅学了不少书本上的东西，还学习了建筑。毕业后不久他就成立了凯西建筑公司，等到我们几个孩子出世时，我的父母已经在巴莱特大街拥有一座16个房间的两户合住的房子，有一名女仆、一个园丁，还有一个司机。

20世纪20年代中期，在我五六岁的时候，父亲出了一场可怕的车祸：一个哈佛大学的学生在庆祝完自己21岁生日后，酒后驾车撞到了父亲。父亲看到那车摇摇晃晃地向他冲来，便本能地抬起了左腿，但那学生的车还是把他的右腿夹在了挡车板和另一辆停在一边的车之间，挤碎了父亲的大腿骨。医生在父亲腿上缝了98针，植入了一块永久性的银板来代替粉碎的大腿骨。在父亲的余生里，整条腿从脚踝到臀部都显得苍白无力，而且在此后的25年中，直到他逝世——他每个星期五都要按时去拉赫治疗那一直存在的循环问题。

父亲热衷于运动，虽然出了事故仍继续与哥哥和我打球，而且一有时间就带我们去看体育比赛——尤其是橄榄球赛。他同样为他的两个女儿——伊娃·玛丽（Eva Mary）和诺琳（Norine）——感到骄傲，并且像妈妈一样，对我们4个人反复强调教育的益处。我9岁以前，我们的家就像童话中描写的那样，是个幸福的、相濡以沫的家庭，这种田园牧歌般的日子仿佛永远不会结束。

然而1929年的秋天，所有的游戏规则都改变了。当年10月的股票崩溃之后又发生了其他同样令人不安的事。限制国际贸易的斯穆特-霍利法（Smoot-Haw ley）和其他一些要求增加税收以“平衡预算”的法案都与20世纪30年代的混乱有关。

20世纪30年代的阿灵顿是全国的一个缩影。马萨诸塞州的退伍军人在华盛顿游行示威，我们看到专业技术人员开始在街头卖苹果，乌云笼罩着空荡荡的制造厂，银行紧闭大门。我们进入了罗斯福的“字母”时代，先是NRA（恢复法），然后又是WPA（就业进步管理委员会），再是PWA（公共事业管理委员会）、CCC（民用保护公司）。人们修建了新的桥梁、公路、公园、邮局，努力创造就业机会、消费并带来不少利益。

经济大萧条为社会福利和联邦医疗计划的发展播下了种子，并让工会主义广为传播。1932年，阿灵顿一天就有650人到失业办公室找工作。许多市政官员减领部分薪水，因为人们在偷税漏税，而他们的工资本该由这些税收来支付。在那些日子里，没有食品券也没有组织的福利，每个家庭只能自己帮助自己。教堂尽最大的努力来帮助教区的居民，尽管没有足够的资金。许多阿灵顿人卖了房子来支付所拖欠的税款。随着制鞋厂和纺织厂纷纷南迁，许多小家庭商业都遭受了沉重的经济压力，而我们一家在20世纪30年代初相对来说并未受到太大的影响。我父亲的建筑事业凯西和达西公司显然受到了影响，但仍安然无恙。父亲的好口碑似乎可以保护凯西一家安然渡过大萧条，也许算不上毫发无损，但也不会让我们遭受像身边处处看到的那种个人和财政上的灾难。多年来，父亲在波士顿郊区各地盖了许多学校、医院和办公大楼。20世纪30年代中后期，一切都变得十分糟糕：父亲的合伙人因疏忽而没有为公司在爱维莱特的威登纪念医院建筑工地买公共责任保险，于是几乎一夜之间，父亲的公司崩塌了。一个星期天，一名小男孩擅入工地，失足跌倒并受了重伤，男孩家把公司告上法庭并获得胜诉。这桩诉讼搞垮了公司，父亲失去了一切。我看着在那之前一直事业有成、雇得起用人的父亲，却在40岁的时候开始去邮局做兼职工作，在阿灵顿邮局拣邮件，每周上两次班，每次工作4小时，每小时的薪水为1.125美元。

我当时虽然才10岁，却已看到并理解在父亲身上发生了什么，生活中的种种变化在我的眼前一一发生。我放学回家，发现原本精力旺盛、乐观的男人坐在客厅沙发里，抽着廉价的雪茄，读着《阿高西》（*Argosy*）杂志，他不得不伸手向母亲要零花钱。父亲破产了，更糟糕的是，他的心也破碎了。他的自信心荡然无存，他发现连找工作也越来越难。最后，他找到了一份州政府建筑监察员的工作，但他再也不是那个我所认识的充满自信、快乐幸运的父亲了。

父亲的公司倒闭后，母亲这位坚强的女人不得不变得更加坚强。她报考了波士顿大学的教育管理系并被录取，就连在我们的确身无分文，连房子也眼看要被卖掉来交还拖欠的税款时，她也没有崩溃。她意识到父亲再也无法供养我们，送我们上学。在1933年秋天，她宣布成立一所新的学校，就以我们住在阿灵顿的那条大街命名，叫作巴莱特小学。她没有学校的设备，但有一个想法，如果这个想法行得通的话，她就能找到需要的地方。这个想法很简单但充满魄力：在几百万人都一贫如洗的年代，开设一所私立的、收学费的学校，这主意看起来挺可笑，但母亲明白我们住的社区很特别，离哈佛和其他几所重要的大学只一墙之隔。她在麻省理工学院、哈佛大学和拉德克里佛的公告栏上张贴了告示，宣布巴莱特小学成立，并声称她的学校“只收天资聪颖的孩子”。于是马上就有几位教授为他们的孩子报了名，因为他们相信自己的孩子天资聪颖。母亲明白孩子要到年满 5 岁时才能上小学一年级，但只要会念字就可以上二年级了。因此，在学校建立的头几年，母亲有一大堆很小但却天资聪慧的二年级学生。她的点子成功了——1933 年秋天，有 20 个孩子，包括我的小妹妹诺琳在内，在巴莱特学校报名入学。至于学校的场所嘛，我们家的客厅已能满足第一年的需要了。

母亲为学校的工作付出了很多精力，但她从未忽略自己的孩子。随着我们渐渐长大，她开始让我们帮她干学校和家里的杂活，忙个不停。吃晚饭时，她会告诉我们她对我们每个人的希望。她对我说：“如果你取得好成绩，我会非常为你骄傲。”我从来也没获得过十分了不起的成绩，但我的两个妹妹和弟弟都是全优生，所以母亲觉得我没有理由不是全优生。

“可是，妈妈，”我总是回答说，“我觉得当学生会主席一样重要。”

“这也很重要，”她会说，“取得好成绩意味着你付出了努力，学得很认真。”

我坚持认为与人交往同拿好成绩一样重要。有一天晚上我争辩说：“你以为我为什么为了 35 美分就替班尼特小姐割草坪？”班尼特小姐是我的拉丁语老师。“我要不给她割草坪，她多半连及格都不给我。”

“艾尔，”母亲明显感到担忧了，“多可怕，你这是在向她的正直挑战。”

无论父亲有多失败，他都坚持我们应该接受良好的教育。我们全都没有辜负他的期望：约翰上了麻省理工学院，成绩十分出色；我去了哈佛；诺琳去了威尔斯利；伊娃去了里吉斯。约翰虽然只比我大 17 个月，却提前一年上了学，因此总是高我两级，有时还会高三级。

我想多亏了母亲，是她坚定不移地要让事情向好的方向发展，我们才能够生存下来，而且还过得不错——不错也许用得不对，不过，多亏了母亲钢铁般的意志和积极乐观的精神，我们从未感到贫困或消沉。因为有越来越多的父母发现自己的孩子天资聪慧，所以母亲的学校迅速地成长起来。每年我们都要腾出一间屋子将其开辟为教室，最后，房子的一半都变成了学校，就连以前的储煤室也被侵占成了音乐教室。当教室占据了三层楼的房子一侧的所有 7 间屋子时，我们就集体搬到了另一侧。没过多久，领地不断扩张的学校把剩下一侧的房间也征用了几间。后来，不断扩大的学校两次搬迁，移入附近温切斯特镇空闲的公立学校大楼中。

虽然我们在阿灵顿的家逐渐地变成了一所学校，但近一个世纪以来它一直是我生活中的一个固定点。我在那里居住了 20 年，离家后我又回到那里两百多次看望家人，在附近散步回忆。我的妹妹诺琳从母亲手中接管了巴莱特小学，至今仍住在那里。

我上初中时最好的朋友是邻居家叫作唐·库里尔（Don Currier）的男孩。唐是个好学生，比我矮些，身体单薄一些。有一天，他走到我面前说："艾尔，昆丁·史蒂文斯（Quentin Stevens）就要转到我们学校来了，他是有名的坏学生，所以被原来的学校开除了。我们想头一天就教训教训他，让他服服帖帖的。我们决定派人在他到这儿的第一天就揍他一顿，大家推荐你。"

"为什么选我？"我说，"昆丁·史蒂文斯可是个不好惹的家伙，我去礼拜日学校上课时就知道他，再说，你知道我也不是学校里打架最厉害的。"我那时戴眼镜，老是弄破镜片，但都不是不小心跌破的。

"可是你最高嘛！"唐说。这话倒没错。"艾尔，昆丁第一次到操场去，你制服他就行了。"

昆丁会把我杀了的，我想，他可比我壮多了。可是现在学校里的朋友们把我推了上去，我别无选择。难道还有别的选择吗？那个星期在去礼拜日学校学习时，我将昆丁拉到一边，有点紧张地说："昆丁，我听说你要转到我们学校来了，我们那里的人都在说你爱欺负人，大家都以为你会是个混世魔王，你得证明你不是，我可以帮你。如果你愿意那样做的话，我们可以做朋友。”

走在回家的路上，我惴惴不安，不知道昆丁会不会真的相信我。那天晚上，我怎么也睡不着，担心第二天会发生什么事。后来睡着了便梦见昆丁向我喷火，惊醒后出了一身冷汗。

第二天上学前，昆丁来到我家。我从窗户里看到是他来了，很不想去开门，可是知道自己一定得打开它。

“艾尔，”我打开门后昆丁说，“我一直在想你昨天说的话。”然后，他突然把双拳举到胸前，摆出要打架的样子。

我退缩了回来，昆丁突然露出一个大大的微笑。

“开玩笑的。”他说。于是我们一起去了操场，已然成了好朋友。我从不需和他打架，而且这当中我学到一条：如果你感到自己会输，你就必须认识到妥协的必要或者减少你对手的优势。事实上，如果我照同学说的去做的话，昆丁定会把我揍个稀巴烂的。

※　※　※

我 17 岁那年利用暑假时间在希图阿特的 A&P 公司打工。希图阿特离家有几英里，我上班又很早，因此就在附近的一家寄宿公寓找了间房间，自豪地第一次过起了自力更生的生活。

一天，母亲接到他的弟弟，也就是我舅舅弗莱德的电话，问她知不知道她的儿子现在住在哪里。

“住在一家寄宿公寓，”她说，并骄傲地补充道，“他自己付房租。”

“你再问问看。”舅舅说。

于是母亲就给我打了个电话，我对她的关心感到很迷惑。

“我不知道会有问题，”我说，“房间挺不错，房东波尼太太是个很好的人，当然，我回来得确实挺晚，不过她会给我留着门，我从没见过任何人随便出入。”

“就这些吗？”母亲严厉地问。

“嗯……”我顿了顿，“她倒是说过，如果楼梯扶手上系了条领带，我就别上楼了，不过可以在长沙发上睡。”每次楼梯扶手上系了领带，波尼太太就会从我每周所交纳的7美元的房租里减去1美元，这对我而言，在沙发上过夜绝对值得。

最终我才发现，这所谓的寄宿公寓竟是家妓院。可怜的母亲，我想她永远不会发现，自己的儿子居然住在妓院里！

我不在A&P打工时，就到新建的当地电影院上夜班。我先是帮着摆放椅子，电影院开门后就充当引座员——每周工作7个晚上。每个星期天，我都在一条叫“礼拜日旅游者”的渔船上打工。此外，我还挨家挨户上门卖过15美分一瓶的“胜家缝纫机油”；推销过邦迪——批发采购后再挨家挨户上门推销，利润是100%。不过我最赚钱的一笔生意是推销鞋带——2美分一副批发来，然后10美分一副卖出去——自小我就对中间商的发家之道了如指掌。

当时我并不知道，但其实已经开始学习凯西法则的基本要点了：如果你希望事情向好的方向发展，你不能坐等它发生，而是必须驾驭事物正确发展的方向。

我从小在哈佛大学的影子下渐渐长大，便总是梦想能考上这所令人肃然起敬的高等学府。当然，母亲总是不断地提醒我们几个孩子，我们能住在哈佛大学和麻省理工学院所在的社区，并与威尔斯利大学仅几英里之隔是多么幸运。高中一年级时我就填了所有的申请表格，还写了一封理由充分的信，列举了所有我应该上哈佛大学的理由，令我失望的是，最终我失败了。我本来可以去另一所学校，但我的心已在哈佛大学了。于是我决定，唯一的办法是再花一年的时间勤奋学习，像母亲总是唠叨的那样，取得更好的成绩。我已经存了足够的钱来支付到附近一所预备生学校进行补习的学费。第二年，我来到这所学校学习并取得了好成绩，最终通过了大学的考试委员会，这次，哈佛大学终于接受了我。公正地说，哈佛还接受了其他18名我在新补习学校的同班同学。说得更确切一点，我们中只有4个人最终毕了业。在那所补习学校上课的大都是富家子弟，这些人很多都是被新英格兰的著名预备学校开除的。新补习学校很善于把学生送进大学，虽然很多人为它所吸引，但却只有很少的人被选中迈进大门。从这次的经历中，我认识到：只要有百分之一的可能变成“是”，就不要把“不”看成问题的回答。我们大多数人不得不在得到几次这样的教训后才会将此牢记在心。

CASEY'S LAW

02

在哈佛大学学习

生活仿佛在你面前无限的延伸，而风险亦是游戏的一部分，鲁莽和风险之间有一道很窄的界限。智慧的一部分是学会如何区分鲁莽和承担风险。

在哈佛大学上本科的几年中我做过好几份工作。我们家仍旧没什么钱，同时还在负担哥哥约翰读麻省理工学院的学费。我的学费是一学期400 美元，这其中大部分得靠自己赚。我干过跑腿、送报、在星期天送邮件的活，报酬是一小时 50 美分，这在当时我已经很高兴了。

我的工作之一是每月开车送一位年纪最大的哈佛毕业生去墓地，那时他已经90 岁了，住在坎布里奇。他想每月拜访他的同学，同他们聊聊天，他们都在墓地里。我的报酬嘛，一小时50 美分。有一天，这位老态龙钟但仍精力充沛的老绅士对我说，他想要我开车送他去伍兹霍尔，他准备去玛萨葡萄园度夏日，报酬是 5 美元。

"注意，我只付钱请你把我送到那儿，年轻人，"他提示说，"然后我要把车用船运到玛萨葡萄园。"

我说："对不起，可是我怎么回家呢？"

"那就是你的问题了，艾尔，这和我无关。"这位年老的哈佛毕业生说。这倒没错，我最后没费多大劲儿便搭上了一辆过路车回了家，兜里多了 5 美元。

说到暑假，每年6 月份，哈佛大学校长詹姆斯·布莱安特·科南（James Bryant Conant）都会到北方的新汉普谢去住上两三个月。在哈佛大学就业办公室工作的里安（Ryan）夫人负责准备他的行李，她雇了我帮忙。看见那辆送货车，你会以为他要搬家，永远不回来了。除了其他东西外，他还总是带着他的滑雪板。我们谁也猜不出为什么，因为他一到秋天必定带着滑雪板回到坎布里奇。

大学期间的另一项工作是开车将孩子们从曼彻斯特送到离哈佛大学不远的位于查尔斯河上游的布朗和尼克拉学校。每天早上七点半到八点，我准时去接我的学生，把他们送到学校。下午再把他们送回家。每个孩子每周付给我6美元，这可是笔大数目。

由于种种原因，我最喜欢的一份工作是监督哈佛大学橄榄球赛的引座员。在上高中时我自己也曾当过那里的引座员。每场球赛都有120名引座员，他们的报酬就是“免费”看球赛。在哈佛大学一至三年级，也就是1939年至1941年中，我在引座员的阶梯上一步步往上爬，到毕业参军时，我已经是负责人，每场比赛可以赚75美元，这真是一笔大财。不过价有所值，每个星期六如果有校内比赛的话，早上10点我就要与全部120名引座员见面，分配每个人的任务。这是我第一次负责管理这么多人，虽然我不认为这是个太大的挑战，但这份工作的确需要计划和监督。体育馆共有20个区域，每个区有一名总引座员（报酬是每场5美元），负责管理手下5～6名引座员（报酬是免费赠票一张）。

还有一份工作是每晚关3个图书馆的大门，这些图书馆全在哈佛大学广场商店上面的三楼和四楼。我必须从晚上9点半开始，带着所有的钥匙，关闭所有灯，锁门。事实上，这活儿是分给哈佛大学中锋乔治·海登（George Heiden）的，无疑是“荣誉”奖学金的一部分，他则骗我替他干这工作，每小时仍是通常的50美分。每晚我还替哈佛大学公寓或宿舍的3个管理员看管半个小时，让他们去吃晚饭。所有这些零零碎碎的工作赚的钱相对不多，但用艾尔莱特·德克森（Everett Dirksen）的话来说：这儿赚几个美元，那儿赚几个美元，很快那就是不小的一笔钱了。

大多数的下午，我得驾驶那个名叫“哈佛小子”的红色小汽船。这只汽船是给体重150磅的教练哈维·拉夫（Harvey Love）用的。下雪下雨的时候我穿着暖暖和和的大衣，而那些可怜的想成为队员的预科生都只穿着一条短裤和罩衫，坐在查尔斯河那里冻得要死。

从所有上述的情况来看，我应该没什么时间上课了。然而事实并非如此，虽然我不是很聪明，却是个认真的学生。不过我从各种经历中学到的和从正式教育中学到的一样多。所有这些工作被证明都是对我极好的训练，也证明了母亲的另一条基本格言：时间宝贵。

1940 年我读二年级时，哥哥约翰已从麻省理工学院毕业，当时为纽约布法罗的科蒂斯-怀特螺旋桨分部效力。当时，由于战争的威胁，航空公司都忙碌起来，它们雇用了刚毕业的约翰和他的一些麻省理工学院的同班同学。约翰和他的朋友在布法罗租了一间房子，称之为洛克斯雷馆。他们大伙儿凑钱租了一架“雏鸽号”飞机，每天早晨轮流飞行（不错，他们都有自己的飞行证书）。

有一个周末，我和一个同学一起去布法罗看望约翰，这个同学的父亲每天开车把他从学校接回家。我在哥哥的房间里过了一夜，并打算第二天搭车回哈佛大学——因为我没钱坐火车或公共汽车。本来要到下个星期二才轮到约翰飞行的，不过因为我在周日去看他，他想带我上一上天。

“你坐过飞机吗？”约翰问我。

“没有。”我说。

“想坐吗？”

“想极了！”

我们特意找轮到星期天早上飞行的人，问他愿不愿意同约翰调换。“我想带弟弟飞一圈，”约翰解释说，“你愿不愿意和我换一次？”那人说可惜他星期二不在，所以不能在那天飞行。“不过，我可以带你弟弟上飞机。”他大度地说。我把约翰拉到一边，问他这个家伙是不是真会驾驶飞机。

“他可是队里最好的飞行员，”约翰说，“我宁愿他带你上飞机。”

于是我就爬进“雏鸽号”，它其实只有咖啡桌那么大，一个机翼，一个引擎，如此而已。我们很快就准备起飞了。“雏鸽号”有一前一后两个座位，座舱窗户是丙烯有机玻璃的，有两扇已经破了。“跑道”是一片坑坑洼洼的场子，飞机就停在那里。起飞时震动得十分剧烈，我简直担心还没上天就会把自己的牙齿震松。飞了一会儿以后，哥哥的朋友在马达的隆隆声中嚷道：“嗨，你觉得怎么样，艾尔？”

“棒极了。”

然后约翰的朋友将飞机头朝下俯冲了几千英尺。“这个怎么样?”他叫道，笑得嘴几乎咧到了耳朵根。

“盖了帽了。”我回叫道，“该怎么飞就怎么飞。”

于是他把机头冲上，熄灭了发动机，引擎马上停止了转动。这时，飞行员把机头扭转朝下，螺旋桨又开始转动，就像推挡发动汽车一样。

“那么这个你觉得如何，艾尔?”他说。

“妙极了。”我叫道，但是感觉可不像我叫得那么愉快。

他又做了一次失速，不过这次是机头朝下，螺旋桨不能启动。眼看离地面越来越近，发动机却仍未启动，约翰的朋友把机头转上，像滑翔一样操纵飞机。与此同时，哥哥在下面越看越担心。后来他告诉我，当时他不由得问自己：

“这下可怎么向妈妈交代?嗨，妈妈，我让一个朋友带艾尔上我们的飞机，结果飞机坠落，他摔死了。”

开飞机的那个家伙（我简直不敢称他为“飞行员”）说：“抓紧喽。没有别的办法，现在我们要降落了。”于是我们开始往下俯冲。我猜要回到跑道上去肯定没有指望了，只是不知这位鲁莽的“飞行员”知不知道自己要飞到哪里去。眼看离地面越来越近，我壮起胆子问他要在哪儿降落。

“看见下面那片农田了吗?”他指道，“我们来试试能不能在农田里降落。”

我以为我们肯定会撞上离我们越来越近的高压线，但竟然鬼使神差地躲了过去，真是好险——以我公正的判断，也许只差2英寸。螺旋桨始终没转动起来，可以说我们像一条木棍一样笔直地扎进了农田。虽然震得一塌糊涂，但居然什么也没弄破。飞机终于摇摇晃晃地停了下来，我钻出机舱，膝盖软得像果冻一样。

“降落技术不错。”我说。一直在一旁边发抖边注视我们的约翰冲上来，搂住我使劲吻我，好像我刚到鬼门关走了一遭——从某种意义上讲，我猜测当时自己与死亡的确只有一线之隔。

这次经历教会了我在开始做某事之前一定要小心地权衡后果。我没有摔死真是幸运之至，当时，我差不多还是个孩子。年轻的时候，生活仿佛在你面前无限地延伸，而风险亦是游戏的一部分。但鲁莽和承担风险之间有一道很窄的界限。我后来才意识到，智慧的一部分就是学会如何区分鲁莽和承担风险。带我上天的那位年轻的“飞行员”就犯了鲁莽的错误——或者说“胆大包天得发了疯”——没有权衡后果就去冒不必要的风险。

1941 年夏天，我对墨菲法则有了更深的认识。当时我在马萨诸塞州北希图阿特的克里夫旅馆当餐厅里上鸡尾酒的侍者。那地方在波士顿以南 20 英里，是一片海滩。旅馆是波士顿的萨莫斯（Summers）家开的。

旅馆的主人是一位叫罗杰·波德拉（Roger Boderat）的前比利时职业拳击手。他雇了 10 名男大学生帮他装修旅馆，准备夏季营业（冬天的几个月不营业）。工作很辛苦：要搅拌和倾倒水泥，把家具从储藏室里搬出来，擦洗干净，再刷上油漆，还要修补变形和破裂的地板。

大家花了整整三个星期才把那地方搞得有点像样——我们一天工作 12 个小时，一星期工作 7 天。作为回报，我们可以免费吃住，每月还可以拿到 20 美元，包括夏天在餐厅当侍者的三个月。

在装修和打扫旅馆期间，几乎每晚都有班级来这儿聚会。我们给他们当侍者，旅馆每次向班长收 50 美元，我们每个人可以拿到 1 美元，剩下的 40 美元便由罗杰·波德拉收归己有。谁要是对这种看似不公平的安排口出怨言便会被当场解雇。

我们大家都憎恨波德拉先生，不过有时我们也能报复一下——大都是事先毫无计划的报复。第一回，我们为一个班级聚会当侍者，有个叫吉姆·罗根（Jim Logan）的粗野的爱尔兰小伙子从道彻斯特来，曾经拿过威克·费莱斯特的橄榄球奖学金。旅馆有一条规矩：从餐厅到厨房必须靠右侧走，免得撞上对面来的人。一天晚上，大个子吉姆端着一个放有 10 只大玻璃水罐的盘子想抄近路从大门走，结果迎面撞上另一个进来的侍者。聚会的学生们正玩得兴高采烈，只见 10 只水罐飞到空中——看上去好像有几英尺高——然后“哗啦”落到地板上，大部分都摔成了小碎片。巨大的响声使吵闹的学生们突然静了下来，波德拉跑进来，看他脸上的表情，仿佛上断头台对罗根也是太宽容、太简单的惩罚一样。可是再仔细一瞧罗根的块头，明智的店老板决定：慎重乃勇气之本。他强压怒气，只得以浓重的口音狠狠地骂了罗根一通了事。

我们这班人谁也算不上优秀侍者，倒有几个可真是令人头痛，可以把波德拉气得发疯。每个星期天，我们总是提供三种主菜：牛排、鸡和龙虾。一个星期天，一位新来的侍者（我也忘了他叫什么了，不过对他的不幸遭遇倒还记得清清楚楚）想出一个别出心裁的做法。他让自己负责的 4 张桌子的客人都点过菜，然后再到厨房要 4 张桌子的牛排。他认真地把所有的牛排都端到各桌，这桌一份，那桌两份，如此类推。然后他再回到厨房要鸡，然后——如果说不是很及时的话——至少颇为自豪地把一份份鸡送到各张桌子，然后再第三次回到厨房拿龙虾。不消说，等到鸡上来的时候，点了牛排的人早已吃完在一旁恭候了。等到好不容易龙虾也上来时，点了牛排和鸡的人早就连甜点和咖啡都用完了。波德拉先生认为，这位惹得客人们颇为不满的侍者显然不适合做这种高要求的工作，当即叽里咕噜地说了一连串法语，把他打发走了。那可怜的孩子要是听得懂法语，肯定会从此自尊心大受打击。

有一段时间，我被安排负责室外的自助餐，就在餐厅及主厨房的楼下。我们总是忍不住想把一盘盘的食物和脏碟子从餐厅的窗户传给同伴，但是由于显而易见的原因，这是不被允许的，我们要绕过走道，穿过院子，走很长一段路才能把东西送到。有一天我当班，偏巧午餐比平时多花了些时间，于是我们决定加快清理的速度。我从餐厅窗口探出身子，告诉好朋友保罗·拉莫什把脏盘子递给我，一切都进展顺利，直到一次他正把特别大一堆盘子递给我时，波德拉先生出现在了院子里。

由于盘子太重，保罗无法举起来，我便尽量地探出身子去抓那堆盘子。

波德拉先生向上瞟了一眼，用他那很重的比利时口音大声叫道：“保罗，你在干什么呢？”

保罗被老板的吼声吓了一跳，拿着盘子的手一撒，而我此时还没抓稳盘子，怎么举也举不起那一大堆该死的东西，连保持平稳都做不到。盘子和杯子开始往下滑，开始还是慢慢地，后来就越来越快，像没头没脑的导弹坠落在院子的水泥地上一样，砸了个稀巴烂，可惜没有一只能砸到目瞪口呆的店主人身上。

要不是我最受波德拉先生赏识，多半也会被当场炒了鱿鱼。至于保罗，我大度地对波德拉先生说，一切都是我的错，因而救了他一命。“我不能撒谎，”我辩解道，“都是我的错。”其实心里在想：不知比利时人有没有听说过乔治·华盛顿和樱桃树的故事。

这件事令波德拉火冒三丈，但想到我同萨莫斯一家的关系，还是硬生生地克制住了自己——这可真不容易。

在克里夫旅馆工作的那个夏天是令人难忘的。我从罗杰·波德拉那儿学到：虽然给人一点压力是件好事，可是也不能把人逼过了头。

事实上，罗杰·波德拉不仅无情地向我们施加压力，而且还不断占我们的便宜。一天晚上，我们所有侍者聚在一起，庄严地发下血誓要报仇雪恨。我们唯一的困难是虽然大家都决心很大，可是谁也不知道该通过什么方式去做。于是我们开始耐心地等待机会的出现。劳动节的那个周日快到了，那时大家就要离开，眼看就要没有机会了，于是我们最终决定采取行动。星期一早晨，萨莫斯先生在鸡尾酒厅有一个盛大的宴会，顺便说一句，这间屋子被客人们称为竹厅，但是侍者们都叫它猪厅。参加宴会的共有八十来人。我们在鸡尾酒厅吧台后面的走廊里搭了一个吧台，侍者从那里取饮料，然后再送给客人。和往常一样，罗杰在大厅里一有机会就对旅店主人一家点头哈腰，回到吧台的走廊则向我们大吼大叫。大家对此已经忍受了三个月，这可是我们最后一次机会了。于是当罗杰出了一个战术性错误，再次出现在走廊时，他发现我们10个人正在那儿守着呢。大伙儿一言不发，毫无征兆地将他提起，举过头顶，抬到大厅，径直摔在他为主人一家精心准备的白兰地油煎饼上。

接下来便是一阵大乱，有人叫来了警察，不过最后并没有被勒令罚款。当晚我们聚在一起，根据形势来看，第二天一早大家肯定要离开旅馆了。我们共同商定：下一次我们中无论是谁，要是再看到罗杰就杀了他，无论何时何地。

多年以后，当我前往洛杉矶时代明镜公司工作时，当时联合银行的总裁亨利·伏尔克（Harry Volk）曾邀请我到他在联合银行大楼的俱乐部共进午餐，大楼就在威尔谢大街和西大街的交叉口。你猜怎么着，我才刚落座，一抬头看见的不是别人，正是罗杰·波德拉从幽暗的屋子那头向我们走来，他当时是俱乐部的老板。我们两人已经有二十多年未曾谋面，可是彼此都一眼就认出了对方。唉，因为我发过誓，必须当场把他摆平，因此搅了我在时代明镜公司的就职午餐。

在哈佛大学，我们中的许多人都抓紧时间学习，想在征兵前念完大学。我是1943级的，1941年11月初，美国和德国正式宣战，所以1942年，也就是第二年的春天我开始上双份的课程，并且参加了暑期班，以期早日读完大学。和许多同班同学一样，1942年的秋天我已经积累了足够的学分，可以毕业了——我主修的学位是经济学。但我还得参加一次口试，因为学校对拿经济学学位有一些额外的要求。口试在与亚当楼一街之隔的一幢大楼里进行，由三名哈佛大学的经济学教授来对我提问。

其中一位教授就是约翰·登洛普（John Dun Lop），他后来在肯尼迪政府里担任过几次劳动部长职务。登洛普教授教我劳工经济学，讲工人运动史。为了完成这门课，我写了一篇关于路德运动的论文。这次运动是以联合汽车工会主席瓦特·路德命名的，此人曾建议把现有的汽车制造厂改造成战时工厂。为了写这篇论文，我甚至亲自找过路德先生，而这显然给登洛普教授留下了深刻的印象——他喜欢特别有积极性的学生。

在口试过程中，我可以从登洛普教授的表情看出我答得不怎么样。事实上，我答得糟透了。当时我很紧张，看到我没能显示出在劳工经济学上表现出的那种能力，登洛普教授显得很失望。

突然，亚当楼旁边的一幢房子着了火。其他两位教授冲到窗前往外看。

大家听见街上传来救火车的声音，人们在大声叫喊。登洛普教授没有挪步，他伸出手来放在我的肩膀上，说：“坐着，艾尔，我很赞赏你志愿参军服役的计划，不过我想知道我们问经济学的哪些具体方面能让你表现得更好一些。”于是我们讨论了他教的劳工经济学课的一些部分，包括路德计划。当另两位教授结束好奇的观望回到座位上时，登洛普教授对他们说：“我想接下去问一些问题，因为艾尔上过我的一门课。”

剩下的问题我回答得相当出色。

后来我渐渐忘记了从登洛普教授的课上学到的东西，但我仍清楚地记得我们之间建立起来的友谊。登洛普教授知道，至少在他的课上我是个勤奋好学的学生。他还知道勤奋的学生也会在口试中紧张，无法显示出自己的真实水平。他和我之间有一种特殊的关系，如果没有这种关系，我可能就不能通过那次口试，可能要晚一年毕业，那么很可能就不能在战后回哈佛大学读商学院了。我当时代明镜公司首席执行官以及后来担任美航总裁时，始终记得登洛普教授，他显然是不相信墨菲法则的。在那次口试中，事情出了错，但他却决定使它向好的方向发展。

1942 年 9 月的一个下午，去参军之前，我去了一趟哈佛大学商学院的招生办公室填了报名表。由于战争，申请的人很少，我当时就被录取了。第二天，我回去解释说我想延期到战后再上学，招生办的主任站起身挥舞着双手（当时我还以为他以前在法国上的学，要给我一个高卢人式的拥抱呢）对我说：“你做的是崇高的事情，放心吧，哈佛大学商学院永远有你的位置。”

“嗨，这可真够简单的。”我这样想着离开了主任的办公室。回到家，我自豪地把一切告诉了母亲，告诉她哈佛大学商学院已经同意我战争一结束就去上课。

“你拿到书面承诺了吗，艾尔？”她问，“我是说延期入学的事。”

“当然没有，妈妈，但主任亲口向我许诺了。”

事实上，妈妈总是对的。

CASEY'S LAW

03

军队、扑克和南太平洋

我相信自己无论做什么都能成功。这信念是母亲从小灌输给我们的，后来在自己的经历中又不断得到加强。这不是梦想，也不是炫耀。

我在希图阿特的 A&P 公司每周赚 17 美元的时候，曾冒着输钱——当然还有母亲知道后大怒的危险去赌马。那时我总是把马票放在牛奶瓶里，如果现在我去马场的话，我仍会用少年时自己学会的那套方法。我不会把赌注押在报纸上登的赌注和赢取数额最大的那匹马上，而是押报纸上成绩变化最大的第二、第三和第四匹马，三个得奖机会全押。每匹马 6 美元，总共得花 18 美元。十次有九次我都会赢，但赢得不多，因为很少有三匹马同时赢钱。

通过登洛普教授的考试之后不久我就参加了陆军。在部队里，我们每天中午都要打牌，雷打不动。通常赌五分或十分的硬币，有时也玩得大一些。

事实上，要入伍还挺不容易的。一开始，我想报名参加波士顿的海军，结果因为视力检查没有通过而落选。我是进行性近视眼，这种病和自然规律有点儿背道而驰：在 29 岁以前视力会越来越差，29 岁以后则越变越好（现在，我的视力比任何时候都好）。于是，我就跑到纽约又试了一次，因为有人告诉我纽约那边很宽松，只要你还有口气儿就能参军。事实并非如此，我又一次因为视力不合格被退了回来。于是我北上布法罗第三次参军。三次都没有成功，凯西，现在你怎么办？最后，我到了马萨诸塞州春田镇旁边的威斯特菲尔德，在那里终于当上了一名陆军预备役队员——陆军预备役队员的体质要求比正式陆军宽多了，并报名参加了为期 6 个月的无线电修理课程。每个周末我都要坐火车从威斯特菲尔德赶回波士顿看望艾丽——我爱上的女孩。

她的全名是艾莱娜 · 威尔奇（Eleanor Welch），是我在哈佛大学的一个好朋友安迪 · 小威尔奇的妹妹。安迪比我低一届，是 1944 级的，但我们一起上过几门课，互相挺合得来。安迪长得英俊潇洒，极具魅力，是班长——学生能够自己选举的最高职务。不过把艾丽介绍给我的并不是安迪。大学三年级期末的一天，我的一个朋友，莱里·考贝特问我愿不愿意和他认识的一个女孩约会。

“当然愿意，”我说，“可我没车。”

“这个没问题，我带上你的女朋友来接你。”他说。

我的父母很好奇，想见见这位小姐。这使我感到很尴尬，解释说自己还没见过人家呢，是朋友安排的。莱里来了，他和那个要和我约会的女孩一起走上前来，当时我父母和我正坐在前廊上。

“嗨，艾尔，”莱里介绍说，“这位是艾莱娜·威尔奇；艾丽，这是凯西先生和凯西夫人。”

母亲看着那位姑娘说——我得承认，她真漂亮，美得差点让我窒息：“你是安迪·威尔奇的女儿吧，是吗？”

“噢，是的，我就是，”艾丽回答说（大家都不叫她的正式名字艾莱娜），“怎么，您认识家父吗？”

“我好多年前就认识你父亲了。事实上，我们有一次还一起约会呢。”

从那时候起一直到秋天，我再也没有见过艾丽，因为我一直在工作——就是在克里夫旅馆打工的那个倒霉的夏天。不过我一回到哈佛大学就会给她打电话再次约她出来。艾丽完全把我迷住了，她才17岁，而我在那之前还从未认真地交过女朋友呢。21岁的我早已肯定自己将来会娶她为妻。

陆军后备队对周末在外过夜管得不是很严格，我几乎每个周六下午都坐火车从威斯特威尔德到春田镇，再从春田镇到波士顿，艾丽开着她父亲的1939年的纲什牌汽车到车站接我。我一般11点到波士顿，然后我们开车前往考普理广场的索寞塞饭店，在11点45分酒吧停止营业前喝上一杯。星期天回部队时没有到威斯特威尔德的火车，所以我必须从布鲁克村沿9号公路一路搭车回来。艾丽和我如胶似漆，虽然我们都想结婚，但还是决定最好等到战争结束以后。再说，艾丽的父母提醒我艾丽的年纪还小。

幸运的是，艾丽的父亲也是位哈佛大学的毕业生，1913年毕业的，一辈子都忠于“美好的哈佛”。他赞赏我选择大学的眼光并补充说：“老实说，艾尔，我无法想象把自己的女儿嫁给一个不是哈佛大学毕业的人。”

学完无线电修理课程后，我们这一班后备役队员就加入马萨诸塞州德文斯要塞真正的陆军，被派到新泽西州蒙第斯要塞的西格诺军团。在接受完基本训练后，我们又接受了一连串的智能测试，结果我被分到了密码班，在那里学习如何把军队的命令编成密码和破译密码。还有人专门搞密码分析，简单地说就是破译敌军的密码。我很喜欢研究密码，学得也很快，没多久就成了教官。不过，陆军面临着不断变更的需要。突然有一天，他们把我送上船运到了意大利，参加为期90天的集中封闭学习。然后我又被送到加拿大边境附近的松树营，看守意大利和德国战犯。

在纽约的松树营时，我和一班的蒂米·墨菲、鲍勃·马吉未经正式同意（连非正式的同意也未获得）便一同溜回家过母亲节了。我们觉得部队肯定不会怪我们回家看望母亲。至于我，回家的真正原因则是为了见艾丽——我已经好几个星期没见到她了。那个周末，去波士顿的路上一切都很顺利，但回来的时候却出了问题。我们在火车上被宪兵逮住了，他们发现我们擅离职守，便用卡车把我们径直押回营地，交给了松树营的宪兵。当晚我们就被关了起来。在关押室里大家没精打采的，我问鲍勃和蒂米他们会把我们怎么样。

“我听宪兵说要把我们送上军事法庭。”蒂米说。

“我们才去了两天嘛，”马吉伤心地说，“有这么严重吗？”

结果，看来没有一点爱尔兰式幽默的陆军认为我们的小过失是严重的问题。他们虽然没把我们送上军事法庭，但仍是把这案子交给了连长。

我吓坏了。审讯程序简短而突然。我们试图以庆祝母亲节为借口来减轻罪行，可军方毫不理会。审讯我们的连长也没有因此而宽恕我们。不管怎么样，墨菲（和墨菲法则没有关系）和马吉被从松树营调遣到菲律宾了。

“至于你，凯西，在接到进一步通知前不许离开营房。”连长说。这听起来真是个不祥的预兆。我想：除了菲律宾，他们还能把我送到哪个更糟的地方去？

其实，当时我是营地垒球队的二垒手，球队表现不错。由于赛季只剩下一个月了，上头显然决定不拆散一支赢球的球队。不管怎么样，等到垒球赛季结束的时候，部队的人员要求也再次变动了，对我的罪行和惩罚的记忆早已被我在球场上的表现抵消了，多亏了我的大学教育和还算不错的智商测试得分，我被派到了新泽西州蒙第斯要塞的预备军官学校。这在我看来奇怪得甚至有点不太公平：我违反了纪律却竟然受到奖赏？可我是什么人，也配向上司发问？

从小时候赌马这件事你也许已经得出结论，我的基因组合里埋藏着赌徒的本能，扑克牌对我很有吸引力。在整个大学期间以及军队服役期间，我常常打牌，一玩就是很长时间。倒不是为了高额赌注，我觉得扑克游戏中有一种不可否认的东西和商业生活相互联系：要学会读懂别人，通过集中注意力思考牌的打法来锻炼思维，学会什么时候按兵不动，什么时候放弃，还要学会虚张声势以及什么时候虚张声势。

退伍以后，迈进了所谓的社会，我继续和朋友及生意上的伙伴们玩扑克。其间有好几个颇值得回忆的夜晚（记住，与生意上的伙伴交往——除了本身的乐趣外还可增进感情，这会有利于你的工作）。我记得最清楚的是有一回自己赢了11000美元，那天晚上我第一手抓的4张牌是2张王后，2张6。我对面是个从达拉斯来的石油大亨，叫保罗·米克（Paull Meek），人很和善。我们玩得是一种7张牌的沙蟹。在这种游戏中，你得摊出4张牌，手里握2张暗牌，最后1张牌也握在手里，我猜他手里有2张梅花，因为2张明牌是梅花，他拿了第5张牌后就下了大赌注，肯定也是1张梅花。

我们继续下注，面前的红色、白色和蓝色筹码很快用完了，桌上堆满了赌注。但是在这场游戏中，我们规定每人还都可以借债押注，可以撤出，也可以签字加注。

从他下注的方式来看，保罗的第6张牌显然也是1张梅花，他已经拿了一手梅花。这时，那些还没有撤出的人都放弃了，但是他们对赌金的兴趣仍很浓。此时，保罗犯了一个致命的错误：我们拿了最后1张暗牌后，他只下了200美元的赌注。摊开的梅花中有1张是6，也就是说我唯一的可能性是最后那张6或剩下的2张王后之一。我扔下200美元跟他，他说：“我猜我犯了一个错误，我应该下2000美元的注。”他要是真下了那么多的话我可能就会放弃，而200美元不算多，输了也没什么，但要是赢的话我可就发了。

“你真该那么干，可惜你没有。”我说。最后一张牌是张方块6（最后一张6），这么一来我就有了一套3带2——3张6带2张王后，而我知道他有什么。

“加5000美元。”我说。

“老天，艾尔，你知道我的牌，可我却不知道你的牌，”保罗说，“你为什么不和我一样下注？”

“因为你犯了一个错误。”我回答说。

他坐在那儿，每个人都看着他，猜他会怎么做。“你要是当着这么多人的面赢了这一把，我可没脸面回家了。”最后他说。他掷出5000美元跟，就这样，我赢了11000美元。

“这不公平，艾尔，”保罗说，“我叫了200美元你才撑下来的。”

“那是你犯的错误。”我回答说。

你有时也会遇到这种情况。在这种情况下保罗只能跟，跟就意味着做好输钱的准备。我打了这么多年的扑克，虽然有时下的赌注也挺高，但从未一夜输过7500美元以上。一般这就是我输钱的上限。

我受到的最大侮辱之一就是有一次在无意中听到两个朋友谈论我打扑克的瘾头。

“该死的凯西，”一个对另一个说，“打起扑克来一打就打到半夜。”

我忍不住插嘴说：“好哇，偷偷说我坏话。谁说我一打就打到半夜，我向来是打通宵的。”

也许我最值得回忆的一次经历是1982年在怀俄明的一个农场，那一次显然也是我最成功的一次。当时有几桌人同时在玩，我从一张桌子打到另一张桌子。我的运气不错，一桌桌地赢钱。回家的时候我的口袋里装满了钞票和别人欠我的筹码，我都不知道自己到底赢了多少。第二天下午，我数了数数目，现金共有7000美元。不错嘛，我想。再数欠条，25000美元，每张都有欠账人的签字。我决定不向任何一个欠账的人追讨，我心里猜想着该会有多少人主动还我钱。令人惊异的是，每个人都还了钱，也就是说，我苦战一夜，换回了32000美元。

做生意和赌钱一样，都要了解自己的长处和短处，而最重要的是，要相信你手里的好牌能带你渡过难关。如果你有这个信心，你的优势就总能战胜劣势。

当我还是毕业生或中尉时，曾以花生米为赌注玩扑克牌，我当然做梦也没想到自己有朝一日会同众议院议长体普·奥尼尔（Tip O'Neil）打牌，或通过谈判从前美国总统林登·约翰逊手里购买电视台。但是那时候我就相信自己无论做什么都能成功。这个信念是母亲从小灌输给我们的，后来在自己的经历中又不断得到加强。这不是梦想，也不是炫耀。在商场和日常生活中，一切真正有趣的东西都是一场赌博，诀窍是不要以为你永远会赢。赢家只是赢的次数比输的次数多而已——比率高过10%，越多就越好。当然也有需要小心的时候，要两边下注以避免风险，但那些过分小心谨慎的人，就我的经验来看，从来不会当老大。我很走运，赢的次数比输的次数多。

战争一结束，艾丽和我就在1945年8月结了婚。婚礼在西罗克斯布里的圣德雷萨教堂举行，简单而朴素，只有双方的家人和几个朋友出席。一个令人悲伤的消息冲淡了我们当时的幸福：艾丽的兄长安迪两年前参加海军后志愿去了潜水艇部队，前一年三月被宣布失踪于海上。那天下着大雨，狂风大作，天气糟透了，去纽约的航班也被取消了。我们只好乘坐拥挤的火车，花了5个小时才到了纽约。当时我还在服役期间，只有三天的婚假。我们在罗斯福饭店订了一个房间，吃了晚餐，在星光的屋顶下跳舞，度过了一个美妙的夜晚。第二天我们前往纽约的长岛，在那里我已经租了一套拥有两个房间的公寓。

星期一，也就是结婚两天后，我和艾丽依依惜别，前去参加为期三周的战地军事演习。战争虽然结束了，军队却仍然保持着高度的警戒。我一想到要把艾丽一个人抛下就难过，哪怕只是几个星期。但艾丽很大度地接受了这一切，微笑着和我吻别。在以后的日子里这成了她一贯的做法：工作的需要一次次迫使我取消她期盼已久的计划，可她从来也不埋怨或责备。总是理解地微笑着，这既是她性格的可爱之处，也是源于她对我的爱。因为她知道，要不是真正迫不得已，我是绝对不愿意取消已经安排好的计划的。

我的最后一次陆军任务是1946年8月在印第安纳州的阿特布里营管理一个复员转业中心。我从那儿写了一封信给哈佛大学商学院，通知他们我快要退役了，希望秋天可以入学上课，就像4年前他们向我许诺的那样。

几天后，我收到一封回信。

亲爱的凯西：

谢谢您8月14日来信。恐怕我们不能接收您为今年的学生。事实上，向我们申请的人太多了，像您一样，他们也都刚刚退役。而且，坦率地说，凯西先生，他们比您更有资格。

您诚挚的

史坦利·提尔主任

我大怒，既然许了诺怎么可以这样出尔反尔！我一退役就赶回坎布里奇，在早上9点闯进了主任的办公室。

“对不起，主任不能见您。”主任助理对我说。

“我可以等。”我说。这一等就是两个小时。最后，主任可能被我的决心给吓着了，担心起自己的生命安全来，因而终于同意听一听我的故事。我向他解释了1942年我得到的许诺。

“这个……”提尔主任说，“可是向你许诺的人已经退休了，他现在住在缅因州。”

“你可以打电话给他，”我坚持道，“我敢肯定他记得我。”

我们又谈了一刻钟，谈了各种各样的事。终于，提尔主任站起身来，伸出右手，说："欢迎来到哈佛商学院。"

我岳父安迪·老威尔奇在科特角的伊斯特海姆拥有一幢房子。当时是1947年的夏天，艾丽也在哈佛大学读英文系的文学研究生。那年夏天，她父亲每个星期五下午都开车来接我们，送我们到科特角过周末。一个周末，在去科特角的路上，艾丽的父亲谈起哈佛大学对他有多重要，然后说星期天上午他们以前的老同学要在丹尼斯海滩聚会吃蛤蜊。

"艾尔，参加聚会的大多数人都是我们这一代人，"他说，"不过，我想让你和艾丽也一起来。"他又说："其他人也带孩子来，你们会玩得很开心的。"

"太好了。"我说。

在吃蛤蜊前，艾丽和我还去参加了另一个聚会，我喝得酩酊大醉。结果第二天去吃蛤蜊的时候，我的状态显然不适合当时的那种场合。他们于是不怎么含蓄地提议让我走开一段距离，到海滩那头去，待在那儿直到聚会结束，然后会有人来接我回家。

我的头痛得几乎就要裂了！

我沿着海滩走了大约半英里，找到一段木头便坐了下来，一动也不动，只是呆坐在那里，无论是身体还是头脑都感到悲惨透了。我的头固然疼得厉害，但自尊心却伤得更深，因为我可以想象威尔奇一家会怎样看待他们的新女婿。

最后，一个我从未见过的人沿着海滩漫步走来，他身材修长、一身贵族气质。当时大家都穿着短裤泳衣，只有他穿得整整齐齐：运动衫，休闲裤，干干净净的鞋子，这看上去真有点儿不合时宜。令人诧异和尴尬的是，他竟然在我身边坐了下来，做起了自我介绍。

"我的名字是约翰·沃尔希（John Walsh）。"他说，"你是谁？"

"我叫艾尔·凯西。"

"噢，你就是那个和安迪·威尔奇女儿结婚的人。"

当时，我相信自己的状态实在不配做一名威尔奇家的成员，羞于承认自己的身份。但交谈了几分钟后，我就承认了自己确实是艾丽的丈夫，正在读哈佛商学院。

“你知道，每个考进哈佛商学院或从那里毕业的人都必须有个好脑子，”沃尔希说，“可是要在商界获得成功，这一点并不重要。”

然后他就列举了他认为一位成功的商人所必须具备的所有特点。

第一条也是最重要的一条就是，要对别人有怜悯心。理解和怜悯同样重要，而是否善于理解别人又和一个人的眼光有关。最后，沃尔希说还有第四条素质也很重要。在我听来，这一点和别的都不一样，那就是不要永远以同样的方式做事。

当时我的头脑昏昏沉沉，不是那么“清醒”，几乎不能接收和消化这位先生传授给我的智慧。虽然我宁愿一个人待着，但还是努力显得清醒，并做出在认真听讲的样子。

“毕业后你打算干什么？”沃尔希突然问道。

我耸了耸肩膀，脑子里努力想找出一个聪明有趣的回答，以给我友好的探问者留下深刻的印象。

我能想到的最好回答是：“找工作。”

“我手下掌管着南太平洋铁路公司在纽约华尔街的金融办事处，”沃尔希先生说，“你毕业后想不想来我们这儿干？我们正在寻找聪明的年轻人加盟。”

虽然夕阳西下，薄暮朦胧，再加上我自己人为的迷雾，但我还是弄明白了，沃尔希先生想给我介绍一份工作！

“当然，先生，我很高兴您认为……”

“不是认为，艾尔，我在向你建议一份工作。但是有几个条件。首先，有几门课程，我建议你在最后两个学期内完成。如果你上完这些课程的话，这份工作就是你的了。”

“你是说真的？”我不敢相信地问。

“当然，我希望这几门课你能获得好成绩。从我目前了解到的情况来看，这对你来说不会有问题。”沃尔希先生再次向我保证。事实上，我在商学院学习得很勤奋，比本科时成绩好多了。我几乎不敢相信自己的运气。我所有的同学才刚刚开始找工作呢，而我离毕业还有 8 个月就搞定了一份工作。这简直是令人难以置信的好运气，而且还是南太平洋这么大的公司！

沃尔希说他希望我选修三个领域的课：公共事业管理、运输和金融。金融没问题，因为我已经选了这门课。我觉得和得到的就业保障相比，按他的建议去做我所要付出的代价其实很小。

从商学院毕业前的几个月，我打电话给约翰·沃尔希。那份工作还有效吗？当然有效，他对我许了诺的。那么我那几门课的成绩又怎么样呢？不错，不错而已。那么你毕业后就马上上班吧。

快到年底的时候，我和沃尔希先生约好在纽约见面，去看一看未来工作的地方，并寻找一个住处。南太平洋公司的办事处在百老汇和考特兰路的交叉口，百老汇 165 号 20 层。这是个很老的办事处——有几名雇员，带滑动桌面的桌子，文档系统看上去好像是直接从狄更斯的小说里出来的。我还注意到，在刚刚介绍认识的巴利先生身旁放着一只痰盂，巴利先生看来在频繁地使用这只锃亮的铜痰盂。

我名义上的上司将是沃尔希先生的助手约翰·贝·瑞得（John B. Reid），虽然我要为每个人服务。我的头衔是金融副总裁助理的助理。报酬是一个月 375 美元，也就是说，年薪 4500 美元。这么一来，我成了当年哈佛商学院毕业生中年薪第二高的学生。薪水最高的是一个去了艾森的石油工程师，年薪 5500 美元。

圣诞节那天下了 27 英寸厚的大雪。暴风雪一停，艾丽和我就坐火车来到了纽约。我们又住进了度蜜月时住过的罗斯福饭店。凭我的薪水，想要在曼哈顿租一套公寓是不可能的，好在艾丽有一个朋友在长岛的伯德温拥有几套花园式公寓，于是我们以 65 美元的月租在那里租了一间三层楼上的没有电梯的卧室。

找到住处之后，我就开始在 1948 年 2 月正式到南太平洋公司上班了——即我从哈佛拿到工商管理硕士文凭后大约一个半小时——我在那里工作了 13 年，其中有 11 年和沃尔希及瑞得一起工作，在沃尔希意外逝世后又在公司的旧金山总部工作了两年。

南太平洋铁路公司兼并了许多铁路公司，其中最引人注目的包括和联合太平洋公司联手建立第一条跨大陆铁路线的中央太平洋铁路公司，以及得克萨斯和新奥尔良铁路公司，从阿尔巴索一直连接到新奥尔良，从达拉斯一直到得克萨斯州的布朗维尔；从达拉斯到圣路易斯的圣路易斯西南铁路；当然，还有南太平洋铁路本身，它有从俄勒州波特兰到阿尔巴索和两条纵贯加利福尼亚的铁路线，一条沿着海岸线，另一条从圣乔昆古穿过。19 世纪以及 20 世纪上半叶，公司极其富有，而由于公司的创始人在美国历史中起到的重要作用——柯利斯·波特·亨廷顿、马克·霍普金斯、勒兰·斯坦福，还有查尔斯·克罗克等，公司还有很大的政治影响力。除了铁路线本身之外，南太平洋公司还在石油管道、土地开发、仓储和卡车运输（也许是出于防御而不是兴趣）领域均有所建树。

在南太平洋公司时，我学到了不少生意经，尤其是对证券经纪公司的投资银行家有了一定了解。我们的办事处是为公司股票和债券的持有人服务的，也就是说，负责支付债券的利息和股票及转让股票凭证的红利，还通过发行证券和设立信托债券来筹集资金。

那时候，任何一家在纽约证券交易所上市的公司都必须在加纳尔街南面设立股票过户办事处。大多数公司都指定商业银行为其股票过户的代理人，但也有许多公司，如美国电话电报公司、美国钢铁、贝瑟尔海姆钢铁和几乎所有的铁路公司，仍然自己处理过户业务，记录公司证券所有人的变更。

除了在洛克菲勒中心有一所小小的销售办事处外，华尔街办事处是南太平洋公司在东部唯一的分支办事处。除了例行的股票转让和利息支付业务之外，公司所有零零碎碎的活儿最后都汇总到我们手里，比如向证券和交易委员会以及纽约证交所提交所要求的月度、季度以及年度报告，安排债券发行的销售和结算，对到期证券做最后清算。年轻时在南太平洋公司工作的几年为我积累了极其丰富而宝贵的商业经验。由于我是纽约办事处自 1939 年以来的第一个新雇员，所以我总是不断地主动承担各种可能的任务。那些我主动请缨的任务，常常有一半以上我都是既没有经验，又没有受过任何相关的培训，不过，我总是抱着愿意一试的态度，哪怕为此多花许多额外的时间。我从所有可能的角度出发，试图解决面对的问题，常常需要参考上学时读过的案例研究来寻找类似的情况或指导。我对任何事都不肯先入为主，总是对手头的每一种假设加以质疑。而约翰·沃尔希，这位绅士和老练的生意人总是能够给予我建议或帮助。

公司不许我们乘坐飞机，因为飞机是一种与铁路相竞争的交通工具，因此，我坐火车出差几乎跑遍了整个美国——从纽约经达拉斯到西海岸，再从俄勒冈的波特兰到新奥尔良——为即将发行的新债券写资产报告。后来，我常常直接参与新发行债券的销售和结算。公司还要求我填写交给证券交易委员会的定期报告，包括债券和证券的偿还、销售以及购买情况。

1951 年到 1952 年期间，我发现了一个由我们的付款出纳员和女审计师设计的巧妙的市场计谋。

每次有人来把股票息票兑换成现金时，这位出纳就会核查银行的账户，开一张支票来偿还息票。而后为了表示该息票已作废，出纳员应该在息票上打孔并画线，但是这位出纳员在打孔前总是把一些息票对折，然后他给一叠息票打孔时就故意漏过那些对折过的息票，不把它们作废掉。他在没有完全作废的息票外面捆一根彩色橡皮圈，作为记号告诉审计办事处的女雇员。后者就把这些息票挑出来，几天后再拿来要求支付。他和出纳员两人把弄到的钱二一添作五平分。

一发现这件事后，我就马上向约翰·沃尔希报告，他不等把这件事报告给上级领导就将两个人都解雇了。我想说，那两个人的狡黠给我留下了深刻的印象，但事实上，我更感到难以理解的是，怎么会有人如此出卖别人对他们的信任。

还有一些问题是无法解决的，比如寻找价值 10 万美元的太平洋电气铁路债券的持有人（太平洋电气铁路是南太平洋公司的一个子公司，向洛杉矶地区提供往返服务）。在销售债券时，公司一般会先发行临时的纸债券，然后才制作永久性的雕刻的铁债券。以后，股东可以把铁债券兑换成纸券。有一次我查阅原始工作文档时，发现有一批证券是 1910 年售出的。在写着“T37 号”临时债券的背面用铅笔写着“H·S·A”三个字母。这前后的债券是由一个名叫亨廷顿的人买下的，他是柯利斯·P. 亨廷顿的侄子，后者是一位非常有钱的东部人，两年前移居到西部去了。[顺便说一句，柯利斯的遗孀当时拒绝随他一同搬去西部，后来在她丈夫死后便改嫁给了亨利。亨利为她在圣马力诺盖了一幢公园式的房子。今天，那所房子已经变成了亨利·E. 亨廷顿图书馆和艺术展览馆，收集着盖恩斯伯罗（Cainsborough）的两幅古老名画《粉色》和《蓝色的男孩》。] 我进行了一番侦查，才了解到亨利对美国西班牙裔人协会很有感情，一直定期向这个组织捐赠钱物。这就引出了那批神秘的债券。我猜测亨利会指定把这批债券捐赠给美国西班牙裔人协会，但是经过广泛而细致的调查之后，我们不得不请银行交还我们留出用来支付到期债券的 10 万美元。如果哪位合法的所有人要求付款，我们保证如数支付。据我所知，这笔债券至今仍躺在某个不知道的地方，等待着那个幸运者去发现。

谈到幸运者，我和艾丽的婚姻十分幸福，唯一的阴影就是我们不能要孩子。大概在我九岁十岁的时候，因为盲肠炎我接受过 X 光的反复照射。那时候，医生对 X 光的后果还不完全了解。艾丽和我结婚前，经检查我被告知自己当父亲的可能性“很小”。艾丽也知道这件事，但她不在乎，于是我们决定领养一个孩子。我们在布鲁克林的一家天主教孤儿院报了名。孤儿院的名字叫作天使卫士孤儿院，那儿的人告诉我们等候领养孤儿的人已经都排到一年半以后了。我们大失所望，不过到了 1951 年，我们终于领养了当时 8 个月大的彼得（Peter），两年后，又有了 5 个月大的朱迪（Judy）。天使卫士孤儿院的人在我们领养前就拜访过我们好几次，进而判断我们是否能成为合适的父母。领养孩子之后他们又多次来访，想要了解孩子们的情况。我肯定有些领养孩子的父母会觉得这种拜访挺烦人的，是不请自来，但艾丽和我总是为这些天使卫士监督者的认真态度所感动。

现在，我们的家庭生活比以前更忙碌——实际上忙碌多了。但是多亏有了孩子，生活也丰富多了。唯一的阴云是我父亲的去世。大约 1940 年，父亲的孪生兄弟亨利前往非洲勘探钻石，把妻子和一个儿子留在了美国。他在非洲不怎么成功，几年后当他回家时带回来的是一大堆羽毛、帽子和箭，却没几颗钻石。他没有和家人团聚，而是开始了隐居生活，在华盛顿特区的提姆斯特联合会当书记员自食其力。1954 年亨利叔叔得了中风。父亲去看望他时大受打击，他看着亨利就总是想象着是在看自己。在父亲去看望他不久后亨利叔叔就去世了。父亲回到波士顿后也得了中风，几天后也去世了，享年 64 岁。

工作方面，虽然过了一段时间之后我才开始喜欢在约翰·沃尔希的周围工作，但我非常幸运地得到了他的庇护。沃尔希的举止风度无不具有贵族气质，大家很少见他笑。他是在奥伯尼长大的，他的父亲在那里拥有奥伯尼最好的百货商店。他对和别人做生意要求很严——倒不是要用恐吓来镇住别人，而是在选择合作伙伴时有很高的要求。但是，由于他在华尔街声望很高，所以当时为他效力不仅成为一种荣耀，而且对自己下属的名声也十分有益。

约翰·沃尔希、约翰·瑞得和我每年 2 月和 8 月会两次乘火车从纽约市去旧金山参加公司的董事会会议（其他两次季度会议一次在 5 月，一次在 11 月，都在纽约举行）。我们向西而行，每到一个车站就跳下车收发电报，为旧金山董事会会议做准备。跟随沃尔希往返于纽约和旧金山之间出席董事会会议对我来说是极好的经历。他和瑞得一起讨论和公司及全球有关的金融问题使我学到了不少东西。沃尔希是本活的教科书，而我则是孜孜不倦向他学习知识的学生。通过他，我开始了解大公司的运作，在那些年代，铁路仍然是很大的生意。任何企业都在寻找机会和潜在的风险，然后根据估测做出决定。在这众多的机会中，用铁路运输汽车和汽车零部件就是其中的一个。南太平洋公司和通用汽车公司签订了合同，为后者提供服务（我们的竞争对手圣塔菲公司则得到了福特的合同），作为回报，我们购买了通用汽车公司的柴油机火车头。20 世纪 40 年代末，公司最大的威胁就是卡车运输公司的逐渐壮大。南太平洋公司最后还是照格言所说的——打不过，就跟人家一起干，想出了利用铁路运车的主意。用铁路运输拖车，尤其是长途运输，这样卡车和铁路公司都节约了成本。但是年复一年，人们可以看到曾经一度是铁路运输占主导的另一个领域也遭到了侵蚀——木材运输曾经是铁路的主要货物来源，现在却也开始被卡车公司夺去了，因为后者有一个独特的优势，可以直接把车开进木材厂装运货物。

虽然对我来说约翰·瑞得这个人的性格太沉闷，但他对当时还年轻的我仍不失和蔼，处处为我考虑。他给了我无穷无尽的任务，还把他自己在各个金融领域的责任同我分担。我有什么没弄懂的问题总是可以拿去问他，他总是耐心而不辞辛苦地澄清模棱两可的问题，回答我的提问。我也总是对人说，我认为他的工作做得非常出色——倒不是为了讨好他，而是因为我真心赞赏他的奉献精神和敬业态度，既然如此，为何不扬善于众呢？虽然我当时还不知道这一点，却早已把一个基本的商业信仰付诸实施，那就是始终赞扬你的老板。

我永远不会忘记他给我的一项任务。南太平洋公司每年约出手三次设备信托凭证，惊变就在我们的办事处发生。设备信托凭证是一种原始信用凭证，设备的所有权属于某个独立的“委托人”，直到所有的凭证都已到期并得到偿付。虽然这些凭证一般分为十个一年到期的期限，但到20世纪50年代，华尔街没有固定的金融表格来准确地确定发行公司的货币价值是多少，而这是计算成功的竞标所必需的，尤其是在竞争很激烈的情况下。在瑞得先生的指挥下，我编制了确定支付本息的现金表格。我在所罗门兄弟公司的一个朋友威廉·莫里斯使这些表格在金融界广为使用，并且冠以“凯西表格”的名字。直到今天，人们仍在使用它们。

那时，铁路公司仍然拥有的一个重要优势就是土地。这些公司持有几百万英亩的土地，尤其是在西部，是早年通过政府许可获得的。此外还有大量海岸地产，由“地带铁路”经营。仅在内华达一个州，南太平洋公司就拥有约400万英亩的土地。渴望使用这些土地的石油勘探公司必须支付高额的费用来购买勘探权，这为铁路公司提供了不菲的额外收入。

跟随沃尔希工作多年令我学到了很多东西，其中一条就是只靠自己单枪匹马做事，什么目标也实现不了。沃尔希是个耐心的好老板，乐于同我和其他年轻的同事分享自己的经验。他和南太平洋公司的许多其他雇员一样，认为自己的公司是最好的效力之处，是美国头等的企业，事实也确实如此。我慢慢了解到，对于他们来说工作不仅是工作，还是一种使命，能够让他们产生一种自豪感。南太平洋公司里没有一个人有过另寻高就的念头——当你已经到达天堂时，为什么还要去别处呢？

我对沃尔希尊敬至极。但我必须学会如何辨别他认为重要的东西。这可并不总是一个常识问题，因为他人的性格不是一定可以凭逻辑、按部就班的推测或瞎猜得出来的。在意识到同样的语言对不同的人会有不同的含义之后，我总是试图弄准自己是否理解了每一条指令。沃尔希强调每个人必须能够肯定，真正弄懂了他对他们的期望。商业圈里的每一个人都会说，自己是遵守这条规则的，实际上真正这样做的人却很少。沃尔希对此十分在意，他总是要我一字不差地复述他给我的每一条命令，保证这些命令都完全地、毫无疑问地弄清楚了，我的确弄明白了。这使我感到像是又回到了学校，逐字逐句地背诵“教授讲的话”。但事实上，正因如此，我很少在执行他的指示时犯错误。在后来的岁月中，我也学会了当自己下命令时如何使别人完全清楚自己的意思。

沃尔希有拿起铅笔修改来信的习惯，即便是我非常认真，有时甚至绞尽脑汁起草出来供他签字的信也不例外。一天，当我把一封信摆在他面前时，他拿起铅笔就开始在旁边修修改改。

“沃尔希先生，”我说，“我能说一句吗？”

“艾尔，等我改完再说。”

我再次想打断他，但他再次挥挥手让我安静。终于，他改完了，说：“现在好多了。艾尔，你刚才想说什么？”

“沃尔希先生，这封信是寄给您的，不是我起草的。”

沃尔希毫不迟疑地反驳道：“虽说如此，艾尔，现在这封信才算像那么回事了。”

1953 年，约翰·沃尔希英年早逝后四五年，我同南太平洋公司董事长唐纳·J. 罗索（Donald J. Russell）打交道的机会渐渐增多，罗索不仅在铁路运输业，而且在美国商界也算得上是一位传奇式的人物。他把南太平洋公司的审计师鲍勃·普拉默（Bob Plummer）从我们的办事处调到了旧金山，而任命我的顶头上司瑞得为公司管理金融业务的副总裁负责纽约这一块。这样，我就被提升为“副总裁助理”，摆脱了过于冗长的“助理的助理”头衔。

罗索给人印象深刻，令人难以忘怀，是位风格传统的企业家，令人既心生畏惧又愿意誓死效劳。由于某种原因，他看中了我——也许是因为我常常加班工作，对公司忠心耿耿吧。他很赞赏这些品质，并试图在公司上下宣传这种精神。总之，20 世纪 50 年代中期，他给了我一个特殊的任务。结果证明，这项任务既富挑战性又令人兴奋。当时，美国国税局（IRS）要求南太平洋公司补缴一笔巨额税款，理由是公司的“投入资本基数”被夸大很多，而公司战时的利润也应该征收比公司在退税后所适用的更高的税率。“二战”期间，根据战时“超额利润税”的规定，所有公司在投入资本基数的 7% 以内可以享受退税优惠政策，然后再对所有此后的利润课以 90% 的税。投入资本基数包括所有股票和债券在发行时的市场价值。显然，投入资本基数越大，在课以 90% 的税前的 7% 的退税额就越高。考虑到南太平洋公司悠久的历史——可以追溯到 1884 年——和公司遍布各地的资本，它在计算投入资本基数时包括了按普通股每股 100 美元的价格计算的股票。美国国税局认为，由于普通股首次发行时的价格是 22 美元，因此，南太平洋公司应该按这个数字而不是 100 美元计算基数。为支持这一论点，美国国税局表示，在 19 世纪 80 年代，南太平洋公司的股票仍以 22 美元左右的价格交易。而我的任务就是要证明当时的股票是在市场受到操纵的情况下交易的，从而证明 19 世纪 80 年代的股票价格是不可信的。因为当时市场上唯一的卖方是南太平洋公司的创始人之一柯利斯·P. 亨廷顿，当时他人在纽约，从事的工作就是在华尔街“交易”股票。回到那个年代，要进行同日交易时，人们必须把股票凭证交给经纪人，然后再由经纪人尝试出售。亨廷顿在早上把股票交给经纪人，傍晚又拿回未出售的股票。换言之，不存在真正买卖股票的自由市场，因为亨廷顿控制着南太平洋股票的供给。有一次，我还了解到他曾买过自己的股份，用以营造出存在自由市场的假象。

1956 年到 1958 年这三年的大部分时间里，我埋头研究南太平洋公司的记录，包括报刊文章和金融报表，收集了足以说服一头骡子的数据。我花了整整几个星期的时间——如果说不是几个月的话——在 42 大街的纽约市公共图书馆里寻找可以支持我方立场的文件和事实记载。这项工作占用了我全部的时间，有一段时期，我从公司总部分离出来搬进了一幢大楼里的另一间单独的办公室。但我仍然需要履行一些原来的职责，以及唐纳·罗索扔给我的其他任务。

在那三年里，我常常代表南太平洋公司跑到华盛顿去跟人辩论，有很多日子，我总是和美国国税局的官员讨论一天，然后精疲力竭地坐火车回到纽约，心里也不知我们能不能赢。我整理了一大堆卷宗，有力地证明每股 100 美元的股价是完全合理的。但要说服一头骡子是一回事，说服美国国税局是另一回事，因为这个决策关系到几百万美元。尽管如此，即便在当时，我也已经开始应用凯西法则了（或者至少是一种变体），那就是——只要有一丁点儿机会可以使事情向好的方向发展（比如在讨价还价中打败美国国税局），我就要准备坚持到底。皇天不负有心人，1961 年我离开南太平洋公司不久以后，美国国税局的判决下来了：南太平洋公司获得胜诉。公司因此节省了 3300 万美元——如果判决败诉它就得支付这么多钱。按今天的价值来计算，这大约相当于 1 亿美元。

1959 年，罗索最终决定关闭公司在纽约的办事处，因为随着银行开始提供更多先进且节约成本的服务，越来越多自行处理股票过户业务的大公司开始放弃这项费时费力的工作。我们把股票过户业务转给了银行家信托公司，这样大家就都轻松了，尤其是我。罗索通知我办事处被关闭了，他说："艾尔，我对你的前途寄予很高的期望。过去十多年来，我一直关注着你职业生涯的发展。我知道约翰·沃尔希对你的评价有多高，我也知道约翰·瑞得对你有多器重。"

我表示感谢，但心里却摸不太准——他赞扬之后是要炒我鱿鱼呢，还是有什么事？毕竟，他打电话来是为了通知我纽约办事处被关闭了。

"我希望你离开那儿，"他说，"到总部来。你会喜欢旧金山，旧金山也会喜欢你的。"

那天晚上，我同艾丽第一次商量搬家的事。在纽约住了11年后，我们已结交了很多朋友，真的不愿离开他们。孩子们在学校里也很愉快，彼得此时已经上三年级了，朱迪上一年级。

“艾尔，我感觉到你准备搬家，”艾丽说，“我还强烈地感到这是你想做的，我们去吧。”

正如罗索预料的那样，我们很快就喜欢上了旧金山。生活变得更加令人愉快、轻松，那里和纽约疯狂的节奏大不一样，日常工作的挑战性也不那么强了。我们在洛阿尔托斯的洛尔托斯大街找到了一座喜欢的房子，这个镇就在帕罗阿托和斯坦福大学旁边。圣里塔中学就在它的对面，和我们的房子隔一条街道。艾丽几乎马上投入到了新学校的怀抱之中：新的朋友、孩子们和我们自己的新医生、新的一切。

此后宝贵的两年中，我很喜欢自己的工作和周围的环境。罗索成了我的第二个良师益友。在旧金山，我继续负责我的证监会和纽约证券交易所报表。我还负责协助财务办公室的特别助理戴维·麦里克（David Myrick），后者的工作包括给股东写回信。我的工作是确保公司的银行收支保持平衡——就金融和美国国税局的诉讼与法务部保持密切而不间断的联系。最重要的是，我学会了对现金的管理，这给我以后的一生都带来很大的益处。我在这两年中最富挑战的工作就是投入了18个月的时间促使南太平洋公司同洛杉矶达成协议，在洛杉矶地区建立起快速转运业务。这项计划最后未能成功——要是成功的话，你能想象整个洛杉矶的环境会有什么样的变化吗？和那么多不同的人共事，人人都有不同的职务，优先考虑的问题，不同的日程表，这的确令人大开眼界。这时，我已升迁为助理副总裁兼助理财务主任的显赫位置。

在那两年中，我还学到“烂苹果”不仅仅是东海岸的特产，西部也有几个突出的例子。我注意到，南太平洋公司艾尔帕索办事处员工的加班时间比全国其他地方都多，那儿的零配件账单也和公司其他地方不一样。我们派了几名审计员去那儿，结果查出了大量的欺诈行为。加班费支票是假的，零配件的支票也是假的。但艾尔帕索的经理对这种小骗局还不满意，竟然还做了假发票。他拿这笔不义之财给自己盖了一座子虚乌有的仓库，装进并不存在的货物和材料，然后把账单都算到公司头上。最令我吃惊的是这一切都干得明目张胆，简直好像他希望自己被抓到似的。他不会不知道审计员会发现这一切的。这人有份体面的工作，已经结了婚，有家庭，在当地社区也有一定的地位。我于是奇怪——直到现在也仍然搞不懂：是什么古怪的病毒侵袭了他，使他出卖良知成为窃贼？

在旧金山待了快两年时——说实话，我已经感到有点儿心烦意燥了，我接到了一个叫比尔·约翰森（Bill Johnson）的人打来的电话。他自称是铁路快运公司的新总裁兼首席执行官，正在寻觅一名首席财务官，不知道我是否对此感兴趣。我说我为南太平洋公司干了已经有 13 年了，很喜欢自己的工作，觉得在这儿干挺有前途，怀疑自己是否愿意跳槽。说着说着，我突然对自己说，在南太平洋公司真的有前途吗？我的顶头上司仍然是约翰·瑞得，他只比我大几岁：我要是往上爬的话，瑞得就得更往上爬，要不就辞职。而且，从现在的组织结构来看，我怀疑瑞得上头还有没有余地让他升迁。于是我想邀请瑞得出来和我喝上一杯，一起谈谈当前的形势。

一天，下了班后，我们坐缆车一直到加州街的顶端，亨廷顿饭店的酒吧。我们喝着酒，像往常一样随便聊了起来——生活啦，爱情啦，家庭啦，聊了半个小时以后，我漫不经心地把话题转到了南太平洋上。瑞得说他挺喜欢自己的工作，这份工作要求不太多，他对升迁又没有什么大的兴趣，甚至可以说完全没有兴趣。然后，他忽然说出了自己的心里话：

“在我退休前还有 16 年，”他坚决地说，“我准备在南太平洋干完这 16 年。”

我很难理解这种心理：对我来说，一份工作总要有挑战性才有意思。直到现在，大部分情况下我在南太平洋的工作一直都是每天面对着陡峭的学习的山坡。我觉得难以理解的是，怎么会有人才 40 岁就开始扳着指头数日子，看还有多少年才退休。

几天后，约翰森再次打电话来时我对他说我愿意谈一谈，但解释说南太平洋是个非常传统、严守协议的公司。不过我又说，如果我和约翰森谈了又不让公司知道，我会觉得不舒服。

“那么我们该和谁谈呢？”约翰森问。

我告诉他我的顶头上司是约翰·瑞得。

“好吧，我让我的高级副总裁 C. J. 庄普（Jump）给瑞得打电话。”他说。

第二天，庄普给瑞得打了电话，告诉他自己的老板比尔·约翰森授权他和我洽谈关于铁路快运公司财务负责人职务的事情。“可以和凯西先生谈一谈吗？”他问。

“没关系。”瑞得说。

几天后，我便飞往铁路快运公司的总部所在地纽约，第一次会见了比尔·约翰森，我马上喜欢上了他。他很替人着想，口齿伶俐，那像雄鹰一样的容貌和锐利的眼神令人不由得认真听他讲每一个字。他和你说话的时候，仿佛你就成了世界上唯一的人。他是一名律师，曾经当过宾夕法尼亚铁路公司的法律顾问，最近刚刚被任命为铁路快运公司的总裁。这家公司多年来亏损不断，他的责任就是要使之扭亏为盈。

他说：“我提醒你，这份工作可不轻松。到现在为止，铁路快运公司一直是靠它为之服务的铁路公司养活着，但从现在开始它得自己养活自己，再没有补贴了。因此筹集资金和现金管理将会成为第一要务。”

他继续讲了一些其他问题和挑战，然后说：“凯西先生，首席财务官的工作就看你怎么做了。”

我激动不已。虽然我对南太平洋忠心耿耿，有很深厚的感情，但我准备跳槽。当你已经准备走的时候，你就不再仔细听讲了，你只能听到自己想听的东西。

我的第一个挑战就是把这个决定告诉妻子艾丽，我们刚刚在两年前不辞劳苦地把全家从东边搬到西边，而现在我又想搬回东边去了。10 岁的彼得和 8 岁的朱迪在他们的新学校很愉快，但现在又要对他们的生活做出重大的调整。我详详细细地同艾丽解释了铁路快运公司的局势，心想也许如果我描绘出一幅暗淡的情景，她会告诉我她不愿这么快再次搬家，如果那样就算了。

结果证明，我应该更了解她才是。

“艾尔，”她说，“我看你过去几个月心神不定的，我想你是开始不耐烦了。如果你想这么办，那正好我也有一样的想法。”

我的第二个挑战是让唐纳·罗索听我解释，告诉他这个消息。我讲了自己对南太平洋公司的奉献精神，对我 13 年来在这里所学到的一切表示感激，提醒他南太平洋是我服务过的唯一的公司，并且说我遇到了约翰·沃尔希和他本人这样好得不能再好的良师益友。他眼也不眨地听我讲着，盯着我勉强露出了笑容，我无法猜出我的话语是打动了他呢，还是一座火山就快要爆发了。我说完后，他坐在那一声不吭，直到屋子里的沉默把我包围起来。然后，他以至今仍在我耳边回响的洪亮声音对我说：“显然，艾尔，南太平洋的烙印并没有在你背上留下足够深的印记。我必须说，对于你的离职，我表示非常遗憾。”说完，他把那高傲的目光转到桌面的文件上，打手势表示谈话已经结束了。我后来得知从那以后，他就明确下令任何人不得在他面前提到我的名字，永远不许。

CASEY'S LAW

04

铁路快运公司：管理危机的一课

凯西法则的一条原则是：如果你希望某件事情向好的方向发展，那你就必须在完全正直的前提上和别人打交道。

在来铁路快运公司（REA）之前，通过同比尔·约翰森的谈话，我已经得知自己的新工作绝不会轻松。从历史上看，当时铁路快运公司刚刚由四家快运公司合并而成，这四家公司是威尔士·法戈公司、亚当斯公司、南方公司和美国快递公司。美国参加“一战”后，这四家公司便一直联手协助战时运输，以此提高效率。“一战”结束后它们仍相互联合，并在1922年正式确定了这种结构。7年后，公司更名为铁路快运公司。顾名思义，铁路快运公司和它的前身一样是为铁路服务的机构，其职责是用它的设备和铁路线为全国各地包裹的运输提供取送服务。

快递公司的历史可以一直追溯到19世纪六七十年代。当时，这些公司主要是运输被用于买卖西部土地、支付薪水和采购供给的现金。在回来的路上，著名的矮种马和马车又把金银等贵重金属运往东部，这一切现在当然都已成为历史。铁路快运公司的先驱者们把包裹携带在位于机车后面、客车车厢前面的邮车车厢里。不过，铁路快运公司并不是一家独立的公司——铁路公司拥有它所有的股份，其董事会是由公司所服务的各铁路公司的董事长组成。董事会不可避免地会把铁路公司的利益和需求置于快运公司之上。他们确定费率和服务种类，雇用管理人员。尤其在“二战”之后，铁路公司对卡车运输业的崛起十分警惕，因此快运的费率十分低廉，而这往往是不经济的。结果，铁路快运公司连年亏损。每年，公司的营业赤字由控股的铁路公司根据提供的服务（吨英里）数量按比例分摊。“二战”后，尤其是在20世纪50年代，底特律的汽车制造业蓬勃发展，越来越多的美国人有了自己的汽车，同时，越来越多的人在长途旅行时开始乘坐飞机，因此，美国的铁路客运业务大大减少，许多小铁路公司无生意可做，大铁路公司也开始在挣扎中求生。铁路快运公司虽然依靠良好的铁路系统生存了下来，但其业务却因铁路运输业的衰落而直接受到损失。为生存而竞争的铁路公司意识到，它们日益增多的亏损主要来自客运业务，因而请求政府允许它们放弃这一业务，以集中精力从事更有利可图的货运业务。客运对人员的要求很高，如果没有了客运业务，就意味着不再需要站长和售票员，列车时刻的安排也自由多了。

与此同时，为了省钱，铁路快运公司的董事，也就是铁路公司的董事长们在1961年决定硬着头皮让铁路快运公司独立出去。这对铁路公司来说，就像大海上的一艘船在暴风雨中把船上的救生艇遗弃掉一样，当然是万事大吉了。总之，1961年7月1日，也就是我到任的三个月后，铁路快运公司成了一家独立的企业。

虽然我知道自己接受的是一份充满挑战的工作，可还是大大低估了铁路快运公司所面临困难的严重程度。当时铁路公司纷纷试图撤出客运业务，或至少大大削减这一部分的服务，我们意识到继续使用铁路是不可能保持高效率和竞争力的。客车是按固定的时刻表运行的，所以铁路快运公司可以计算出运送包裹所需的时间，保证客车在预计的时间内把包裹从甲地运到乙地，货车可就完全是另一回事了。我们很快意识到，必须放弃铁路改用公路，这就意味着要买卡车，建中转站，还要向州际商务委员会申请营业许可证。而要做这些就需要资金，而且是马上就要，但经过40年的连年亏损后，我们的信用评级已经介乎糟糕和极差之间，而且我们也没什么资产可以抵押了。

更重要的是在解决所有这些问题之前，我还要安顿我的家人。艾丽和我决定先租一所房子住着，然后再买房子。我们在北大街找到了一所漂亮的房子，就在纽约布朗克斯维尔的白原路边。我们可以租一个夏天，但是在秋天到来之前，我们必须找到永久性的住处，因为孩子们要上学了，我们可不想把他们送进一所学校，然后隔几个月又另换一所学校。他们小小年纪已经受了不少奔波之苦了。最后我们在康涅狄格州格林威奇的艾柯路21号找到了一座二层楼的房子。那地方很漂亮，房间虽然小了一点，倒也够用。虽然带来了一些不便，但是房子的厨房很豪华，这对艾丽来说很合适，她喜欢烹饪，于是我们就决定买下它。格林威奇镇还有一所很好的学校——圣玛丽小学，我们在夏天结束前替孩子们在那儿报了名。虽说从格林威奇到公司要花的时间是从布朗克斯维尔的两倍，我还是觉得我们做了正确的选择。

比尔·约翰森和我几乎每天见面，互相交流，以便让对方了解目前铁路快运公司的情况并制定战略——大多是关于如何筹资的战略：我称这种碰头会为交流会。我们公司的总部设在东42街219号的一幢楼里——那幢楼以前是公司的马厩，但现在房地产市场人气旺盛，它便成了市中心抢手的好地段。我们决定把它卖了，然后再租回来，在财务上给自己一点喘息的机会。此外，我们还有一些铁路快运车，虽然大都负有债务，但至少在账目上还算有些资产。我在南太平洋公司工作时认识了美国公平人寿保险协会的人，此时我设法说服他们这些车的市场价值超过了公司的债务，这样又筹集到了几百万元。

除了工作日之外，每星期天早上我们还在比尔·约翰森的家里碰头。比尔家也在格林威奇，离我家不到一英里。我们总是带上一位公司的高级管理人员，三人围着约翰森家的餐桌讨论公司某方面的问题。我们一起回顾上一周的情况，列出下周要解决的问题，以及确定即将召开的董事会会议的日程。

在一次这样的周日会议上我对比尔说："你知道我们在41街和42街、11大道和12大道之间西侧的那片厂房吗？"

"包裹分拣厂。"约翰森说。

"对。我突然想到如果可以把它同隔一条街的另几幢房子连起来，我们就有了一块很好的地产可以出售给合适的顾客。那几幢房子是属于纽约中央铁路公司的。再说，我们占用曼哈顿这么好的一块地来开展利润这么低的业务，在我看来太不合理了。这些业务完全可以在别处进行，花的成本会少得多。"

"你说得不错，"约翰森说，"你有什么建议呢？"

“我想跟纽约中央铁路公司负责房地产的人谈谈，看看能不能说服他们跟我们合作。这对他们来说也是笔好买卖。”

“可是纽约中央铁路公司的铁轨不是就从楼下穿过吗？”约翰森问道。

“不错，这一点是我们改变不了的。但是地面上的事我们就可以放手干了。”

“这得花多少钱呢？”约翰森问道。

“190万。”我说。我已经去看过纽约中央铁路公司的那幢大楼，查过名册，一共有19个租户。“我打算向每个租户提出同样的价钱，10万美元，还有很有吸引力的销售价格，这至少可以让他们开口了。这样谁也不会有什么怨言，因为我敢担保他们做的第一件事就是问邻居得了多少。”

“如果他们不肯全部搬家呢？”

“那我们就亏掉190万，”我说，“不过我觉得我们是有希望的。如果成功的话，公司能筹到几百万呢。”

“你不会真是个赌棍吧？”约翰森笑眯眯地问，“好吧，就这么办。”他说。然后又补充了一句：“记住，时间宝贵。这一点对我们可不太有利。”听到这句话，我还以为是我母亲在跟我说话呢。不过，我真的钦佩约翰森的办事风格：事关190万美元的决定才不过花了两秒钟时间。

为了了解纽约中央铁路公司的租户情况，我又去了一趟那幢大楼，仔仔细细地查看了布告板，发现它们的租户从大型卡车公司、血汗工厂到曼哈顿的最后一家犹太教屠宰场，简直无所不包。仅从名字上看，很多好像都是些小企业，出钱请它们搬家的提议对它们来说可能会比较有诱惑力。但犹太教屠宰场呢？楼里最大的租户吉尔伯特卡车运输公司是当地一家以运送成衣而闻名的卡车公司，运输线路横跨全国。

连续好几个星期，我总是绕过自己的办公室，径直走进那幢大楼，依次敲开每家租户的门。

“早上好，”我愉快地说，“老板在吗？”有时，比如去吉尔伯特卡车公司那次，我就直接碰上老板本人，但大多数情况下我会见到经理，他们向我们保证会把我的建议转告给他们的老板。

我决定到纽约中央铁路公司去见负责房地产事务的副总裁杰姆·波瓦西（Jim Boisi），并约好了时间。波瓦西宽敞明亮的办公室位于纽约中央铁路公司64号大街，他在办公室的总裁套间里热情接待了我。我开门见山地提出了自己的建议：铁路快运公司想要把两座相邻的大楼——铁路快运公司和纽约中央铁路公司的大楼——合并起来，以吸引大规模的房地产开发，在哈德森河边盖一座大型商业楼或公寓大楼。从铁路快运公司的角度出发，这笔交易可以带来建转运站和买卡车所迫切需要的部分现金；对纽约中央铁路公司来说这笔买卖也很不错，因为潜在的新发展将能保证更好的租赁条件。波瓦西觉得我的建议不错，但他也有一些顾虑。

“那现在的租户怎么办？”他问。

“这个我来解决，”我说，“一共19个租户，我准备召集所有的人见面，给他们一笔钱让他们搬迁。”

“这笔钱由谁来出呢？”波瓦西说，他无疑觉察到我可能很快就要开口向他要钱了。

“铁路快运公司出，”我说，“我们愿意承担这个风险。”

波瓦西得到了我的保证，他祝我好运并告诉我及时向他报告一切最新消息。

于是，我重新赶回大楼继续挨家挨户地敲门。我向每个公司的人许诺按约定付给他们10万美元的“保证金”，作为他们放弃租约90天的回报。也就是说，拿了10万美元后，每个租户给铁路快运公司90天的时间就实际出售大楼进行谈判。一旦买下了租约，以前的租户就得搬家，但他们会得到我许诺给他们的优厚报酬。

正如我所预料的那样，所有租户都乐于接受10万美元的搬迁费，但谈判本身却复杂多了。一些租户愿意搬走，其他一些则坚持不肯松口，想拿一笔特别高的搬家费。我请了几位房地产专家一起核算出每份租约的合理价格，然后以我的判断并考虑到每个公司的规模和运营情况提出了报价。

与此同时，我还有一个同样迫切需要解决的问题：为两幢大楼合并后产生的那块地找一个合适的开发商。几次看来很有希望的尝试都没有得出实际的结果，这倒是花了我不少的时间。有些公司的 90 天期限已经快要到期了，我越来越担心整笔交易会砸锅。这时，一天早上在看报纸时我突然想到了一个绝妙的解决方案。

我从报纸上看到格雷亨汽车公司刚刚赢得了 1964 年纽约世界博览会的交通服务许可权。博览会将在昆士区新建的希亚体育馆召开，也许格雷亨公司需要在曼哈顿找一个运营地址呢？我对自己说。可是我一个格雷亨的人也不认识，于是我走到 34 号街上的格雷亨终点站，站在了买票的队伍后面，当轮到我时，我走到窗口问售票员："你的老板在哪儿？"

"他在楼上的办公室上班。"她说。

于是我就上了楼，找到了她的老板，再问他他的老板是谁。终于，我发现负责格雷亨公司在曼哈顿与纽约世界博览会有关事务的是一个叫瑞·谢弗（Ray Schaeffer）的区域副总裁，他的办公室在克利夫兰。我给他打了电话，描述了我们准备把铁路快运公司和纽约中央铁路公司大楼合并，出售一块曼哈顿地产的想法。他马上表示对这块地很感兴趣，并建议第二天下午在纽约比尔特摩饭店的大钟下面与我见面。

见面之后，我们一起去看了场地。谢弗认为它正符合格雷亨的需要，马上提出了讨论具体租下这两幢大楼的条件。但首先我们还得最后确定格雷亨从纽约中央铁路公司的租户那里买下租约的价格，以及铁路快运公司大楼的购买条件。此外，我们还要解决格雷亨提出的关于火车是否继续从地下经过的问题。格雷亨把不用的公共汽车停在哪儿呢？我根本不用打电话给纽约中央铁路公司的杰姆·波瓦西就知道关于这一点没有商量的余地。地轨不可能撤掉，格雷亨只能把公共汽车停在别处。在向总部询问之后，谢弗告诉我格雷亨已经找到了解决停车问题的方法。

我们确定了准备对 19 家租户提出的收购条件以及时间问题，这是个关键的问题，因为格雷亨需要立即开始它的兴建计划，以便在世界博览会开幕前把一切准备就绪。我成了格雷亨和众租户谈判的中间人，而且我必须得到每家租户的同意才能使这一安排生效。日复一日，我和众人讨论，恭维他们，引诱他们，直到拿到每个租户的协议，并确定了成交日期。成交的时间和地点定在上午 9 点，帕克大街 399 号第一国家银行。到了指定的那天，庄严的银行办公室里涌进一帮形形色色的租户以及他们的指定代表，阵容之滑稽绝对是这里前所未见的。从银行副总裁、出纳员和警卫的神情，我可以猜出他们一定怀疑这些人是不是走错了地方。

成交那天，虽说我手头已经握有 19 家租户的协议，一切都无懈可击，但我发现自己仍需从早上一直讨价还价到深夜，因为有些租户突然改变了主意，或者突然感到他们答应的钱数太低了，或者是时间太仓促了。我们就在尊敬的银行副总裁斯蒂尔曼 · 洛克菲勒先生办公室旁边的一间屋子里开会。居然有这样一群胆大包天的人在他办公室隔壁的会议室里又吵又闹，这不由得使洛克菲勒先生深感不安。而且，我还怀疑洛克菲勒先生难得见到像有些租户那样的人。我愿以 100:1 的比率打赌他以前从未见过犹太教屠宰场的老板。尽管如此，随着天色转晚，暮色越来越深，终于到了深夜，我准备好了一份授权证书的标准格式。等到每个租户都累了，不耐烦了，他们就会签署授权证书，说出他答应签字的最后条件。

最后，当所有租户都签字完毕，花旗银行便按格雷亨的指示开具了总共 300 万美元的本票（大楼售价，即 3000 万的 10%）交给 19 位租户。我在每张支票上都以授权人的名义签了字表示接受。凌晨三点，交易终于完成了，我的手提箱里共装了价值 300 万美元的保兑支票，这笔钱是要付给租户的，但在第二天之前暂时由我保管，因为那时所有人都精疲力竭，暴富的小商人们都早已回家，钻进了被窝。那时我的孩子正在生病，我向艾丽保证，无论多晚成交我都会回家的。

由于时间太晚，已经没有火车了，我只好从住在曼哈顿的助手约翰 · 西伯里（John Sibley）那儿借了一辆车，离拐上岔路不到 1 千米的时候，车没油了——我归心似箭，居然忘了检查油箱刻度，谁让我总以为每辆车的油箱都是满满的呢！

我提着装满支票的鼓鼓的手提箱，紧张地走了约一英里，终于走到一家 24 小时营业的加油站。我问值班的人能不能借个容器买点汽油，让我好把车发动起来。

“当然，”服务生说，他伸手拿过一个油箱，“押金44美元。”

我掏遍所有的口袋，总共找出1个半美元。在马拉松式的谈判过程中，我已经把钱包里所有的钱都拿来为租户和他们的代表们买了三明治和饮料。

服务生看着这个穿得还算像模像样但疲惫不堪的人，顿起疑心——毕竟，那时已经是凌晨四点了，他猜想我的手提箱里可能装满了偷来的钱。

“嗨，44块，少一分也不行。”

“有什么别的办法吗？”我恳求道。我告诉他我的名字叫艾尔·凯西，他显然毫无印象。“对不起，总是有很多人拿了油箱不还。”他公事公办地告诉我。然后眼睛一亮，“你的手提箱看上去挺值钱的，”他说，“我敢肯定它值44块。你干吗不把它押在这儿？”

手提箱连锁都没有，但我在那一刹那间决定信任他。我把箱子交给他，然后在漆黑的夜里走了一段长长的路回到车旁，把油加进油箱，开到加油站，再把油桶还给那人。我觉得自己挺骄傲，没有携带汽油桶潜逃。当我正要启动汽车时，加油站的伙计叫住了我。

“嗨，先生，”他说，“你没忘了什么东西吧？”我累得要命，居然忘了要回装着300万美金保兑支票的手提箱！

我为铁路快运公司效力还不到6个月，就已经开始指挥以下所有的部门：财会、法律、采购、保险、建筑（包括为18个转运站购买土地）、公关，还有人事——事实上除了直接经营以外什么都管。反正比尔·约翰森说过，我可以在我的职位上干任何事。倒不是我有意想要扩大自己的责任范围，而是铁路快运公司的局势迫使我不得不充分发挥自己的想象力——没有档案可以看，没有前人的经验可以效仿，我们的工作是每时每刻都在创造事务。危机不是偶尔地发生，而是每天都存在。

虽然我们采取了种种巧妙的措施，但缺乏资金仍然是个挥之不去的问题。有一天，我在旧金山时突然沮丧地发现没钱发工资了：我们开出了总额150万美元的支票却没有对应的存款。此时我简直绝望了，绞尽脑汁地想主意。然后，突然我想到了一个有可能性，但略微有点儿不着边际的点子。我知道威尔士·法戈银行的董事长瓦伦·赫尔曼（Warren Hellman）很以自己公司悠久的历史为骄傲，威尔士·法戈历史博物馆更是他的自豪。我还知道，威尔士·法戈是铁路快运公司的前股东，我们的仓库里至今还有几张古老的威尔士·法戈的售票台。

我那次去旧金山是为了决定如何处理一些我们正准备放弃的转运站用地，以及公司的其他几桩事务。我立即同赫尔曼约好在威尔士·法戈大楼见面，很高兴地通知他我们在库房里找到了两张威尔士·法戈的售票台，想捐献给他的博物馆。赫尔曼听了这话顿时两眼放光。

“太好了，凯西先生。真感谢你还这么重视这些桌子的历史价值，有的人可能就把它们扔了，非常非常感谢你。”

“应该的，赫尔曼先生。作为回报，我想向您要一些东西——如果您不介意的话。”

“当然不，凯西先生。我能帮你些什么？”

“我希望得到150万美元，明天就存入我们银行的账户。我没有什么担保，咱们也别谈利息。但我会把西部各州最大的银行存款箱留给威尔士·法戈。我会给你密西西比河以西兑现所有铁路快运公司账目的权力和在西部各州所有的应收支票。这是相当可观的一笔意外收获——不过对铁路快运公司来说并不需要什么额外的花费。”

赫尔曼先生眼也不眨地说：“凯西先生，明天早上你就可以拿到你要的150万美元。”

我笑了笑，装作很有把握的样子，其实说实在的，我那时心里正打鼓呢。提出这样的请求，我也没指望会成功。但是我并没有“欺骗”威尔士·法戈。那两张桌子只不过是我的开场策略，是为了在这位董事长心里树立一个良好的印象。不过我的存款箱条件对威尔士·法戈同样是笔划算的交易。赫尔曼永远也不会知道我当时有多么的绝望。我正在这么想着时，我认识的威尔士·法戈总裁拉尔夫·勒贝尔走了进来。

“艾尔，你在这儿干什么？”

赫尔曼解释说他刚刚向铁路快运公司借出了150万美元的无担保贷款。

“这是真的，艾尔?”他问我，无疑希望我说这不是真的。

但在我开口之前，赫尔曼先生补充说：“凯西先生还向我们博物馆捐赠了两张最棒的威尔士·法戈古董售票台。真不错，是吧?”

我很快地和两位绅士握了握手，匆匆忙忙地退了出来。他们都不知道的是，没有这笔钱，铁路快运公司第二天早上就会破产。

在铁路快运公司工作有点儿像表演走钢丝，但没有安全网。事实上，向威尔士·法戈银行要贷款只是其中的一个例子。在大多数情况下，我们不得不无担保贷款。银行根据对公司管理水平的评估确定利率，借给我们所谓的管理贷款。威尔士·法戈、摩根保证基金、第一国家城市银行和其他几家银行都向我们出借过这种管理贷款。如我所说，这些贷款的目的是修造转运站和购买卡车，以便使公司能够从铁路公司独立出来。

在获得铁路快运公司董事会理解和同意的前提下，我对银行说，在我们获得足够多的收入以偿还大部分贷款之前，我们不会向股东支付红利。可是到了 1963 年 8 月，我们的财务报表显示到 6 月 30 日为止，公司上一个财务年度获得了 400 万美元的利润，董事会决定宣布将这 400 万全部用于支付红利。

赢利并不意味着公司就有支付红利的现金，事实上，我们手头根本没有钱。要付红利，我就得去借钱。更重要的是，要是支付红利那就明显违背了我个人对银行的承诺。

董事会知道我做出过这样的承诺，他们也知道我保证过，在公司财务状况大大好转前不宣布分红。但是一个很有势力的董事戴维·比文（David Beven），也就是宾夕法尼亚铁路公司的金融副总裁在董事会上发了言，几乎是赤裸裸地要求宣布分红。

我自己并不是董事，只不过因为职权之故才参加了董事会会议，因此，我所能做的只是解释为什么我们不能分红。这样做会违背我做出过的承诺，而如果我的话一钱不值的话，我就无法履行自己受托行使的责任了。

比文瞪着我，问道：“艾尔，你的年薪是多少?”

“27000 美元。”我答道。

“好吧，我们打算就这个问题开一次人事会议，请你出去。”

我越来越感到这件事不对劲，董事会怎么可能不理解我的处境？他们怎么能如此目光短浅？

几分钟后，比尔·约翰森把我叫了回去，积极想要分红的比文傲慢地说：“艾尔，我有一个消息要告诉你，现在你的薪水是一年 54000 美元了。”

我目瞪口呆，马上明白了自己不在时这里发生了什么事。

“如果你们给我加了一倍的薪水，那么肯定是你们决定宣布分红了。”我说。

“不错。”比文回答说。

我再次考虑了我为公司所做的一切，考虑到自己的家庭，但我完全肯定我只能对董事会做出一个回答。

“要是那样的话，我无法继续留在铁路快运公司了。”我宣布。屋子里突然一片寂静，有人谨慎地咳嗽和窃窃私语。也许他们以为我是在吓唬人，我转身走出了房间，都没有回去清理自己的办公桌就径直走出了大楼，走到大中央车站，搭车回了家。

凯西法则的一条原则是：如果你希望某件事情向好的方向发展，那你就必须在完全正直的前提上和别人打交道。虽然这可能听起来有点自以为是，但我要强调“完全”二字。这不是说盲目地遵守某种理想主义的行为准则，而是缺乏正直——无论是看似多么无害或微小的偏离，最终都会不断地回过头来困扰你和你的公司。我之所以从铁路快运公司辞职是因为我知道，如果自己留下的话，第二天早晨我就会无法面对镜中的自己。也许此后一生中，我都将无法正视一位银行家的双眼。

1963 年 8 月，在从铁路快运公司辞职后回家的路上，我心里想着今后该如何养活家人。我们没有多少存款，我在铁路快运公司的薪水足够我们过上体面的生活，但要存起一大笔钱以备后用是不可能的。我看着车窗外，天开始下雨了，好像要增添我的悲惨境况似的。当时是下午 3 点差 10 分。我接上艾丽，说：“我们去接孩子们。”他们此时在圣玛丽学校参加暑期班，还没放学回家。在开车前往圣玛丽学校的路上，我把发生的一切都告诉了艾丽，然后彼得和朱迪上了车，我们一起去了一个喷泉，在那里买了可乐和零食。我对孩子们解释，因为爸爸工作的需要，我们很可能又要离开康涅狄格州了。我问他们如果可以选择的话，愿意去哪里？孩子们回答说，如果真的要搬家的话——特别强调了“真的”两个字——他们想回加利福尼亚。可是非搬不可吗？我们搬到这里才两年，而且还挺喜欢格林威奇的。我对他们说，如果搬到加州的话他们可能会有自己的游泳池，这对说服他们起了很大的作用。

相对于我，搬家对我的家人来说更是一个沉重的负担。虽然我在铁路快运公司只待了一小段时间，但已有了数不清的生意上的伙伴，他们遍布全国各地。而我的家人则要一切从头开始，孩子们又要面对新的学校，艾丽又要重新找房子，重新整理，更不用说搬家本身这个大负担了。因为通常等到我们找到新的房子，把原来的房子卖掉时，我已经开始新的工作了。艾丽不得不一个人照看打包、搬运和把所有的包重新打开等一切工作。教会总是一个很好的帮助，可以帮助她结交新的朋友，解答关于新社区的种种问题，但在大多数情况下，是艾丽不变的积极态度才使这所有令人疲惫的工作看上去如此轻松。那天，我尤其深刻地感受到我的决定所带来的后果。但尽管如此，我还是觉得非走不可。发生了铁路快运公司的那件事后，我希望从地理上和心理上都离那家公司越远越好。我为铁路快运公司操碎了心——到头来他们却想给我一笔贿赂，要我帮董事会掩饰明目张胆的出尔反尔行径。

比尔·约翰森打电话请求我改变主意，他为董事会所做的一切表示抱歉，然后向我提出了一笔他认为我不可能拒绝的薪水。

“上帝，艾尔，别走。我知道你在这儿干得多累。如果你再留 3 个月，我就会辞职，那时你就可以接管公司了。”

我表示感谢，但告诉他我主意已定。

我从旧金山的南太平洋公司出来才不到两年，看来旧金山地区的商业圈不会热烈欢迎我回去，因为唐纳·罗索已经宣布我为不受欢迎的人。于是我们选择了洛杉矶地区。我倒不担心在那里找不找得到工作。我一生中从未操心过这件事，倒不是因为我不必像别人那样担心，而是因为我认为担心只会起反作用。正是因为担心，人们才得不到他们想要的东西。人们必须充满信心，哪怕机会看来对你不利。应该说，尤其是在机会对你不利时才需要自信。

最重要的是，我知道自己想找一家拥有一个能让我接受的董事会的公司。而且，我想找一家没有工会的公司。委婉地说，我在铁路快运公司同杰米·霍法和蒂姆斯特的共事经历并不是特别令人愉快。霍法的工会在铁路快运公司有13000名成员，另一个工会——铁路职工兄弟会——的成员比霍法的还多一倍。霍法很清楚新公司有多脆弱，财政有多不稳定，可在谈判合同时，他是如此的不友好和欺负人，我几乎不止一次要同他闹翻。

"这不是谈判，"有一次我对约翰森发作了，"这纯粹是恐吓。"

我还想找一家真正有发展前途，并且希望是有挑战性的公司。从我过去的经验来看，这二者通常是共存的。

掌管麦金西管理咨询公司洛杉矶办事处的杰克·万斯（Jack Vance）当时正在负责时代明镜公司的多样化经营规划工作。时代明镜是西海岸的一家传媒公司，其最主要的出版物是《洛杉矶时报》。万斯曾写信给麦金西公司在全国各地的同事，通知他们时代明镜正在寻觅一位高级财务人员。他说他们要找的人必须符合以下条件：

1. 具备财务管理能力
2. 有杰出的谈判技巧
3. 具备处理各种事务的能力
4. 能够与他人愉快共事

他给驻纽约的麦金西公司高级合伙人杰克·盖瑞提（Jack Garrity）也写了一封信，后者马上给万斯打了电话。

"杰克，"他说，"我看了你关于时代明镜公司的信，我知道一个你要找的人。"接着，他简述了我的工作经历，然后把我在康涅狄格州的电话号码告诉了万斯。

万斯打电话给我，问我能否尽快飞往加州一趟。我给艾丽和我订了两张美洲航空公司第二天的机票——我总是坐它们的飞机。我同时代明镜的总裁约好第二天上午见面，同时我还有另外两个求职面试等着。既然我们已经决定全家搬到洛杉矶，我就想着让艾丽也看一看新的环境。

时代明镜的两位董事哈利·伏尔克（Harry Volk）和弗兰克·金（Frank King）都早就感到公司需要一名有力的首席财务官（哈利·伏尔克同时也是联合银行的总裁，弗兰克·金则兼任着联合加州银行的首席执行官）。我到加州的时候，他们自己也已开始寻找合适的人选。当他们听说我决定在洛杉矶定居时，两人都说要向董事长推荐我，因为我在金融财务方面拥有广泛而丰富的经验。

那次去洛杉矶，我还安排了和生产电子产品的立顿工业公司见面，以及和诺斯拉普飞机制造公司见面。这两家公司也都在寻找首席财务负责人。不过我的首选是时代明镜——它是一家家族企业，在商界很受人敬慕；而且我还被告知，它决定在今后十年进一步扩展规模。

虽然传媒对我来说完全是个陌生的领域——报纸、杂志、书，更不用说广播和新兴的电视媒体，但我感到 15 年的财务工作经验已使我做好了担任这一职位的准备。但是，正如在所有家族企业面临的问题一样，关键在于公司的董事长诺曼·钱德勒（Norman Chandler）和我合不合得来。

CASEY'S LAW

05

在时代明镜公司的生活和经历

商场上没有什么东西是一成不变的，成功取决于你是否善于处理手中的事实，识别一个新形势有多快，以及你采取的行动是否果断。

在那个下午，诺曼·钱德勒在时代明镜总部接见了我。他站起来和我打招呼时，我可以看到他和我差不多高，都是六英尺左右，不过他比我略瘦一点。64 岁的他看上去英俊潇洒，一头整齐的白发，容貌好像雕刻出来的一般。我很快就喜欢上了他，并且感觉到他也喜欢我。然而，考虑到我自己的背景主要是铁路和运输方面，我觉得最好还是向他坦白自己缺乏报纸行业的经验。

"这个不重要，"他摇了摇头说，"报纸的经营我会，我的儿子奥蒂斯也会，我们不需要别人来帮忙经营报纸，我们想要的是一个管理公司财务的人。"

接着他向我介绍了时代明镜当前的思路，主要是要搞多样化经营，以减少对报纸的压力。

"我们需要向别的出版业务扩展，"他说，"报纸、杂志、书籍都行。还要向洛杉矶以外的地方发展，我们太过于集中在这个地区了。东海岸和西海岸没什么区别，只要我们拟收购的公司资金充足、业务搞得好，我们愿意付合理的价格。"

他还告诉我公司至今为止已收购了哪些企业。

我们的会见持续了一个多小时。我站起来离开的时候钱德勒先生说："麦金西公司的人对你的评价都很高，凯西先生。事实上，他们给我的印象是，他们觉得你在水上走路都没有问题。"

我谢了他，回赞道，我也有同样的印象，觉得洛杉矶的很多人对钱德勒一家人亦有同感。

“家族嘛……”诺曼拖长声音没把话说完，“我们的人很多，凯西先生，我估计如果你在此安顿下来，便会发现别人对我们的看法也各不相同。我们钱德勒家的人有时候意见一致，对有些事却看法各异，包括政治。”

“哪家不是这样呢。”我淡淡地答道。

“你还应该知道，凯西先生，钱德勒家所有的人都拥有时代明镜的股份，是通过一个严格监督的信托基金留给他们的。有几个人，尤其是那些不在业界工作的人，仍对他们得到的微薄回报非常不满。所以我们现在这个多元化计划不光是为了扩大我们的资本基础，同时也是为了增加股东的收益。”

“使他们不再烦您。”我总结道。

诺曼顿了顿，揣摩着我最后的这句话。我意识到这个善于外交辞令的董事长是多半不愿这样说的。但他突然绽开一个热情的微笑，说：“正是，凯西先生，正是。”然后，回到我们刚才的谈话，他补充道：“你还有两位朋友在我们的董事会任职，联合银行的哈利·伏尔克和联合加州银行的弗兰克·金。”

当晚，诺曼和他迷人的妻子多萝西邀请艾丽和我共进晚餐。在座的另一位客人是他们的儿子奥蒂斯，他最近刚刚被任命为《洛杉矶时报》的出版人。奥蒂斯是个魁梧英俊的青年，喜欢健身运动和开摩托车。从他关于《洛杉矶时报》的谈话中我可以看出，他对他的新工作很投入，并且努力想使之做得更好。晚餐桌上我们显然都很喜欢对方，也许更重要的是，我们在一起彼此感到很自在。

共进晚餐时，多萝西·钱德勒突然问艾丽的生日是哪一天，艾丽告诉她是2月28日。

然后多萝西又转而问我：“你呢，艾尔？”

“同一天，也是2月28日。”我答道。这简直是扔了一枚炸弹。

“2月28日，”她用近乎耳语的声音说，“你们俩都属于同一星座，而且还是同一天出生！真令人惊讶！”

原来她深信星象术。这个偶然的巧合一定有着什么更深的我和艾丽都无法猜透的含义。不过，我们视之为一个好兆头。

临走的时候，诺曼问是否可以第二天到饭店来接我，以便带我到办公室去看看，于是我们约定了9点钟见。

我们在他的办公室里聊了一会儿，然后在诺曼的建议下，我们去“时代明镜广场”，也就是时代明镜大楼转了一圈，参观了编辑部和印刷部、雇员休息室、快餐厅、行政人员餐厅等。诺曼一路把我介绍给大家，但是犯了一个战术性错误，因为没有人知道我是谁，为了什么到那儿去。转了一圈后，诺曼送我和公司的三位董事去他们各自的公司单独聊聊。其中的两位，哈利·伏尔克和弗兰克·金都是银行家，我已经认识了。第三位，汤姆·琼斯（Tom Jones）是诺斯拉普公司的董事长。见过琼斯后，我又回到了时代明镜，诺曼正在那儿等着我。

“凯西先生，”他说，“我想请你来做这份工作。你的头衔是副总裁，管理财务。”他提议薪水为50000美元，我没有意见，他又规定了我的职责。我将直接向他本人负责，有些事可以向新任命的执行副总裁雷·麦克格拉纳汉（Ray Mc Gran-ahan）负责。“我非常希望你能接受我们的邀请，”他说，“我们在准备大干一场，我想你会为它的成功做出巨大贡献的。”他顿了顿，接着说：“你可能需要一两天的时间仔细想一想。我知道你同时也在考虑其他几份邀请。”

“钱德勒先生，”我说，“我妻子和我昨天晚上讨论了我的种种选择。我已经决定了，很高兴能得到您的信任。我什么时候开始工作？”

“越快越好，”他说，“9月1日可以吗？”

“没问题，”我说，“但9月的后两个星期我想回纽约一趟，把我在铁路快运公司的工作交接清楚。”

“这可是很不寻常哪，”他说，“很不寻常。”然后他看着我说：“艾尔，我不仅批准你，而且钦佩你的安排。”

第二天，一回到纽约我就打电话给比尔·约翰森。他再次对我的辞职表示遗憾，“但是，”他说，“我完全理解你为什么这么做。”我告诉他我打电话是为了看看有没有什么可以帮忙的，以保证我的继任顺利接手。约翰说他非常感激我的表示，并补充道：“艾尔，我无法告诉你我有多么感动，尤其是在董事会如此对待你之后，使我对残酷的商界有了新的认识。”

“比尔，我和董事会的分歧丝毫不会减弱我对你的尊敬，”我说，“我知道你的工作很难做，所以我一定要向接任的人交代清楚，不然我于心不安，因而你也可以说我这样做是出于自私的考虑。”

“我已经提升约翰·西伯利接替你的职位，我会叫他给你打电话的。”

“这事情打电话可说不清，”我说，“让西伯利读一读多个部门的卷宗，然后准备提问。好在他跟过我一段时间，对大多数问题也熟悉了。”

“钱德勒先生同意你这么做吗？”

“当然，诺曼完全同意……我星期三去办公室向西伯利说明所有未处理完的细节问题，有他忙的。我只想弄清楚一点，就是等我月底回洛杉矶的时候，你是否可以更快地办完我那些部门的事情，然后我会专门回去跟西伯利交接。”

“艾尔，我无法告诉你……”

“那就干脆什么都别说了，”我笑道，“换了你也会这么做的。”

这是真话。如果情况倒过来，我敢肯定比尔·约翰森也会支持凯西的。

我把自己在纽约期间的时间分成两部分，一边帮艾丽做搬家的准备，一边向比尔·约翰森交代我以前工作的每一个细节。8月份很快就结束了，我飞回了洛杉矶时代明镜公司，在那里待了两个星期，适应新的环境，熟悉同事以及公司的组织结构和财务状况。

9月15日，我又回到了纽约，同西伯利一起，把我的职责范围和就我所知的公司建立之初的概况对他做了个交代。这次回到铁路快运公司的感觉可真是奇怪，但是我知道自己做得很对。虽然我感到自己被铁路快运公司出卖了，但是我相信——到现在也仍然相信：一个人在离开一个位置时应该尽最大的努力给周围的人留下一个好印象。在那两个星期里，我也常常在办公室内外见到比尔·约翰森。虽然我们就要分道扬镳了，但作为一个朋友我钦佩他，作为一个商人我对他的评价很高。这一点，直到今天也没有改变。

我在时代明镜上班的第一天，诺曼要我见一见负责并购事务的副总裁鲍勃·艾伦（Bob Alen）和雷·麦克格拉纳汉，这两人我在被雇用前都没见过面。艾伦的办公室离诺曼的只隔几间，我向他作了自我介绍并解释了自己在这里的原因。

我看见艾伦的脸拉得老长，几乎拉到了膝盖以下，这才意识到诺曼还没告诉过他我已经被雇用了呢——这可是一个大失误。我试图发挥自己身上所有的爱尔兰人的魅力，但显然未能奏效，我的心里七上八下的。虽然我很喜欢并且尊重诺曼，但作为一个好的行政长官，他应该通知公司的重要人员我被雇用了。我猜测艾伦生气了一点也没错，几天后他就辞了职。

我的第二站是去见执行副总裁雷·麦克格拉纳汉，他比我早几个星期进入公司，在此之前是海湾石油公司的一家子公司威尔谢石油公司的总裁。他的职责是监督时代明镜的子公司，并为这些子公司的长期发展制订计划。可以看出，他对我的到来事先也毫不知情，这可是第二个大失误，钱德勒先生。但是和艾伦不同，麦克格拉纳汉没有显示出愤怒或因这一消息而感到威胁。

除了这两次突兀的见面之外，余下的一切都风平浪静。那一天里我见了二三十个重要的雇员，并马上从每个人那里感受到了一种忠诚和敬业的精神。

钱德勒家族不仅是洛杉矶最大的商业家族，而且还密切参与着该市的文化生活。到新公司上班伊始我便花了很多时间和精力关心洛杉矶市的新音乐中心，该音乐中心计划一个月后就要启用。

10 月中旬的一天，诺曼把我叫进他的办公室："艾尔，我现在有一个问题，而我有问题的时候就等于你有了问题。我想让你去音乐中心见钱德勒夫人，有问题的就是她，她会把一切都告诉你的。"

音乐中心是多萝西·钱德勒的宝贝。它坐落在一个小山丘上，俯瞰整座城市，是座熠熠发光、有玻璃幕墙的 92 英尺高的大厦。带凹槽的柱子和雕刻的下垂式屋顶能与纽约的林肯中心相媲美。我到了音乐中心，发现在那里的多萝西满面愁容。

“诺曼叫我来同您谈谈关于音乐中心的问题……”我开始说。

“艾尔，”她打断我说，“很简单，我们的资金用完了。”

多萝西·钱德勒是洛杉矶文化界的名人，她通过不知疲倦的筹资活动光为这个音乐中心就筹集了1900万美元，此外还发行了1500万美元的县政府债券。多萝西·钱德勒馆就是用这笔总共3400万美元的钱盖起来的。

然而最后还是留下了一个不小的问题：音乐中心的修建和装潢用光了所有的钱，结果使得开张前的费用没有了着落——包括排演、服装、管理人员和艺术家的工资，一般经常性开支，以及这样一份雄心勃勃、更不用说是显赫的事业所必不可少的可观的广告开支。

虽然这个中心有几十万美元的预先售票收入，但根据法律这笔钱属于信托基金，只有在演出开始以后才能使用。好在信托资金可以被用作担保，于是中心从美国银行借了35万美元的贷款款。现在，这笔钱也用完了，这回连可以担保的售票收入也没有了。中心向美国银行要求贷款15万美元，但银行不仅不愿意提供贷，还威胁要音乐中心归还已经花掉的35万美元。我要钱德勒太太把音乐中心董事会成员的名单告诉我，对她说我会打一些电话，看看能否当天下午召开一次会议。我给大家打了电话，告诉他们音乐中心面临十分严重的问题，并建议我们五点钟碰头开会解决。董事会成员都是些显赫的人物，这其中包括美国音乐公司（MCA）的董事长卢·沃瑟曼（Lew Wasserman）。

会议五点准时开始了。多萝西·钱德勒把我向众人作了介绍。“凯西先生是时代明镜公司的新任首席财务官，我肯定他能够帮助我们解决这个问题。”她说得那么肯定，但我可没她那么有把握。会议首先开始简要介绍了存在的问题。

我还没说完三句话，卢·沃瑟曼就打断了我。“等一等，”他说，“在你开始讲你的悲惨故事前请允许我插一句话。接到你的电话后我在来这儿的路上顺便在美国银行停了一停，在一张50万美元的票据上签了我本人的名字。

你那35万美元的贷款已经有担保了，而且现在就可以再借15万美元。”

我顿时无话可说。噢，不，还有一句。

“太好了，沃瑟曼先生，”我说，“请允许我代表整个董事会感谢你。我敢说这肯定不仅是音乐中心，而且是洛杉矶历史上时间最短的董事会会议。会议到此结束。”卢是个大忙人，不会希望我们浪费时间赞扬他的慷慨举措的。

那次会议之后我没怎么见过卢，因为我们没有别的生意上的联系。我花了4年才付清了卢签的那张50万美元的票据。一天，我打电话给他：“卢，我正在去银行的路上，去付您担保的音乐中心贷款的最后一笔钱，顺便把您签字的票据副本取出来。如果您不介意的话，我想把它给您送去，并对您的行为表示我本人的感谢。”

“可以，”他答道，“你来吃午饭吧。”

我在美国银行门口停车，付清了最后一笔钱，取出他签字的那张票据，然后开车去见卢，并和他在环球录音厂的餐厅里共进午餐。我不能说那顿饭吃得很亲密，显然每个人都需要或想要同制片厂的老板卢说话，不断有人到我们的桌上来打扰我们。那一个小时之内我见到的好莱坞明星比我余生遇见的都要多。

我们在烟灰缸里隆重地烧掉了那张担保票据。然后，卢说：“艾尔，我很赞赏你为音乐中心的成功所做的一切。如果你什么时候再次需要我的帮助，尽管打电话找我。”

“非常感谢您的好意，卢。”我说。可是鉴于四年来只见了他两次，我无法想象什么时候或在何种情况下，我才会用得上这句话。尽管如此，我还是有心记下了他的许诺。

自成立以来，时代明镜公司一直主要依赖于《洛杉矶时报》，而这份报纸的发行范围又仅限于一个市场及洛杉矶周围地区。为了扩大产品种类和市场，1959年时代明镜买下了麦金西公司。在麦金西公司听董事长诺曼说不放心把所有的鸡蛋都放进一个篮子里之后，便向他提议多买几个篮子。麦金西说服了诺曼今后几年很有可能会出现经济衰退，而收入提高依赖于广告的报纸将很容易受到损害。1960 年，也就是我到公司的三年前，公司开始实施麦金西的建议。诺曼请来了罗伯特·艾伦帮他管理多元化经营方案的实施，收购洛杉矶地区之外的出版公司。实施多元化经营的原因之一也是迫于股东们的压力。1959 年初公司只有 700 名股东，包括——正如诺曼警告过我的那样——那些继承了公司的股份但不参与其管理的钱德勒家的人，这些人都想从他们的投资上获得更高的回报。1959 年，公司的营业收入为 9800 万美元，利润为 480 万美元。这个成绩相当不错，至少在报刊业是如此，但是按华尔街的标准显然就算不上什么了。股东们希望看到更快的增长和更高的利润。按麦金西的说法，多种经营就是实现这两个目标的神奇道路。

虽然诺曼公司的未来令人如此忧心忡忡，但实际上，在我来公司之前，时代明镜已经连续 18 年稳步增长。我加入公司的时候，诺曼已经 64 岁，做董事长兼总裁已经二十多年。虽然作为一家家族所有企业的首脑，他不受什么退休年龄的规定，也显然没有太大的退休欲望，但大家猜测用不了太久这一位置终究会传给奥蒂斯的。眼下奥蒂斯手头上还都是报纸的事务，就算他有那个兴趣，也没有多少时间管多元化的方案。在我和诺曼的头几次谈话中，他清楚地表示之所以任命我，在很大程度上是因为他相信，细致的财务监督对于评估和控制新收购来的公司，以及评估潜在收购公司的价值和协办优势都是必要的。这个计划说到底就是要找到适合同报刊媒体协同经营的公司，包括书籍、杂志、电视和其他报纸。作为第一步，时代明镜在 1960 年兼并了声望很高的新美国世界文学图书馆，后者是美国第二大平装图书出版公司。1963 年夏天，公司又买下了美国最大的《圣经》和字典精装版的出版公司——环球出版公司。就在我就职前的一个月，公司刚刚完成了对全国最早的法律书籍出版公司——马修·班德公司——的并购。

1963 年 6 月，时代明镜以 1100 万美元的价格把它唯一的电视台 KTTV 卖给了大都市媒体的约翰·克鲁吉（John Kluge），这一举措可以说是与其扩张主义战略背道而驰的。上班后的第一个星期，我查阅了公司最近的记录，并询问为什么把 KTTV 卖掉了，因为在我看来这家电视台明明是赚了钱的。经过一番追查，我发现真正的原因是感情因素而非财务因素：卖掉这家电视台是因为负责报刊的人员觉得电视台总是在抢他们的新闻，因而大为不满，一气之下便怂恿将它卖掉了。谁都知道这完全是件蠢事。这么一来，约翰·克鲁吉的大都会媒体会继续抢《洛杉矶时报》的新闻，就跟 KTTV 属于时代明镜公司时一样，只不过现在的好处——包括经济上的好处和别的好处——都归大都会媒体了（今天，KTTV 至少值 4 亿美元，1994 年，卢帕·墨道克的新闻公司就是以这个价格将它买下的）。

1964 年 5 月，时代明镜的股票正式上市。我们在 1963 年的业绩很好：营业额达到 1.776 亿美元，利润为 910 万美元，每股收益 1.83 美元，营业额和利润几乎比 1959 年翻了一番。从各方面的指标来看，1964 年将会成为历史最佳年份。但即便是最精心制订的计划有时也会出现差错。有一天，我们收购了一家规模不大但声望很高的公司，这恰恰证明了这一点。

虽然我们大部分的收购目标都是传媒和出版领域的企业，但有时如果发现好机会，我们也会超出这个范围。1964 年我们就买下了皮克特公司。这是一家小公司，但在制造计算尺行业是数一数二的，年销售额达 250 万美元。计算尺是建筑和工程公司广泛使用的一种工具，我们觉得还可以通过生产教科书刻度尺来扩大销售，提高收入，尤其是中小学市场上的销售。皮克特计算尺口碑很好，在欧洲的销售亦不断增加，就连在以生产精密仪器为傲的德国也不例外。“要买就买讲究质量的公司。”我曾经建议。直到现在，我仍然相信这是一个好的出发点。但谁会料到，几乎一夜之间，我们引以为豪的产品竟会因为一种更好的工具的问世而被淘汰？真正的问题还在后头。

就在买下皮克特公司的那一年，我在审查公司报表时注意到公司的库存不断增加，可是他们却告诉我因为生产赶不上订货，工人不得不加班加点。常识告诉我这里面肯定有问题，库存的增加和供不应求怎么看也对不上嘛。于是我派了一名公司的审计员去核查账目。我所不知道的是皮克特的总裁约翰·皮克特安排了一个女人陪这位审计员共度周末——可能是为了帮助他厘清账目吧。她肯定干得不错，因为审计员回来后报告说皮克特那边一切正常！

几个月后，公司上交的报表仍然显示订货要求难以满足，而库存此时却继续增加。于是我就又派了那名审计员去了一次，这回我列出了要他回答的具体问题。审计员到了那里，约翰·皮克特马上就通知他上回的那个女人怀孕了，需要流产，他说审计员得为此付一笔钱。

“我不能这么做，”审计员回答道。“首先，我没有钱；其次，如果我妻子知道的话，一个幸福的家庭就因此而毁了。”

皮克特于是主动提出替他付钱，但有一个条件，希望他交给我的是一份没有漏洞的报告，于是我们的审计员再次回来告诉我一切正常。但第六感觉告诉我，他说的不是实话。于是我打电话给一家外部公司的公共会计师事务所，要求他们对那家公司做一次审计。没过多久我就接到了会计师的报告，总会计师说：“凯西先生，恐怕我们发现了一起大诈骗案。”皮克特本人一直从公司挪用公款，通过谎报库存来掩盖其盗窃行为。

我不得不给皮克特打了电话，让他第二天下午到我办公室来。在我的办公室里，我给他看了我们调查的结果，叫他坐着别动，因为我要录他的口供，并叫秘书进来做记录。

> 我，约翰·皮克特，一直非法挪用公司公款，欺骗时代明镜公司……

“好了，你签字吧。”我命令皮克特。

“我要见我的律师。”

“要么签字，要么 20 分钟内进班房。”我答道，虽然我其实并不知道该如何实施我的威胁。就这样，他签了字。

“这是第一步，”我继续说，“第二步是你必须马上从那家公司滚蛋，永远不许再在厂里出现。”他开始恳求我，并提醒我在他接任前那原本是他父亲的公司。

“你挪用公款前就该想想你的父亲。”我告诉他。

“那我的房子怎么办？”他说。我猜他多半以为我要把他的一般性资产也没收掉。于是我告诉他房子可以自己留着，他在那里想干什么我不管，但他永远也别想再迈进工厂一步了。

我们没收了准备给约翰·皮克特的红利，把它给了负责那个公司所在区域的集团副总裁道·卡朋特作为鼓励。道本该发现这桩诈骗案的，然而却没有发现，我的第一反应是痛骂了他一顿，随后便意识到自己的首要责任应该是永远保护公司的资产。于是我把他从集团副总裁的位置上撤了下来，让他做皮克特的总裁，因为他比谁都更熟悉那里的业务。我对他许诺，只要今后两年内他达到指定目标，公司就会给他丰厚的红利。

商业场上没有什么东西是一成不变的，成功取决于你是否善于处理手中的事务，识别一个新形势有多快，以及你采取的行动是否果断。道虽然有玩忽职守之罪，但他犯的错误是无意的——因为他也完全有理由相信皮克特是诚实的。皮克特公司曾经是他父亲的公司，谁会故意玷污父亲的好名声呢？所以我相信在一定条件下给他一定的激励，他会干得很好的。他的确干得不错，在那儿的几年里皮克特公司的成绩一直不错。但是正如我刚才指出的，商场上没有什么东西是一成不变的，皮克特也不例外。我们买下皮克特公司的短短几年后，得克萨斯州仪器公司和惠普公司就同时发明了手持电子计算器。一夜之间，皮克特计算尺就被淘汰了。

1964年是总统大选的年份，我有机会见识人们——或者应该说政客们——有时会多么重视自己。那年是大选年，纳尔森·洛克菲勒与巴利·戈德华特都想当选共和党的总统候选人。两人都渴望得到《洛杉矶时报》的支持。在奥蒂斯·钱德勒成为它的出版商之前，《洛杉矶时报》一直保持着坚定不移的保守派风格，甚至有点儿极端保守。1964年，钱德勒一家和股东都看好戈德华特，而编辑人员在奥蒂斯的带领下则试图使报纸转向一种更温和的立场，他们更倾向洛克菲勒。

洛克菲勒当时认为，如果他向多萝西·钱德勒馆和音乐中心捐赠一大笔钱，情况也许会对他更有益。当时我已当选为音乐中心的总裁——也许是因为那次众所周知的简短的董事会会议吧——我们正在募集25000美元“创始人”款，主要是从几个大赞助人那里征求赞助。于是，洛克菲勒向钱德勒太太许诺捐赠 25000 美元，而具体细节她叫他来找我商量。

我在社交场合遇见过洛克菲勒，但不能说对他很了解。与钱德勒夫人分手后他就来到了我在时代明镜公司的办公室，宣布他带来了一幅毕加索的名画——《蓝衣女人》。他宣布把这幅画捐赠给音乐中心，作为回报，他想抵消那 25000 美元的捐赠。

“毕加索的《蓝衣女人》不值 25000 美元。”我虚张声势道。我并不知道这幅画的价值，但我敢肯定它比洛克菲勒提出的价格高。“如果你再补交 4000 美元的现金，也许我可以算你捐了 25000 美元。”我说。

“你这家伙根本不知道这幅画的价值。”洛克菲勒回答道。

“我现在告诉你，州长先生，它对我来说不值 25000 美元，因为我们要现金。4000 美元又不是一笔大数目，我想要 4000 美元的现金，就这么回事。”

他最终同意除了《蓝衣女人》外再给我 4000 美元，我告诉他说请把画送到音乐中心去——我可不想把它挂在时代明镜公司里，因为那样的话我们还得替它买保险。他说他会把 4000 美元的支票给我，而我告诉他等我拿到支票和音乐中心收到《蓝衣女人》的收据后他就可以成为创始人。

但我从来没对洛克菲勒说过关于报纸支持的半个字，我从不对任何人做这种承诺。应该指出，他也一句没问，虽然大家都知道他慷慨之举背后的原因。

“你可以回去告诉钱德勒夫人我们成交了。”我说。

但毕加索的《蓝衣女人》实际上从未摆进过音乐中心。洛克菲勒离开我的办公室后便回去见了钱德勒夫人，后者那时重新装饰了她的起居室，决定把毕加索的《蓝衣女人》留在家中。那画儿挂在她房间的墙上看上去很漂亮，但我提醒她必须为它买保险。

“保多少钱呢？”钱德勒夫人问。

“至少四万，也许五万。”我说（那时我已经从一位艺术专家那里得知了此画的真正价值）。她叫我通过音乐中心的账目支出保险费，我便这样做了。

虽然纳尔森给了我们毕加索的《蓝衣女人》和4000美元，但他还是没能得到认可。而钱德勒夫人则得到了那幅画，它在她的房子里一直挂了7年。

一天，我的秘书宣布有人要把《蓝衣女人》送到我们的办公室来——钱德勒夫人决定重新装修她的起居室，这画和新的装潢不适合了。可我不要，也不想留下它。我补充说应该把它送到音乐中心去，毕竟它是音乐中心的财产，本来就该放在那儿。

那时毕加索已经逝世，我们一调查发现这幅画现在大约值50万美元。当他们问我准备拿画怎么办时，我回答说卖了——音乐中心仍旧需要钱。

我请富兰克林·墨菲（Franklin Murphy）（1968年以后于时代明镜做董事长）打电话给西方石油公司总裁阿芒·海默，让后者打电话联系我。阿芒·海默是个亿万富翁兼艺术品收藏家，拥有着自己的博物馆，还有个兄弟在纽约经营海默美术馆。

一接到他的电话，我便开门见山地说："阿芒，我们想要出售毕加索的《蓝衣女人》，我想它大约值50万美元。你能告诉我你认为它值多少吗，阿芒？"

阿芒也不知道它的价值，他叫我把画送到他兄弟那儿找人评估一下。

"好吧，"我说，"还有一件事，阿芒，这笔交易没有佣金。"

"嗨，你说什么呀，艾尔，没有佣金？"

我向海默解释说，音乐中心出售艺术品不支付佣金。

"可我们谈的是45万或许50万美元哪。"他说。

我几乎想说，我认为亿万富翁是不会在乎这么点儿钱的，但还是明智地忍住了。

"对不起，阿芒，但这是我们的原则。如果您能帮助我们，我们会十分感激的。"

那幅画后来被海默美术馆以45万美元的价格卖给了一个日本人。当我再次遇到阿芒·海默的时候，他问到卖《蓝衣女人》的事。我告诉了他，然后摆出我最严肃的面孔说："要是你卖到50万美元，我们就会给你佣金了。"

但他觉得这个玩笑一点儿也不有趣。

本来故事到这儿就算完了，可是还没有。几年后有一天晚上，艾丽和我同另外六七个人一起去纽约的21俱乐部。我们坐在楼上靠近楼梯口的一张大圆桌边，旁边有人在开宴会，角落里正坐着纳尔森·洛克菲勒和妻子海贝，纳尔森显然有点儿喝多了。

他转头看到了我，就听他对海贝说："瞧见那边那人了吗？就是那个王八蛋叫我花了4000美元再加上毕加索的《蓝衣女人》换25000美元的捐赠。然后，他又把那画以他妈的50万美元转手卖了。"

在座有不少客人，我感到很尴尬，于是我道了个歉，站起身来走过去。

"晚上好，州长先生。很高兴再见到您。"我微笑着说，"我只想让您知道您把数字搞错了。我其实没把《蓝衣女人》卖得那么贵，"我说，"其实才卖了45万。"

现在轮到州长觉得不好玩了，"我跟你说过，就是那个浑蛋非要4000块钱现金，否则不给那该死的25000美元的信用。"他对看上去尴尬极了的海贝重复道。

洛克菲勒余怒难消，可我没什么可道歉的。可能我跟他讨价还价得太狠了点儿，但是我当时所做的，只不过是在有关价值还不明确、公司有可能受损害的情况下，采取强硬的谈判立场而已。洛克菲勒多半以为他的礼物能够"买下"《洛杉矶时报》的支持，虽然谁也没提到这种交换物。事实上，他要真敢那样明确提出的话，管他是不是州长，我早已把他扔到办公室外头去了，连同他的毕加索。因为一个人的正直比世界上所有毕加索的画加起来还宝贵，那根本就是无价的、不可替代的。如果你相信自己的立场，在生意来往中坚持这个信念，那么，你真的可以移动山岳。

1964年夏天的一个下午，雷·麦克拉纳汉走进了我的办公室。我后来才慢慢发现他其实是个非常有野心的人。而且，怎么说呢，还缺少点团队意识。那天他走进来的时候真的好像浑身冒烟，这倒不是因为洛杉矶天气太热。麦克拉纳汉常常提到，之所以接受时代明镜这份工作是因为他以为诺曼一退休就会把他升任为总裁。他认为诺曼会在9月份满65岁时退休。我可不能肯定诺曼也这么想，但麦克拉纳汉有好几次硬拉住我同我讲钱德勒家的事。

“艾尔，”他说，“我看很可能在这公司里不姓钱德勒的人是永远别想当总裁或董事长了。”

我回答说我不能如此肯定，同时提醒他，毕竟钱德勒家仍旧持有公司35%的股份，而今天他已经控制不住自己了。

“艾尔，”他说，“我来这儿已经一年了。我来的时候他们许诺过的，我要求做总裁！”

我从来就不怎么喜欢这个人，现在简直讨厌他了。

“雷，”我说，“这种方法很愚蠢。‘要求做总裁！’那你干吗不同诺曼先生心平气和地谈一谈呢？”

“我试了……我试了……”他说，“他老是让我再等等。”

“对不起，这我帮不了你，”我说，“不过我觉得你这么做全然不对。”

一个月后，麦克拉纳汉辞职了。

10月的一个星期五，诺曼打电话叫我开车到他家去。

“艾尔，”他说，“我喜欢你做事情的方式，你来公司才一年多一点就已经做出成绩来了。”

我表示感谢，心里却开始犯嘀咕，这番开场白是为了什么呢？

“你知道雷走了，我们想找个人来做执行副总裁，”他说，“艾尔，我希望你来做这份工作。”

我预感到这事会发生，而且我的回答肯定会令他吃惊。

“诺曼，”我说，“我不能接受这个职位。我现在做自己这份工作感到很愉快。”事实上，奥蒂斯是显而易见的接班人。我可不想掺和到钱德勒家族的纠纷中去。

“你还可以参加董事会会议。”诺曼说，这好像是给我额外的奖励。

“我在做上一份工作时同董事会的麻烦够多的了，”我说，“我再也不想掺和到那里头去了。"

"可是……"诺曼开始说。我很少甚至可以说从未打断过他，但这一次我打断了他。

"诺曼，"我说，"你应该把这个职位给奥蒂斯，他是显而易见的人选，最合情合理的人选。"

"奥蒂斯手头尽是报纸那一摊的事，"诺曼道，"他既没有时间也没有那份心思来集中精神进行我们的多元化方案。"

"诺曼，"我对他说，"我喜欢现在的这份工作，我喜欢时代明镜公司。我有一种感觉，如果我接受的话，不出几个月就会被迫辞职。"

"不，你不会的，"他说，"我保证。"

"董事会对这件事怎么看？"

"他们全都支持，艾尔，百分之百同意。"

说着他拿起电话拨通了泰克斯·桑顿（Tex Thornton）的号码。

"我跟艾尔在一起，"诺曼说，"他想知道你对他出任执行副总裁有何看法。"然后他把电话交给了我。

"艾尔？"

"是。"

"很简单，你必须接受这份工作。"

于是，我就这样违背自己真正的意愿，在 1964 年 10 月成了时代明镜的执行副总裁。

我升迁那天奥蒂斯·钱德勒正好不在市内，第二个星期我们见面的时候他表现得很慷慨大度。他热情地祝贺了我，并说他完全赞赏这一举动。也许，当你是总裁儿子的时候便不会像大多数人那样感受到威胁了吧。或者，也许他感到松了一口气，实施多元化战略的担子落到了我的而不是他的肩上。

升职几个月后，有一次几位时代明镜的行政人员被邀请参加《幸福》杂志的编辑委员会午餐。钱德勒一家和《幸福》杂志的出版商以及编辑都出席了午宴。时代公司创始人兼董事长亨利·卢斯（Henry Luce）是午宴的主人。

我们20个人准时到达，互相作了自我介绍，然后便在曼哈顿市中心时代生活公司大楼顶层的一个大大的长方形房间里等待卢斯。卢斯进来时我正好站在房间唯一的大门边。

“喂，”他说，“我是时代公司董事长亨利·卢斯。你叫什么名字，是做什么的？”

“我是艾尔·凯西，时代明镜公司执行副总裁。”

“很好，凯西先生，很高兴见到你。”

然后，这位伟大的人物便绕过桌子向我们每个人作了自我介绍，同钱德勒一家寒暄了一番。我呢，绕着桌子朝另一个方向走，突然间发现自己又同卢斯面对面碰上了。

“喂，我是时代公司董事长亨利·卢斯。你叫什么名字，是做什么的？”

“呃，我叫艾尔·凯西，时代明镜公司执行副总裁。”

“很高兴见到你，凯西先生。”

然后，我们大家都坐了下来。

在诺曼·钱德勒喝汤时，卢斯开口道：“你知道，诺曼，企业的组织总是让我感到迷惑。”诺曼正准备喝下一口汤时，卢斯继续说：“告诉我，为什么你需要两个执行副总裁？”

“哪儿有的事！”诺曼回答道，差点儿把汤给洒出去。

“是的，两个，他们今天都来了。”

我听了这番对话后举起手说：“卢斯先生，您见了我两次，一次在门边，一次在您绕着桌子转了一圈之后，如果我把您弄糊涂了，对不起。”

事实上我并没有把他弄糊涂，他只是心不在焉罢了。但是我想出于礼貌起见还是应该宽宏大度地把罪责揽到自己身上为好。

亨利·卢斯考验了凯西法则，如果我当时表现得很无礼或同卢斯争吵起来的话，后果可能会是严重的。在同别人打交道时我们常常走在尊敬和卑微之间的微妙界限上。有的时候即使问题看上去无足轻重，但说错了话后果还是会很严重，而你必须出来进行说明。看上去这可能只是一件细枝末节的小事，但是在商业中你必须不能被别人吓倒，无论是多么有权有势的人。还有，你可以做到既宽宏大度，又不阿谀逢迎。

※　※　※

一段时间以后，《时代》杂志的总编亨利·古伦华组织了约20名商界的行政人员去一些欧洲城市旅行，包括巴黎同莫斯科。在匈牙利时，古伦华安排我们在星期天早上参加3小时的会议，他邀请了布达佩斯商会和几名外国记者。

我知道这个会议完全是浪费时间。虽然同当地人寒暄可能挺有趣的，可我仍旧看不出这对时代明镜公司有何裨益。会议快要开始前我找到古伦华，直视着他的眼睛说："对不起，亨利，我不能参加会议。我是天主教徒，星期天早上必须去做弥撒。"

不喜欢有人缺席的古伦华恼火地看了我一眼，但允许了。这时，鲍勃·斯特劳斯律师事务所合伙人，后来成为民主国家委员会主席的维农·约登（VernonYouden）也举起手来说："我正在考虑皈依天主教，我要和艾尔一起去教堂。"古伦华有一点脸红了，但还是懊恼地叹了口气，点头答应了。

同行的一位新闻社摄影师也不想被会议拖住，举手对古伦华说："我想我也应该一起去，为凯西先生和约登先生拍几张照片。"古伦华的脸失望得涨得通红，他一拳砸在桌上。

"好吧，"他粗暴地说，"你也可以去，但是到此为止，别人都别说了。"

我们到教堂的时候，里头几乎漆黑一片，大多数位置都有人坐了。我转头对约登轻轻说："我们到前面去，前面总是有位子的。"

约登紧张地小声说："可以艾尔，但我看不见路。"

"抓住我的肩膀，维农。"我说。

我们沿着过道走上前去，维农那天穿着一身黑衣服，靠在我的耳边问："艾尔，干吗人人都看着我？"

我扭过头来低声说："我猜他们以前从未见过浸礼教徒，维农。"

1965年初，担任执行副总裁后刚几个月，我给母亲打电话邀请她来洛杉矶看望我们和孩子们。诺曼知道她要来，便让我带她同去参加时代明镜的年会。当每个人都从我们身边走过时，母亲显然对和蔼而优雅的时代明镜领袖肃然起敬。但是尊敬也好，不尊敬也好，母亲总是一个直言不讳的人。走进大厅的时候，母亲和诺曼走在一起，艾丽和我跟在后面。虽然我们从未和母亲讲起其他任何一位公司官员的薪水问题，但她显然对大公司里人们的薪水有些看法。我突然听到她用那好听的波士顿口音对诺曼说："钱德勒先生，如果您不介意的话，我想就您手下人的薪水发表一点意见。"

艾丽看了我一眼，仿佛是在问有没有什么快捷的办法可以偷偷钻到地下去。

"当然不介意。"诺曼说。

"呃，"她说，"我认为在这个上帝创造的世界上，没有哪个人一年值五万美元以上。"

诺曼停了一秒钟，然后我听到他很温和地说："可是，凯西太太，我付给您儿子的就比这个多。"

"我知道。"母亲说完便不再评论，好像说这正好证明了她的观点。

我转头看了看艾丽，她一手捂着脸抖个不停。起初我还以为她是羞得捂住脸，后来才看出她是在竭力想克制住不笑出声。

此后多年，诺曼每次总是这样介绍我："请您会会我们雇的最不值的高级管理人员——他母亲这么对我说的。"

※　※　※

钱德勒家族拥有的所有时代明镜公司的股份都由一个信托基金保管，直到哈里·钱德勒遗嘱名单上所有的成员都去世时才能分配。19 世纪 60 年代，名单上的人有的才三十多岁，因此我们设计了一个方案来增加红利，以便使家族可以随公司的成长而增加其财产。这个红利方案还将为钱德勒一家提供眼前所得，但董事会成员泰克斯·桑顿却坚决反对支付红利。他倾向于把利润用于企业资本积累，从而提高股价。而且他肯定，凭他在立顿公司的经验和出色的业绩一定可以证明这个战略是明智的。

我当时不属于董事会成员，但作为执行副总裁也参加了董事会会议。我找到了泰克斯·桑顿，对他说他的提案肯定会在投票中被否决掉的。

"我们走着瞧吧。"他说。

我拜访了每一位董事，他们均做出保证要支持我的提案。

随后在下一次董事会会议上，我提出了分红方案。此时泰克斯说：“在投票前，我还有几句话要说。”

他的话果然很有说服力，董事会收回了分红行动。

会议结束时桑顿走过来对我说：“艾尔，我希望你今天能够学到一点东西。”

“当然。”我回答道。

在公司分红的问题上，我天真地以为董事会会支持我打败桑顿。但我找到了一条绕过桑顿实现这一目标的途径，虽然这么做会使钱德勒家族与其他董事会成员的关系更紧张，和桑顿的关系更是会紧张到令人不愉快的地步。在召开下一次董事会会议之前，我安排收购了一家小公司——医药年鉴公司。这家公司同泰克斯的公司——医生桌面参考手册公司——是竞争对手。由于利益的冲突，桑顿不得不回避参加时代明镜公司的董事会会议，红利方案于是得到了批准。

几年后，我在一家饭店的停车库里见到了桑顿。目光相接时两人不由得都有点尴尬，然后我笑了笑，伸出手去。

“让我们忘记过去的分歧吧，”我对他说，“我希望和你做朋友。”

泰克斯握了握我的手，我们再也没有谈起董事会那回事。但这种既往不咎的策略并不是回回都那么有效。商场不是玫瑰花床，如果你是一个成功者，那么就不可避免地会有敌人。

我在华尔街工作时有一次获得了升迁，那个本以为会在我之前得到升迁的人感到很不是滋味。那阵子，如果我和他走进同一部电梯他就会退出来。我们一直到后来偶然在加利福尼亚再次相会时才讲和。

公司的多元化经营战略进展得顺利，新近并购的公司在营业额和利润上都为公司做出了贡献。此外，诺曼和奥蒂斯所担心的可能影响报纸广告收入的经济衰退奇迹般地没有出现，南加州仍然一片繁荣，《洛杉矶时报》也是如此。1964 年，公司的销售额达到近 2 亿美元，利润为 1200 万美元，每股收益2.18元，与上年相比增长了19%之多。华尔街对此亦十分赞许，于是我们决定在1965年初再次发行股票，主要目的是为未来的兼并业务筹集资金。凭借我们连续20年营业额不断上升、近4年中利润持续增长的业绩，这次股票发行本该是小事一桩，但结果却不仅令人头痛，而且简直是异乎寻常得困难。

这次发行股票之后，时代明镜的股票就将在纽约股票交易所上市交易。但是我们面临了一个不小的问题：证券交易的一项限制就是不允许任何投资基金持有上市公司的大量股份。当时公司有约1/3的股份掌握在钱德勒基金手中，掌管股票上市业务的菲尔·威斯特（Phil Wester）拒绝在这一条上妥协。我们的总顾问鲍勃·厄布鲁（Bob Erburu）虽然口才了得，却也无济于事。在最后的一次尝试中，他以基金会将在遗嘱名单上的19位家族成员全部去世后解散为理由，终于说服了威斯特。

"好吧，"威斯特大发慈悲，"如果你能向我做出保证，我就允许你们上市。"

"绝对保证。"厄布鲁说，他从来不说假话。他唯一忘记的一件事就是名单上的几个家族成员当时才三十多岁，基金会要解散恐怕得等到下一个世纪。

进行再次股票发行的目的是增加公司股东的人数。由于我们通过发行库存股票来收购其他公司，因此这也可以为那些将公司卖给我们并拿到股份作为回报的人提供周转。我们拥有各种报业、出版、木材、纸质产品、地图和图表公司，因而时代明镜的投资组合十分吸引人。由于我们被认为是一家资金雄厚、具有持续增长潜力的企业，因而许多投资商都想担当此次股票发行的承销商，每个人都想宴请我们，而我本人则决定把上市业务交给几家公司联合去做。最后，波士顿的佩恩、韦伯、杰克逊和柯提思，纽约的高盛公司、旧金山的丁威特、芝加哥的斯通和韦伯斯特，还有洛杉矶的布里斯公司被选中作为联合承销商。

听到这个消息后，美林公司驻洛杉矶办事处的高级合伙人米尔班·迈克菲（Milburn McFee）马上来见了我。

“我们有很好的声誉可以扩大股票的销售范围。”他说，“我们能够满足贵公司所有的目标和标准。”他强调。

我解释说我们希望大部分股票最终卖到个人手中，我们不想让机构持有大部分的股份。

“这个我们也可以做到。”他许诺道。可是我知道虽然他做出了承诺，但美林公司还是会把大部分股票交给机构的。

“谢谢，但我还是想按我的方式来做，分给几个承销商。”

迈克菲和诺曼·钱德勒经常一起打高尔夫球，两个人是好朋友，于是他打电话给诺曼，把我抱怨了一通。诺曼便打电话给我说：“艾尔，你不能照美林公司的方式去做吗？”

“诺曼，这是我的责任，”我说，“请让我用自己的方式来做。”

后来我确实把在纽约上市的那一部分股票分给了美林。美林公司驻纽约的官员提出了同样的反对意见。“干吗不让我们一家来办呢？”他问，同时还威胁道：“如果我们不能独家包销，那就干脆不做了，这对你没好处。”

“没门儿。”我答道。下这个决定很难，因为这笔交易的结果对我们意义重大，而美林又这么庞大这么有实力，他们的参与肯定能保证我们的股票被全部认购。但是因为不能独家包销，他们拒绝并撤出了此次发行。

这虽然带来了一些风险，但我感到其他包销商的广泛参与完全抵消了这种风险。何况还有这些包销商们之间的竞争，我期望这多少会起到一定的积极作用。

1965 年是时代明镜的又一个丰收年：营业额比 1964 年增加了 19%，每股收益上升了 33%。股东们的欣喜之情是可以理解的。不说远的，钱德勒一家就高兴不已。1966 年 1 月，诺曼、奥蒂斯和我去了一趟纽约，与证券分析家协会谈了公司当前的情况，尤其是未来的前景。

我原来担心会卷入家族的争吵中，现在证明这个担心是完全没有根据的。奥蒂斯和我相处得很好，他继续把报纸办得有声有色。在 1966 年 2 月的董事会会议上，我被选为时代明镜的总裁，奥蒂斯则被任命为报纸和森林产品部门的总裁。我们两人都向诺曼汇报，从而避免了任何可能的冲突。然后，我们俩又都被选为 7 人董事会执行委员会的成员。67 岁的诺曼开始把大部分日常工作和时代明镜未来的计划交接给我。

虽然这是我第一次做大公司的总裁，但在这之前的 18 年里，我一直密切观察着企业高层领导者是如何管理企业的，并且逐渐认识到一点，即大多数首席执行官，或者说大多数高层行政人员手下有太多人需要向他们汇报。有时这是因为他们不知道该如何向下分权；反过来，这又是因为他们不愿放弃赋予他们的权威或权力。无论是出于何种原因，总之，我决定如果当上了总裁就一定要简化汇报程序。我被任命为总裁后，诺曼在一份对雇员的备忘录中写道："任命凯西先生为总裁让我可以把全部精力用于行使首席执行官的职责。"我觉得这真是太对了。首席执行官既要管理公司方方面面的事务——从财政到经营再到销售与营销，又需要花时间制订计划以展望未来，探索和比较公司可能的发展道路。要是为琐事所累，被太多的汇报包围，首席执行官就不会有时间思考广阔的蓝图，考虑战略和计划了。

正是因为有这样的想法，我一上任就把汇报减到最少的程度。由四个人组成行政"内阁"向总裁汇报，这四个人分别是执行副总裁、负责财务的副总裁、负责市场营销的副总裁和总顾问，后者常常被我开玩笑地称为"公司的废纸篓"。

我对公司的高级管理人员已经非常熟悉，马上就知道我想要哪个人来担当执行副总裁——总顾问鲍勃·厄布鲁。当时的财务副总裁丹尼斯·斯丹菲尔（Dennis Stonyfell）一直渴望得到这个职务，但结果没能如愿，于是他便辞职去了21 世纪福克斯公司，后来声名显赫，这是后话。这样，我们当时就需要一位新的财政负责人。在经过众多的面试之后，我把选择范围缩小在两名候选人之间。我向他们解释说要在他们之间进行一个为期 6 个月的比赛，以决定公司应该朝哪个领域扩展。两个人中谁能说服我，我就将被任命其为财务副总裁。

这两个人中的一个叫泰德·马克斯（Ted Max），是我在哈佛商学院的同班同学，有着丰富的财务经验，和公司里的人也很熟。另一个叫菲尔·威廉姆斯（Phil Williams），也是我在哈佛商学院的同学，之前一直从事抵押服务业。我把两人都短期雇用下来，并且让他们知道比赛结束之后只有一人能继续留在时代明镜（输的那人肯定也不会愿意留下的）。总之，我相信做生意和生活一样，最好一开始就把什么都说清楚。

有趣的是，虽然我自己的背景是财务专业，但结果倒是泰德认为公司应该把首要任务放在抵押业，为银行、储蓄和贷款做抵押的服务公司发月度账单或票本，记录每一笔支付的款项，等等。这种计算机操作总会产生一些衍生物，如邮寄单和利润记录等。以前大部分时间在这一领域工作的菲尔·威廉姆斯反而不认为时代明镜应该涉足抵押业，他觉得公司应该向有线领域发展，并提出了很有说服力的理由。

在做出自己的判断之前，我将这二者权衡再三。我命令两位候选人都拿出完整的报告，包括陈述其要点的幻灯片。每人都有两到三小时的时间做演示，而两人也确实都展示了各自的战略和许多对当前及未来的考虑。

再三考虑之后，我选择了有线电视。抵押业的变幻莫测令我担心，而有线电视在我看来则代表着未来的潮流——至少是潮流之一。

泰德·马克斯十分失望，说他觉得我犯了一个错误，但还是像个男子汉一样接受了这个决定。但他请我帮一个忙：让他把演示和幻灯片带走，因为或许别人会想买他的主意。

“当然，”我说，“你都带走吧。”

泰德·马克斯后来把他的想法向威尔士·法戈的董事会做了陈述，他们几乎买下了整个方案。但最后随之而来的费用却几乎令法戈银行为之破产。抵押服务业的竞争越来越激烈，几乎成了一种商品，开价变得一个比一个高。

不用说，那时我为自己做了正确的决定大松了一口气。

当时我还做了另外一个决定，虽然那在当时看起来似乎不重要，但对我来说却有重大的意义。我的秘书贝费里·伯夏宣布她要结婚了，因此将要离开我们。于是我希望在我的新岗位上有一个可以信赖、可以按我的方式办事的人来帮助我。那时公司有许多秘书为高级管理人员做着重要的工作，其中有一位年轻的女士给我留下了深刻的印象，她叫伊丽莎白·司各特（Elizabeth Scott），大家都叫她莉比（Libby）。

“司各特小姐，”我说，“我不在乎你是否会做记录，或者能不能一分钟打 90 个字。我只想要一个能够按我的方式做事的人，一个我可以完全信任的人。”

长话短说，莉比·司各特不仅在时代明镜帮我解决了所有的问题，而且还跟随我去了美洲航空公司，又在我做邮政署长的时候跟我到了华盛顿。事实上，今天她仍然跟着我。当我说要不是有她的帮助、忠诚和合作我都写不了这本书时，这句话一点也不夸张，更不用说她还有那超人的记忆力。

1966 年，因为在旧金山出差，我出其不意地给南太平洋公司的唐纳·罗索先生打了电话。距离我们上一次谈话已经是 5 年前的事了，我想他很可能会拒绝见我，然而我错了，他的秘书把我迎进了当年我宣布辞职的那间办公室。

我们握了握手，我得承认那时的自己有点尴尬。然后，我深吸一口气说：“罗索先生，我一直深感不安，我们没有友好地分手。我仍然珍视在南太平洋公司的那段时光，并且想重归于好，获得您的友谊。”

我用低得几乎听不见的声音重复说，南太平洋的烙印没在我背上留下足够深的印记，突然他抬起头来说：“艾尔，我们这样分了手，我也一直很不安。无论如何，让我们做朋友吧。”

于是从那一天起，我们度过了许多美好的下午，一起玩多米诺骨牌或只是谈波西米亚俱乐部树林的事——我们俩都是该俱乐部的成员。那片树林就在旧金山北面 90 英里处，是个修养身心、在休闲环境中同老朋友见面的好去处。我虽然无疑浪费了很多时间才做出表示与罗索和好，但我一直知道我一定会这样做的。我怀疑的是，要是试得太早，仍然不愿宽恕我的罗索可能会拒绝我。要是那样的话，再试一次的机会就基本不再有了。总之，一切都是时机选择是否正确的问题。

此后的几年中，时代明镜四处出击，试图把许多相关的业务收归于旗下。它进一步扩张到书籍和杂志出版的领域，收购了鼎鼎有名的《户外生活》（*Outdoor life*）和《大众科学》（*Popular Science*）杂志，后来又兼并了《高尔夫》和《滑雪》杂志、医药出版商 C. V. 莫斯比公司、医学年鉴公司以及出版艺术书籍的哈利 · N. 亚勃拉姆公司。随着公司对新闻纸的需求越来越多，时代明镜在俄勒冈的纽堡新建了一家新闻纸厂，并收购了太平洋西北公司下属的森林产品公司为新闻纸厂供应原材料，这样就大大减少了公司在新闻纸上的开支。除了公司在达拉斯的 KDFW 电视台外，我们后来又在加州、纽约和佛罗里达州收购了几个有线电视系统。但是我们并不是杂乱无章地收购公司。收购可是一个挺冒险的游戏，要是对收购对象的实际价值或融合的可能性衡量得不仔细，那就有可能会遭受相当大的损失。

在评估每一个潜在的收购对象时，判断为什么股东们愿意出售股份是至关重要的。愿意出售股份的原因有时是因为竞争越来越激烈，有时是因为原来的首席执行官退休了又找不到合适的替代人选，还有好几次是因为家族公司的股东们内部意见不一致，或者因为失去了一位重要的客户或主要供货合同。总之，在找到关键的原因之前，若无法很好地衡量公司的未来预期收益，我们是不会参加并购投标的。卖方从来不会把坏消息告诉买方，买方必须或是通过侦查或是凭应有的谨慎尽可能地找出缘由。

我们用现金收购了一些公司，但在大部分情况下，我们总是用未注册的库存股份，即未登记股来购买。这些是指经董事会和股东大会授权库存在公司财务库里未发行的股份。这些股份的受让人可以参与分红和在年度股东大会上投票，但在股份经二级市场“登记”前不能自由出售，也就是说，发行股票的公司必须制作一份描述这些股票和公司财务历史、董事和负责人名单、公司业务的“上市招股书”。

我发现为了保持公司经营的连续性，保证时代明镜的利益，一个好办法是从被收购的公司里选出 4 名重要的高级管理人员，然后给他们三到五年的临时奖金。被收购公司的高级管理人员很喜欢这一安排，因为这样就保证了我不会派人去接管他们的公司，然后再来个清仓大甩卖。但是我每次都会告诉他们，我会紧紧掌握业务的关键——从库存到现金流动再到损耗折旧——如此他们就不会有机会利用对公司的熟悉来隐瞒情况或捣鬼。

公司1967年收购的《户外生活》和《大众科学》都有自己的读书俱乐部，各有几十万名成员。这些本身十分成功的读书俱乐部反过来也帮了杂志的忙。大家常常挂在嘴上的“协同效应”这次看来真起作用了。

我们为每家公司都制订了销售和利润目标。每次我们总是和公司的负责人一起密切合作，评估公司的潜力，制订现实的目标。对于这些公司，我们的一般目标是15%的年增长率。虽然这有点儿难度，但并不是不可能。我一贯相信激励是成功和生产效率的关键，在时代明镜我终于第一次有机会将这一信念付诸实践。如果哪家公司的首席执行官和管理人员达到了目标，他们就可以得到可观的奖励。我们在每家时代明镜下属公司都实行了一种季度“汇报卡”，用来评估年度目标的进展情况。如果需要的话，还可以把目标调高或调低——算是一种与现实对照的制度。如果达到了我们制定的目标，雇员就可以拿到相当于他们年薪40% ~50%的奖金。起初这一做法遭到了钱德勒一家的反对，他们担心公司会入不敷出。但后来随着销售额和利润一个季度比一个季度增加，他们的担心也就变成了热情的支持。

此外，根据我的设想，我们还在每家公司安排了一支5人的行政队伍，即首席执行官和下属4名关键行政负责人，并在每周一早上召开会议。这一个小时的会议可以使他们随时知道公司的计划和问题，并向他们传达需要逐级向下传达的信息。此外，仿效我在时代明镜实行的制度，我要求每家子公司的首席执行官在周一早上的例会之后，同他或她的4名关键负责人进行一次单独会议，时间不超过1小时，大家可以坦率地讨论各自的观点和关心的问题。

20世纪60年代中期的一个早晨，我飞往芝加哥前往医药年鉴公司考察，这家公司当时没有达到计划的利润目标。我要求他们实现15%的增长率，但无论如何制订策略和计划，到了年末他们仍是无法接近这一目标，达到就更不用说了。

“艾尔，我们根本做不到，”公司的经理一起摇头说，“我们根本不可能达到 15% 的年增长率。”

“我有一个主意，”我开玩笑地说，“你们需要一个读书俱乐部，名字就叫本月疾病读书俱乐部。”

他们半信半疑地接受了我的玩笑，真的用这个名字成立了一家读书俱乐部。几年后，这个俱乐部取得了巨大的成功。随便跟哪位医生一说，他们都知道本月疾病读书俱乐部。顺便说一句，多亏了这个俱乐部，医药年鉴公司终于实现了 15% 的利润年增长率。

1968 年，当时已经 69 岁的诺曼·钱德勒把我叫到他的办公室。

“艾尔，”他说，“我已经决定，现在是我退出董事长职位的时候了……”

我刚要打断他，他就举起手来：“我并不想就此撒手，我将仍然是执行委员会的主席。”

“由奥蒂斯来接任您吗？”

诺曼摇了摇头。“不，艾尔，他不接任。当然我也希望他能够接任，但是我们钱德勒家的人——就是那些我称之为‘另一派’的人——说奥蒂斯太自由主义了，他将担任副董事长。”

“那谁来当董事长呢？”我知道自己不在被选之列，我也不想当。这个职位与其说是业务职务不如说是一个装饰。

“富兰克林·墨菲，”诺曼说，“他人不错，在圈子里很受人欢迎和尊敬。再说，他也不会插手管你的事。”

“好人选，”我说，“但我必须说，诺曼，不能直接为您工作我感到很遗憾。”

富兰克林·墨菲博士在此之前的三年一直是时代明镜公司董事会的成员。他来自学术界：当时他是洛杉矶加利福尼亚大学的校长，从西南部搬到加利福尼亚来之前曾担任堪萨斯大学的校长。此外，他还是华盛顿特区国家艺术展览馆、美国银行和阿曼森储蓄公司的董事。他看上去拥有一副庄重的气质，令人肃然起敬，说话的声音颇为洪亮……总之，是位好绅士。

唯一的问题是：我如何同他第一次并肩共事？

由于1965年我们的股票上市十分成功，于是1971年我们打算再发行一次，目的同样是给正在进行的收购计划筹资。同从前一样，虽然我们也用现金收购了一些公司，但主要是用未登记股份来购买。我们用这种方式进行的大部分交易是一种企业贷款，使持股人除了在某些情况下之外必须遵守证监会不出售此类股份的规定。关于在此后的二级市场中包括的股份授予登记权责没有限制性规定，收购方也就是时代明镜公司，不希望向公司的股东授予二级上市权，因为在准备和进行二级上市股份的销售之前和之后，收购方公司在一段合理的时期内必须“保持不插手”。由于我们无论何时总是同时在和至少六七家潜在收购目标谈判，因此我们希望挑选最有利的上市时间。

新股上市的时候，仍然对上一次上市没得到全权包销权而耿耿于怀的美林公司似乎还在生气。总之，时代明镜和美林互不理睬。我对自己说，在西海岸生意越做越火的出版巨头时代明镜公司和美林公司居然互不理睬，这可有点怪。于是试图修复关系成为我的一条原则。

那时我的老朋友唐·里甘（Don Regan）已经升任美林总裁。我在哈佛的时候，唐·里甘和我同是哈佛天主教俱乐部的主席。“二战”开始后我们便未曾相见，各自入伍。战后唐去了美林公司，此后一直平步青云，我到时代明镜时他已经是美林驻纽约的高级官员，其后来在里根当总统期间曾担任一系列政府职务。

我先是和负责美林公司洛杉矶及纽约办事处的人谈了一次，他们的立场仍然是要么拿到整笔买卖，要么就不参与。最后，一怒之下，我给唐打了电话。

“唐，下个星期天没有人和我吃午餐，我打算去纽约，你为何不邀请我和你共进午餐呢？”

“见鬼，你给我打电话到底是为了什么？”他说，“我不明白。我已经有十五年没听到你的声音了，现在你却打电话来，叫我请你吃午餐。”

“没错，”我回答道，“难道我等了十五年才给你打电话就一定要有什么原因吗？”

“好吧。”他说。但我不能肯定他是否真的相信我说的话。

我带上了鲍勃·厄布鲁和菲尔·威廉姆斯，来到说好的曼哈顿市区午宴俱乐部一家优雅的餐厅里和唐见面。桌子是为十多个人准备的。我们进去的时候，所有美林的官员也都准时到了，除了唐。于是我们就四散站着聊天，谁也没有坐下。每次唐同美林的人一起出去吃午饭时，谁也不敢在他之前先坐。

“我们何不坐下，先喝一点儿东西。”最后我提议。

“我们得等唐先坐，他必须是第一个。”

“这可是我听过的最荒谬的事了，”我说，“唐知道这规定吗？”

“这就是他制订的。”

这时电话铃响了，我们从前方接到报告。“唐已经离开办公室，”打电话的人说，“他正在路上。”

几分钟后，又有人打电话来，这回是司机。他已经把唐留在俱乐部的一层。所以，唐现在正向电梯走来。我简直无法相信这一切。最后，站在门边的某人轻声说：“他来了，他来了。”

“唐，”我握着他的手说，“你知道吗？就因为你不在，我们都不敢坐下来喝杯水。”

他没有道歉，却说：“艾尔，你坐我旁边。”

我意识到唐的手下对他怕得要死，这太骇人听闻了。我永远也不会这样管理一家公司。但是我知道有许多公司，包括大公司，都是靠权威管理的。首席执行官不像一个简单的生意人，而像一个君王。不管怎样，我们最后达成了协议，如我所愿，我把我们的一部分股票发行业务给了美林，美林仍然想做总包销商，但我们让他们成了银团成员之一。

唐当然不是故意对我摆架子，我也不会允许他这样做。后来他离开美林后，我又和他通过几次电话，但多年来，在纽约的那顿午饭是我唯一一次见到他。我去华盛顿做邮政署长时，里甘在里根总统手下担任财政部长，后来又和杰姆·贝克（Jim Baker）换了位置，做了白宫办公厅主任。我刚到邮政署上任，他就打电话给我，说：“艾尔，希望你来白宫和我一起吃午饭。”

9个月间，他请我吃了好几次午饭。我们总是在他的办公室里单独用餐，因为如果到大餐厅去的话，作为办公厅主任总会有人来问他要总统的车，问他们最关心的项目怎么样了，以及要一些特殊的小恩惠。

1971 年秋初，美国电影制片商和销售商协会主席杰克 · 瓦伦提（Jack Valenti）打电话给我，建议我同他的前老板、前总统林登 · 约翰逊（Lyndon Johnson）谈谈，看时代明镜能否把约翰逊家族在得克萨斯州奥斯汀的电视台买下来。林登 · 约翰逊决定不参加 1968 年的大选后，便回到了他在奥斯汀以西皮德纳尔河边的农场，此后一直住在那里。越南战争的战火仍在燃烧，国内许多人把罪责归咎到约翰逊头上，他的“退休”更像是一种鸵鸟政策。民主党的大部分领导人踩着他往上爬，农场成了他的流放地。而他的健康状况亦每况愈下，还发过几次心脏病。有人怀疑，那是他在担任总统期间落下的——刚开始，因为肯尼迪总统被刺杀，他在恐惧中接过了总统职务，后来又背负起社会和种族动荡的重负，还有国内对越战的分歧——这才落下了心脏病。

我从未听说过林登 · 约翰逊还有一个电视台，但是马上就了解了它的很多情况，以及关于美国前总统的很多事。最重要的是，在此后的一年中，我了解了很多谈判的艺术，超出了我一生所想要学的。在此之前，我在工作中也曾参加过不少谈判，但是和林登 · 约翰逊打交道完全是另一码事。首先，他的老板就是自己，不用听从任何人的命令。其次，无论谈什么问题，他总是做好充分准备。他真正精通联邦通信委员会的法规，知道奥斯汀的市场上有什么变化，为什么这个地区会只有一家高频电台，如何雇用员工，如何卖广告等。关于这个电视台，无论在哪个方面他都绝对是个专家。

奥斯汀的市场很大，这一点我们很满意。联邦通信委员会的规章条例和关于经营电视台的规定也没有什么问题。唯一的问题是价格：要就价格达成一致看上去简直是不可能的。两家讨价还价的差距太大了——我提出的是 800 万美元，他则要 1200 万——看起来似乎永远也无法弥合了。但摆出的事实又使我感到他的确想卖，而且，如果我足够耐心的话，我们最终是会达成协议的。

有半年左右，我一次又一次地去农场拜访林登·约翰逊。我通常先飞到奥斯汀，然后租一辆车自己开去农场。走进大门的时候我总是重复一遍自己此行的目的，但我后来很快意识到，以为自己能够决定谈判的进程真是一个愚蠢的想法。林登·约翰逊是个谈判高手，虽然我从商已经有20年，他有时仍然让我觉得自己像一个业余选手。他具有那种不可思议的能力，可以使你一直同他讨论下去，直到他占上风为止。他还喜欢用苏格兰威士忌加苏打水来庆祝他的成功，然后我们会坐着他的白色敞篷林肯大陆牌轿车到农场兜风。如果事情进展顺利，或者他心情不错，他就会叫我“艾尔”；如果他心里想着别的问题，或者谈判毫无进展，他就板起脸叫我“凯西先生”。

每次，我总是在星期六上午去拜访他，我被迎进林登·约翰逊的房间，对他说：“早上好，总统先生。”

“嗨，艾尔，”他会答道，“看看这个。”然后他就递给我一张小纸片，每次见面都是如此。纸片上每次都写着三条，也就是我们当天谈判的内容。等我们一条一条都讲完了，剩下的就轻松了——午餐、去农场兜风，或者到奥斯汀去。林登·约翰逊的日程表有时还包括“轻松和游戏”的内容。有一次，我们飞到伯格斯朗的空军一号基地，让总统看望他的“小伙子们”——他总是这样称呼越战期间对他忠诚的军人。他叫我把租来的车留在农场，结果过了一个月我才把车还给租车行。

一天，总统和我照例在谈判。他的律师里奥纳·马科斯（Leonard Marcos）在旁边听着。事实上，约翰逊总统跟我谈判时听从马科斯的建议，他们两人都想要更高的价格、更有利的条件。

“笑话！”我说，“我跑这么远到这儿来，你应该知道我的条件是什么。”

总统看上去受了伤害。“我要进卧室去，”他说，说完，就起来进了卧室。然后尖叫道：“里奥纳，进来，给我关上门。”

我可以听到他们在里头说话，但听不清说些什么。他们谈了好长时间，最后，里奥纳出来了。

“艾尔，总统想在卧室里见你。”他说。

我们一起走了进去。林登仰卧在床上，嘴上罩着塑料面罩，身旁有一小罐氧气。

"艾尔，我希望你知道，你这是在谋杀总统。"他拿下面罩说，然后不等我回答，马上又把它戴上。然后，他又移开面罩，短促地补了一句："里奥纳，不许离开我。"

我知道这一天是不会有进展了，感到垂头丧气，因为我又被击败了。

没过多久，林登·约翰逊打电话到洛杉矶找我。"艾尔，"他拖长声音说，"我要你到这儿来一趟，明天就来。我要帮我的农场经理戴尔·梅贝克（Dell Maybeck）一个忙。他刚刚同妻子布兰达离婚，需要在奥斯汀买一座房子。我准备替他安排抵押的钱，作为回报他将继续留在农场工作。我希望你同伯德女士和我一起到奥斯汀去一趟，看看他挑选的房子。当然，我们走之前会继续 KTBC 的谈判。"

我飞到奥斯汀，然后开车来到农场。我们像往常一样谈了几个小时，和伯德女士一起用了午餐，然后从农场坐飞机前往奥斯汀——林登在那儿有自己的停机坪。戴尔的妻子布兰达和我们一同前往，因为他是林登的司机。我想，和一帮这么有身份的人一起去为刚离婚的丈夫找住处，听起来可真怪。但是林登不肯换司机，再说，这他妈的关我什么事儿呢。我在时代明镜工作的职责也没说包括为某人的农场经理找房子。不过，虽说这完全是一件分外的事，但我知道，在林登·约翰逊那复杂的计划里，这也是谈判的一部分。

我们开车来到一片不起眼的小砖房。沿街一溜一共有十几幢房子，看上去都一模一样，几乎区分不出彼此。

林登·约翰逊带我们去要看的房子。到了之后，我对他说，鉴于我没什么帮得上忙的地方，我打算留在车上。"不行，你得来，"他说，"我想听听你的意见。约翰逊太太和我，还有布兰达和你，我们一起决定戴尔要不要买这座房子。"我知道林登几乎什么事都同伯德女士商量。伯德女士极其受人尊敬，优雅，聪明，总是给她丈夫提出实在的好意见。首先，他想肯定地知道自己的投资值不值得。他把我们在街沿上排成一队，像一群穿着奇怪服装的士兵，对我们教训道："现在，等我们看完整座房子后再发表意见。"我们走进了房子，发现墙是红紫色的，主卧室里镶满了镜子。我们还仔细查看了未经装修的所有房间。

“记住，出去以后再发表意见。”总统说。

然后，他又把我们在马路牙子上排成一队，说：“艾尔，你会买这幢房子吗？”

“不会。”我说。

“上车去，艾尔。”他命令道。

其他人一致同意这是一幢好房子，应该买下。我们开车回到机场。一直到了机场，林登才问我为什么只有我一个人不想买那座房子。

“整条街上只有这座房子的车库只能停一辆车，”我说，“其他房子的车库都能停两辆车。如果经济不景气，卖房子的人会很多，人们会想要车库比较大的房子。”

“你干吗不早说？”他问。

“你叫我闭上嘴回车上去的。”我答道。

“老天，你没必要总是听我的嘛。”他说。

从那以后，他就总是叫我“大车库的家伙”。

林登无时无刻不想成为大家注意的中心，这就是为什么他要事必躬亲地参与电视台出售谈判的原因。他那三条内容的小纸条有两个用处：第一个是可以拉长谈判的时间，考验我的耐心和决心。第二个是在每次我们见面时，使林登先胜一分，因为他总是提出至少一个他知道我可以——或不得不——同意的要求。比如，有一次他特意强调，必须保证伯德夫人在电视台的地下停车场拥有优先停车位。这样就给自己多得一分。

几年来，在多次见面的过程中，约翰逊总统和我渐渐成了好朋友。一天，我去见他时，他看上去显得心不在焉。我可以看出他没有把注意力放在我身上。我们的讨论毫无进展，更糟糕的是，他频频站起身来离开房间。等他回来时，我们又得一切从头开始。

当他再次回到房间时，他有点儿命令似的说：“坐下，艾尔。”

“总统先生，我可以看出你没有注意我，所以我们今天什么也完成不了。

我今天傍晚在西雅图还有一个约会。您知道，从奥斯汀到西雅图不近，我得早点走了。”

“不行，”他说，“让我告诉你是什么让我心烦。艾尔，我快要死了。他们打算把我埋在皮德纳尔河岸边那棵大树下的家族墓地里。”他朝窗户那边摆了摆头。

“来自世界各地的国家首脑都将来参加葬礼，海军将鸣枪致哀。到时候会有三个人发表演讲。”

“我的好朋友约翰·柯纳利（John Konari）州长将第一个致颂词。他会提前三个月把头发留得长长的，讲话的时候把他那又长又厚的头发向后甩，再抬起下巴，好让摄影师拍个漂亮的侧影。”

我打断他——要打断林登·约翰逊可不是一件那么容易和常有的事。“约翰·柯纳利州长也是我的朋友，”我说，“他很聪明，可是他怎么知道什么时候提前开始留头发呢？”

林登·约翰逊瞪了我一眼，像牧师讲到布道的高潮时一样，把双手放在胸前。

“他会知道的，”他说，“会知道的。”然后继续悲哀地说：“我的朋友、尊敬的比利·格雷厄姆（Billy Graham）牧师会第二个发言。他会穿上他的长袍，摇摇摆摆，做出一副戏剧性的样子。他也会把我大大夸奖一番。”

“然后，我们的小浸会教堂的教长会第三个发言。我今天早上请他到这来，告诉他我快死了，并指给他看我想葬在哪里。我告诉他各国领导人会来参加葬礼，比利·格雷厄姆也会来，柯纳利州长会致颂词。然后我说：‘但你是牧师，仪式将由你来结束。’我对他说：‘你打算说什么呢？’他回答说：‘林登·约翰逊是人民的儿子，是上帝的孩子，他爱他的家人，是一个好邻居。’关于我如何提高美国穷人和黑人的地位，为民权运动做的一切只字不提。对我为发展中国家或普及教育所做的一切一个字也不说，于是我对他说：‘不，不，不，牧师，这同我想的可差太远了。’”

“总统先生，你何不同他讲个明白？告诉他你希望他讲什么。”

“呃，艾尔，他现在就在隔壁的屋子里。但是我需要一点儿帮助，厘清我的想法。”

“这个很容易解决，总统先生。我们可以坐下来把颂词写出来，然后你把它交给牧师，让他照着念不就完了吗？”

此后的一个小时里，我们没干别的，就做了这件事。林登·约翰逊和我一起提议，斟词酌句，达成一致或想出一个得体的词后便由我写下来。约翰逊滔滔不绝地讲他对他前任的奉献精神和忠诚，因为在他和许多美国人看来，他登上总统宝座的方式有点儿污点，而他感到自己有责任抹去这个污点。他还对自己为改善美国黑人的地位所做的贡献总结了一番，觉得鉴于自己有南方人的血统和背景，这更是一大成就。

“艾尔，”他说，“我想就我的教育计划说些得体的话。人们是健忘的，但我肯定历史会为此给我充分的评价。”

于是我们就教育的重要性和价值以及林登·约翰逊在任职期间所做的功绩玩弄了一番文字。然后我们又讲到他在国会长期而忠诚的服务——他在那儿度过了一生中最快乐最有成就的年华。当然，我们还提到他引以为傲的大社会的远见卓识和成就。

写完以后，我把草稿递给他再看一遍并加以修改。他每读两三行便点头称许，有时喃喃道：“不错，不错，正是如此。”他特别满意提到的关于大社会的那些话，我们决定就用这段来作为颂词的开头。事实上，他对整篇颂词都很喜爱，恨不能自己来讲。当然，我告诉他那样做可能会带来一些问题。

“现在，总统先生，”我说，“你为什么不到隔壁屋里去，把它交给牧师，让他读一遍。等到你满意了，再回来继续我们的谈判。”

过了好一会儿，总统回来了，说：“他完全接受了，艾尔。没问题了。非常感谢你的帮助，这可去了我的一大块心病。”

“好，”我说，“现在，我们今天要谈什么？是哪三件事？”

“今天只有两件事。颂词是第一件事，艾尔，另一件事是，我的孩子可以提高电视塔下面那块地的租金。”

我同意了这个要求，几分钟后，我们便坐上白色林肯车，手里拿着苏格兰威士忌和苏打水，在农场上兜风了。我根本没能赶回西雅图吃晚饭。

经过几天谈判离开农场时，我常常感到自己一无进展。使事情更复杂的是，杰克提出要我许诺“付给我们伟大的总统”比别人多5%的金额。要履行这个诺言可真不容易，因为林登·约翰逊要的价格比我们最初的报价高了400万美元。有一段时间，我们的分歧太大了，有六个月没有见面。但我从不放弃希望。最后我们把报价提高到900万美元，他接受了。这个价格很公平，双方都感到满意，最后在1972年10月达成了交易。

几个月后，如同他自己所预言的那样，总统去世了。艾丽和我还有格里高利·派克和他的妻子乘坐艾迪和卢·沃瑟曼租来的飞机一同飞往林登·约翰逊的农场参加他的葬礼。林登·约翰逊估计得不错，许多国家领导人都来了，海军也确实鸣枪致哀。柯纳利州长奇迹般地把他的头发留了三个星期；比利·格雷厄姆牧师则穿着飘飘的长袍出现在葬礼上。每位发言人滔滔不绝地赞颂了约翰逊总统如何为他的国家和世界各地人民做出的贡献。最后轮到牧师发言了。我等着听到自己同总统草拟的颂词，脉搏都加快了跳动。

“女士们，先生们，”牧师抑扬顿挫地说：“林登·约翰逊是人民的儿子，上帝的孩子，他热爱家人，是个好邻居。”然后便坐下了。

我抬头看了看天空，仿佛看见约翰逊总统气冲冲地从阴云中伸下手来，把胆敢轻视他的牧师掐死。但是什么也没有发生，只有我一个人知道事前的真相。这似乎再次证明了那句屡试不爽的格言：人们精心准备的计划总免不了会被破坏。连最有权力的人也无法操纵一切。

这次谈判的经历告诉我，想要达到自己的目标就必须了解同自己打交道的人，就像我慢慢了解林登·约翰逊那样。几个月漫长的谈判进行下来，我和约翰逊成了朋友，而他也渐渐开始信赖我。他愿意出售家族最宝贵的东西，但必须得到一个公正的价格，并且卖给一个他喜欢的买家。我们的友谊并不意味着他会低价出售电视台；我也不会因为新建立的友谊而支付比我认为的价值更多的钱——呃，也许会多5%吧。在漫长的谈判中，有好几次我听到墨菲在我耳边悄悄地说：“算了吧，凯西，你永远行不通的。”但凯西法则最终占了上风：约翰逊一家感到高兴，时代明镜公司也做了一笔好的投资。今天，KTBC 至少值 5000 万美元。

虽然菲尔·威廉姆斯关于有线电视前途无量的演说很有说服力，但一直到 1972 年时代明镜才开始全力投入这个领域。我们决定进入这个在很大程度上仍是未知的领域有两个原因：首先，我们认为它代表着未来的潮流；其次，我们想向洛杉矶湖人队和洛杉矶王队的大名鼎鼎的所有者杰克·肯特·库克（Jack Kent Cooke）发起挑战。库克是位非常成功的商人，控制着一家叫泰勒普罗特的公司，这家公司正在向有线电视业进军。泰勒普罗特和时代明镜都投资了佛罗里达州坦帕地区希尔斯堡县的有线电视台。据说根据人口统计表明，这里是一个极好的有线电视的试验场。唯一的问题是，我们对库克的投资一无所知，他们对我们的也一样。双方都在那里投资究竟是纯属偶然，还是因为某个聪明但不谨慎的有线电视公司把这块地方同时卖给了我们两家，这个我毫无头绪。

没过多久，我就发现我们在希尔斯堡县的系统没能达到预期的财务目标，我们的流动资金也不够用。初期投资对有线电视台的成功至关重要，而要偿还投资就必须有现金收回来。这一点我们却没有做到。

总之，我们在坦帕的有线电视台完不成营业目标。我们修改了计划，这是合理而且可以做到的，但日复一日，现实与目标总是差一大截，这真叫人无法理解。于是我决定亲自去查个明白。使我吃惊且沮丧的是：我们并不是坦帕唯一的有线电视台。另一个归杰克·肯特·库克所有的有线系统得到了坦帕市的许可，他们也在当地开展业务，同我们竞争。在同一个居民区有两个一模一样的有线系统当然很不划算。这就像设置了两条一模一样的公共汽车路线，在这种情况下，我们或者库克都根本不可能赚到钱。

我带上老伙计宝丽来相机在城里搜寻了一遍，把两套系统都拍了下来。拍出来的照片有点儿模糊，但情况显而易见：除了电线杆顶上紧拉着的粗粗的双重电缆和下面松松的悬挂着的电话线外，照片上显示出两条黑色细电视电缆，一条属于时代明镜，一条属于库克公司，此外还有没有拍到但我可以证明的地下平行装置。

库克是个很独立的人，仅举一个例子就可以说明这一点。有一次他没能同洛杉矶县达成满意的协议，建立一个体育馆来容纳他的两支运动队，于是他便自己一个人单枪匹马地盖了一座体育馆。我知道他意志坚定又自负，是个不容易对付的家伙。但是我别无选择，只好给他的办公室打电话，对他说我需要见他并讨论一件"比较紧迫的事"。

我在洛杉矶库克的办公室见到了他（他的办公室就在体育馆里），开门见山地告诉他我们两家都在同一个地区安装了有线系统且相互竞争。

"别问我为什么会发生这种事，"我说，"总之它确实发生了。所以现在，我们两家中有一家必须出售，不然我们谁也别想赚钱。"

他不喜欢被威胁。

"我怎么才能相信你的话呢？"他说。

"杰克，这是照片，"我说，"这是下属经理的姓名和电话号码。你可以给他打个电话，然后我们一起来问他一些问题。"

"艾尔，要不是我很尊敬你的公司的话，我会说你疯了。"他回答说。

但他还是给经理打了电话，说了我拍摄到的并列系统照片的事。

那位经理显然从来没有告诉过库克他们的公司在当地也有有线系统，库克和他谈了几句后便挂上了电话。从他的表情来看，我猜测他马上就会怒气冲冲地走到街上去看看。

"显然，我们中必须有一家买下另一家的系统，不然两家都会亏损。"我说，"我随便怎样都可以。要么我买你的，要么你买我的。"

库克一下子变强硬了，骄傲地说："艾尔，我从不出售，我买你的系统。"于是我们谈了条件，时代明镜同意以 600 万美元的价格出售有线系统。从我们手头的信息来看，这个价格还是不错的。当时买方需为每位潜在订户支付 125 美元。在谈判中我总是自己计算数字。就像华尔街那帮人说的，谁签支票谁就定买卖。库克想用泰勒普罗特的股票支付。

"我不会以低于每股 72 美元的价格出售股票的，"库克说，"我们按 600 万除以 72 算。"

"这可不行，"我说，"现在你们股票的交易价格是每股 42 美元。"

库克问我想怎么办，我答道：“我们挑选未来的某一个星期。你选好了，我不在乎什么时间，只要是从现在开始的一年半到两年之间，那时股价是多少就按多少算，你选吧。”

“事情有点儿怪啊，艾尔。”杰克说，但他最后还是同意按两年后的股价决定。

“很好。”我说。

对于这样一笔生意来说，两年时间可不短，一般人们都是在6个月到一年之内就会完成交易。

我们在1972年8月16日签署了协议，到1974年8月31日，由于贷款限制，泰勒普罗特无法发行这么多的股份，于是时代明镜拿到了6亿美元的债券和60000股股份作为红利。

1971年，时代明镜一两年前收购的《达拉斯时代先驱报》的出版商杰姆·钱伯斯（Jim Chambers）邀请我到华盛顿特区做客参加桂狄龙晚宴。这是我第一次参加桂狄龙晚宴。这个晚宴每年举行一次，有许多体育界、报刊界和政界的明星要人出席，我十分得高兴。

在华盛顿期间我住在麦迪逊饭店。狂欢后的第二天早晨，杰姆在另一家饭店有个早餐约会。我们本来计划早餐后由他和其他一些人带我去白宫参加比利·格雷厄姆神父在西厅的礼拜。

我正准备下楼到大厅去等杰姆时，在电梯里先碰上了比利·格雷厄姆神父，此刻电梯里只有我们两个人。

“格雷厄姆神父，很高兴见到您，”我说，“我叫艾尔·凯西，曾经听过您在电台和教堂做的几次布道，并有幸在奥斯汀聆听您为约翰逊总统做的颂词。”

“非常感谢。”神父回答道，“很高兴见到您，凯西先生。”

显然格雷厄姆神父也在等人接他，但大厅里只有我们两个。没过多久我们就说完了所有两人感兴趣的话题，事实上，在电梯里我们就已经说完了一切可说的话。于是我们开始坐在那里互相看着，谈论着天气，看着人们走进走出。我说我非常喜欢桂狄龙晚宴。

“是个很热闹的聚会，对吗？”

我说对，然后我们又再次陷入了沉默。

“天气很好，不是吗？”比利·格雷厄姆说。

我们绞尽脑汁想找些共同话题，大概有 15 分钟的时间，两人都在努力搜寻话题，却时常被长长的沉默打断，使得即使说上几句也是更加得百无聊赖、有气无力。

幸运的是接我们的人差不多同时到了，于是我们终于坐上不同的轿车前往白宫。我和杰姆·钱伯斯一群人走进西厅，坐了下来，尼克松总统说比利·格雷厄姆的布道肯定会很棒。布道的确很成功。

司仪长站起来说：“大家请坐在各自的座位上。总统和格雷厄姆神父将在东厅接见大家。”白宫的接见一律安排在宽大优雅的东厅。杰姆·钱伯斯抓住我的胳膊说：“跟我来，艾尔。我知道一条捷径，一直通到有窗户的外墙。”

外墙上有一排门，如果你知道路就可以溜出去，躲过廊上的拥挤。大家这会儿都从走廊上鱼贯而入向尼克松和格雷厄姆问好呢。

两分钟后我们便来到了东侧的接待区，总统和格雷厄姆就站在那里。我们走到站在总统旁边的一个海军士兵前，他问了我们的姓名，然后将姓名告诉了总统。和总统及格雷厄姆很熟的杰姆上前握了握手，说：“早上好，总统先生。早上好，格雷厄姆神父。”说完便走开去享用他的咖啡和点心了。

他走以后那海军士兵对我说：“记住，别留下总统一个人。你必须和他待在一起，和他说话，直到下一个人进来。”

谁知此刻从走廊到房间的门边还有一位海军士兵，他见我和总统及比利·格雷厄姆单独在一起便以为这是在进行非常私人的谈话，所以他拦住了所有的客人，不许他们入内。同一时刻，叮嘱我的那位士兵已经开始把我介绍给尼克松总统，我和他简单地谈了几句。“您是做什么的，凯西先生？”总统问道，目光越过我的肩膀紧张地看着走廊那边。

“我是时代明镜的总裁，总统先生。”他一听便眼睛一亮。

“啊，《洛杉矶时报》是最早支持我的报纸之一。”他说，但是我可以感觉到他其实有点心不在焉。

我没什么可说的，但因为那士兵叫我待在那儿，所以又不敢走开。于是我们就谈了点礼拜、布道、天气什么的。最后，尼克松说：“格雷厄姆神父，我想请您见见艾尔·凯西先生。”

“所有今天在华盛顿的人中，就数艾尔·凯西先生和我在一起的时间最长了。”格雷厄姆愉快地说。这使总统不由得对以前从未听说过的凯西先生略略多了一点敬意。显然，格雷厄姆的朋友就是他的朋友。

然后，总统转头对他身边的士兵说：“不知为什么，你的同事似乎正在拦住门口的人。请告诉他可以让他们进来了。”

这就是那值得纪念的一天，由于种种错误的原因，我和尼克松总统以及比尔·格雷厄姆单独待了那么一会儿。

CASEY'S LAW

06

离开时代明镜

如果一个公司要成长或繁荣的话，就必须从顶层开始，逐层向下灌输道德。通过对当下“正念”的感知，将人们习惯性的下意识行为转变为有意识的行为，这可以为公司提供一个更加丰富、具生命力的环境。

1972 年夏天，我接到一位先生打来的电话，这位先生是华尔街上的一位大人物，也是一家非常有名的公共会计师事务所的合作人。虽然自己从未和他见过面，但我知道，他是奥蒂斯·钱德勒的一个颇为亲密的朋友。事实上如果我没有记错的话，奥蒂斯和他曾经多次一同去打猎。

他在电话中听起来颇为和善。

“凯西先生，”他说，“我知道过几天你会来纽约，不知我们能否见一面？”

我表示很愿意，并问他能否告诉我想谈些什么业务，以便给他带去所需的信息和资料。虽然我一直和人相处时挺放松的，而且在加利福尼亚待了几年后甚至变得有点儿“悠闲”，但我仍是喜欢在会面前做好心理准备。我猜测他多半有什么业务想卖给我，然而他的回答却躲躲闪闪的，尽管如此，我们还是约定第二个星期在沃多夫·阿斯托利亚共进早餐。然后我决定问问奥蒂斯看他知不知道他的这位华尔街的朋友究竟打着什么主意，但奥蒂斯表示说他也猜不到。

第二个星期三早上 8 点，我同这位先生准时在沃多夫的孔雀谷见了面。我们寒暄了几分钟，然后可能是为了节约时间，奥蒂斯的朋友说：“我怀疑你并不知道我是总统连任委员会的成员。”

“我对连任委员会的情况略有耳闻，”我说，“但是……”

我等待他说出我怀疑他会说的话，因为我听人说起过这个委员会的筹资故事（我承认是些小道消息），那听起来并不让人感到欣慰。我只希望这些传闻不是真的，或者至少是被夸大了，因为搞政治的人有时会习惯于夸大其词。

“我相信大家一定能够理解，为了这个国家的未来，使尼克松总统获得连任有多么的重要。”他开始了一番听起来好像是事先准备好的套话，“为了保证这一点，我们需要资金。”

“这些年，总统竞选显然是越来越费钱了，”我强调说，“如果您是想寻找我个人的捐助的话……”

“不，凯西先生，要是寻找您个人的捐助我就犯不着到沃多夫来用早餐了，对吗？更不用说你我宝贵的时间了。”他瞟了瞟手表，补充道。

想起孔雀谷菜单上的价钱，再算算我个人准备为总统竞选捐助的金额后，我马上算出华尔街先生至少也会不赔不赚。

“凯西先生，我们希望从时代明镜公司得到50万美元的捐赠。考虑到贵公司的规模以及时代明镜长久以来对尼克松总统的支持，我敢肯定您不会认为这笔数目太过分。”

事实上，《洛杉矶时报》不仅仅是支持尼克松，钱德勒一家作为其最早的支持者之一，从尼克松第一次参加国会议员竞选时开始，直至他到达现在这个地位，他们做出的贡献可能无人能比。

有意思的是，我虽然被这位先生提出的数目吓了一跳，却也并未对他所采取的方式感到完全惊异。因为虽然奥蒂斯不知道他的朋友为什么打电话给我，我却已经开始怀疑这件事多半跟政治有关，而不是生意上的事。

我直视着他说：“先生，数目过不过分不是主要问题，但据我了解这种企业捐赠将是非法的，除非法律发生了变化。所以，我恐怕不得不拒绝。”我可以看出那人先前的友好态度像水槽里的水一样瞬间消失了。

“在我们讨论美国总统的时候，你怎么能用‘非法’这个词呢，凯西先生？”

“×先生，”这时我已经感到不止有一点儿令人作呕了，“关于竞选捐款的法律是很清楚的。不管是不是总统，‘非法’这个词用得完全没错。”

“凯西先生，我认为你目光太短浅了。”他摇了摇头，好像对我如此愚蠢的行为表示厌恶。

“×先生，”我微笑着说，“从出生到现在，我还从未违反过法律。我可不想从现在开始走错路。”

“凯西先生，我想你应该知道，如果这样的话，你的朋友兼同事奥蒂斯·钱德勒可能会有大麻烦。你得明白，我可以让证监会调查他……这可能会令人非常尴尬。”

“我听来这很像是威胁。”我说。

“随你怎么想，凯西先生。我还应该告诉你，如果你坚持这个立场的话，我可以让尼克松总统把富兰克林·墨菲踢出外国情报顾问委员会。”

富兰克林·墨菲过去四年来一直是时代明镜的董事长，我知道他很重视自己在外国情报顾问委员会的位置。作为一个六十多岁的老人，他的身后已有长长一串显赫的职业经历，要是这位和我共进早餐的“朋友”真的兑现他所威胁的内容的话，墨菲一定会伤心的。我摇了摇头，竭力想找出一句聪明的话来戳穿这位先生的政治气球，但我当时只能想出一句：

“这真是荒谬至极！”

他涨红了脸，把椅子向后一推，傲慢地站起来。“既然如此，凯西先生，”他说，“我们已经没有什么好谈的了。”

他顿了顿，又说：“但如果我是你的话，我会先同墨菲和奥蒂斯谈一谈，然后再拒绝的。”他伸出右手，以为我会同他握手，此时我的爱尔兰脾气也上来了，我把手放在洁白的桌布上一动不动。

“我当然会把这次会面向他们汇报的。”我说。

他转身大踏步走出了孔雀谷，留下我一个人，当然，还有付账单的支票。

回到加利福尼亚我便去找奥蒂斯报告了这次会面的经过。

我走进他的办公室——奥蒂斯几乎从来不到办公室找我，除非是为了某种原因上楼来见他父亲，顺便看看我——他父亲的办公室离我不远。事实上，我也想看看奥蒂斯对那人的威胁将作何反应。

他听我说完后没露出任何反应，然后摇了摇他的头。“我们真的不需要证监会的调查，艾尔，是吗？”

“不需要，”我随便地答道，“谁会需要？”

“要真是那样可太叫人尴尬了，我是说，上帝，那些报纸该大做文章了。想想我的孩子会在学校里被人指指点点。”

“你是说我不应该拒绝那人吗？”我问。

“不，不，”奥蒂斯连忙答道，“你做得对，艾尔，完全正确。”话虽是这么说，可我可以看出我离开房间的时候他非常的不安。

然后我询问富兰克林能否见我几分钟，并对他重述了孔雀谷发生的事，告诉他×先生的威胁。令我惊讶的是，他马上热泪盈眶。

“上帝呀，艾尔！他们真的想羞辱我，是吗？他们知道那个委员会对我有多重要。”

我又问了一遍那个关键的问题：“你认为我不应该拒绝那人吗，富兰克林？”

“不，不，”他说，泪水已经沿着他的双颊流了下来，“你做得对，艾尔，只是……他们真卑鄙，是不是？”

“正因为如此，我们不能跟他们有任何瓜葛。”我说。

和奥蒂斯一样，我离开富兰克林·墨菲的时候从没见他那么不安过。

有一小会儿我甚至怀疑自己对尼克松使者的答复是不是太仓促了，不是错了，而是说太匆忙了。也许我应该同墨菲和奥蒂斯商量商量，然后再表明公司的正式立场。但在我来看，那人的威胁实在太肆无忌惮了，因而他应该得到明白无误的回答——不当场回答就等于躲闪推诿，这是个基本道德的问题。

虽然这样做要冒武断的风险，但道德始终应该是做生意的核心。无论以何种方式妥协或做多小的让步，都意味着破坏公司的每一根纤维。这个世界上没有完美的东西，我很清楚这说起来容易做起来却要难得多了。但是我也知道，一个人如果向自己的正直妥协的话，那么无论诱惑多大或威胁多么可怕，他要支付的代价都将是昂贵的。我在这里并不是指彻头彻尾的欺骗，比如在皮克特公司发现的那种行为，那人已经走得太远了，已经永远地毁了自己的一生。我指的是日常生活中的道德，如果一个公司要成长或繁荣的话，就必须从顶层开始，逐层向下灌输这种道德。

后来当总统连任委员会的肮脏手段被揭露并公之于世的时候，新闻媒介大喜过望。时代明镜被连任委员会纠缠并断然拒绝的事大大提高了公司的声望，对公司十分有利。奥蒂斯·钱德勒和富兰克林·墨菲都不失时机地为自己的立场坚定而大感自豪，他们也应该这么做。那时我已不再属于时代明镜，因为这次令人不愉快的经历过后没多久我就做出决定，是该继续往前走的时候了。

我意识到自己在时代明镜已经差不多走到头了，并且也完成了帮助时代明镜实现多元化和巩固其财务状况的任务。虽然是公司的总裁，但我仍不过是时代明镜的二把手，而且鉴于它在很大程度上仍然是一个家族企业，我怀疑自己能否真的当上一把手。这倒不是自尊心的问题，只不过在商界磨炼了25年后，我着实很想自己显一显身手。此时我已经53岁，感到在各种公司和业务领域都已经升到行政人员的最高位置。但是就像当年离开铁路快运公司到时代明镜来时一样，我并不知道自己下一步要做什么。

我一生从未写过一份简历，不知这是件好事还是坏事，我猜这也许是件好事。在1973年秋天，我告诉几个朋友我正在“回顾环视”。不仅想要找个工作，而且想找一个自己商业生涯的巅峰职位。我强调说不用着急，因为我知道自己在时代明镜爱留多久就可以留多久，不过要是有合适的职位的话，我愿意一试。

地理因素从未在我的求职选择中扮演主要角色，哪怕是很小的角色也没有。事实上，回顾起来，唯一可以确定的是我看来是个属于东西海岸的人。先是从纽约的南太平洋公司开始，然后又调到它们在旧金山的办事处，后又回到纽约，然后于1963年再次回到西海岸的洛杉矶。如果说过去能给人以任何启示的话，也许现在又该回到东边去了。

1973年9月，4年前起了关键作用把我送到洛杉矶的老朋友杰克·盖瑞提（当时已经是麦金西公司驻华盛顿特区办事处的负责人）打电话给我说：“艾尔，听说你正在考虑离开时代明镜，是真的吗？我这儿有个政府职务，你考虑一下好吗?”

“是什么职务，杰克?”

“康瑞。”

“康瑞！我的老天，杰克，你是说你真的想让我去管那个破产的烂摊子?”

这是玩笑，但也是真话。康瑞是一家政府机构，由东部破产的铁路公司组成，主要是宾夕法尼亚铁路公司和纽约中央铁路公司。

“我是认真的，艾尔。交通部长克瑞得·布里内加正在找人领导这家机构。”

事实上，他们的计划是想指定某人为美国铁路协会的主席，这个协会是国会刚刚成立、用来充当康瑞的筹资和监督工具的。

“你来华盛顿特区和布里内加部长见见面，好吗?”盖瑞提继续说，“你来担任这个职位最适合不过了。”

“呃，”我说，“我倒是想过政府部门。”

“好极了，”盖瑞提说，“我来安排会面。”

于是我和布里内加见了面。布里内加以前是联合石油公司的首席经济师，后来被尼克松任命为交通部部长。在和总统以及总统的白宫办公厅主任亚历山大·黑格（Alexander Haig）商量过后，布里内加打电话给我，邀请我出任该职。

“这个工作的挑战性很大，”他说，“现在全国的铁路状况我不说你也知道，总之是一团糟。你得同国会打交道，因为这个机构的资金由国会支付，它们在这紧要关头肯定不愿意把钱投入铁路公司。除非我们采取有力措施扭转铁路公司的状况，否则今后几年它们会继续拖整个经济的后腿。”

我向来喜欢挑战，有时候我想自己可能应该从小就加入马戏团走钢丝的。挑战一点儿也不叫我担心，我担心的是这个职务需要得到参议院的批准，矛盾就出在这儿。1973 年秋天，尼克松和参议院正为“水门事件”闹得不可开交，尼克松拒绝交出白宫录音带。作为报复，参议院则拒绝批准任何总统任命的官员。

同布里内加会面两天后，我和黑格将军在白宫见了面，他要求我不等参议院的批准就直接上任。

“将军，这项工作的问题已经够多的了。一部分的原因就是铁路协会的雇员都是些别的机构不要的人，”我说，“我完全愿意接受任命，但是如果没有参议院的批准，我会在华盛顿特区被自己的手下干掉。所以我必须有国会的批准，否则，我的手下会以为我只是暂时逗留。”

“总统会十分感激的。”黑格恳求道。

“没有批准可不行。”我答道。

最后，我们同意由黑格进一步努力说服参议院。为了国家的利益，他们应该对我的情况特殊对待。但是参议院却对他的要求置之不理，黑格仍旧不肯放弃。一天下午，他叫我去白宫进行最后一次讨论。我们就在椭圆办公室外头的一间屋子里见了面。

“这扇门后面，”黑格指着椭圆办公室说，“就是尼克松总统，我一开门，他就会过来，伸出手对你说：‘祝贺你，凯西先生，十分感谢你承担如此重大的责任。’你怎么说，艾尔·凯西？”

“将军，”我说，“别开门。”

他没有开门。我也没有接受那份工作。

同年，哥伦比亚广播公司的创始人兼董事长比尔·帕雷（Bill Pare）也在招人替代公司总裁弗兰克·斯坦藤，后者马上就要65岁了，达到了哥伦比亚广播公司规定的退休年龄。斯坦藤援引早已超过退休年龄的帕雷为例，努力为自己争取同样的特殊对待，但由于种种原因，帕雷对之置之不理。哥伦比亚广播公司雇用了大名鼎鼎的行政人员招募机构（用我们这些凡夫俗子的话来说就是“猎头”）海德里克和斯特拉格公司寻觅替代斯坦藤的合适人选。这家公司的一位高级合伙人杰拉德·罗歇（Jellard Roger）是我的一个好朋友，也是海德里克和斯特拉格公司驻纽约办事处的负责人。一天，他给我打电话，问我能否推荐一个人出任该职。这是弄清别人是否对这份工作感兴趣的一种很传统的方法。然后，他顺便问了一句：“听说你可能要离开时代明镜，是真的吗?”以此表明了他的真实来意。我说是真的，虽然我没有给自己定时间表。这时他问（问得还颇有点儿急迫）能否安排我和帕雷见一次面，我回答说当然可以，因为我从未见过这位传奇式的人物，觉得即便不为别的也会愿意与他结识。

后来，我在52号大街哥伦比亚广播公司大楼顶层帕雷那豪华的办公室里见到了他。这幢大楼因为其黑色岩石幕墙，便被大家称为“黑岩”。我们就总裁工作进行了几次讨论，由于种种原因让这份工作拥有它的吸引力。首先，哥伦比亚广播公司名声远扬，众所周知它是品味最高的电视平台，在各个方面皆在抵抗着越来越大的诱惑而不肯降低品味以争取观众收视率。对我来说，从时代明镜转到哥伦比亚广播公司也许会比较容易。因为我在现在的职位上已经有了很多电视和媒体领域的经验。和时代明镜一样，哥伦比亚广播公司在前几年也开始向其他相关媒体领域扩张，收购了许多杂志和书籍出版公司。

我喜欢帕雷，他留给我的印象是十分聪明。我钦佩他能够从一文不名做到建成现在这个庞大的传媒帝国——不仅规模巨大，而且仍然注重质量。在我们第一次谈话的过程中，我渐渐看出，作为董事长帕雷并不是一个点缀：他精通公司的组织，了解如何领导手下的企业，我还发现他文雅而有风度。但令人奇怪的是，我们的第一次见面并不像是一次求职面试，倒像是一次叫卖推销——由帕雷向我推销，我无须推销自己。显然，盖瑞提对我的评价很高，倒是帕雷似乎在竭力兜售这份工作的种种好处。

当哥伦比亚广播公司的总裁的确充满挑战，因为从前几年开始，由于有线电视台侵入市场提供了更多更丰富的节目，哥伦比亚广播公司的评级已经从稳定转向不佳。我估计这份工作会有丰厚的回报，但是我头脑里总有那么一个警告信号不时地出现。帕雷和斯坦藤共事已经多年，在我看来，他们相互之间应该已经建立了一种以信任和相互欣赏为基础的亲密而牢固的同事关系。然而事实却是，他们俩相互成为死对头——斯坦藤极想得到首席执行官的头衔，哪怕只是一小段时间也好，以作为他职业生涯的巅峰，而帕雷则拼命想让他滚蛋。

“你知道吗?”有一天帕雷在一次谈话中对我说，“弗兰克·斯坦藤是美国商界两个出身人事部门却爬到了顶层的人物之一，另一个则是斯坦利工具公司的唐·戴维斯（Don Davis）。”

我不敢肯定他是什么意思，但我猜测他对搞人事的人评价不怎么高。在他看来，任何搞人事的人都别想当上首席执行官。

弗兰克·斯坦藤的办公室就在大厅那头，正对着帕雷的办公室，他们两人之间的距离虽然用尺子来度量才不过几码而已，但由于关系的紧张，他们互相之间简直遥不可及。我从未见过斯坦藤，但他知道我见过帕雷，便问我能否和他见一面。他邀请我去他的套房共进晚餐，进而向我打探董事长的大致想法，即他对“斯坦藤问题”的想法——董事长有没有可能改变关于退休年龄的规定。

“艾尔，”斯坦藤说，“比尔想自己处理哥伦比亚广播公司的日常工作，可他实在太老了。你觉得你能跟他谈谈，让他退休，让我接任吗?”后来，帕雷也知道斯坦藤找过我，便反过来开始打探他那即将滚蛋的总裁究竟说了些什么。

“我觉得我真该给这家伙一点教训了。”一天他对我说，他好像全然忘记了自己应该以身作则，执行65岁退休的规定。

我虽然觉得整件事微不足道，却也感到越来越不舒服，而且我也不想在这两人之间充当缓冲或中间人。所以我直截了当地告诉斯坦藤，虽然我同情他的两难处境，但还是觉得我们最好别再见面了。

一两天后，我刚回洛杉矶帕雷便打来电话。他的语气听起来有点儿急迫，“经过认真考虑，并向一些包括哥伦比亚广播公司董事在内的人询问后，我想邀请你出任公司总裁。只要你接受，这个职位就是你的了，艾尔，”他说，“我毫不怀疑你和我是同一类人。公司几天之内就要召开董事会会议，我非常希望在会议上宣布这一消息。”

“我深感荣幸，帕雷先生，并且希望您知道，我已经对您的邀请进行了相当认真的考虑，但我已经决定无论诱惑多大我都必须拒绝。”

“你这是在犯一个极大的错误，”帕雷说，“当哥伦比亚广播公司的总裁可是美国商业界的一大荣耀。”

“这一点我已经充分认识到了，”我说，“很可能我是在犯一生中最严重的错误。”

“那你应该多考虑考虑，”他说，“你可以过几天再决定，我们还可以多谈一谈。”

我许诺我会的。几天后，帕雷又打来电话。“艾尔，”他说，“二十分钟后我就要举行董事会会议了，告诉我你接不接受这份工作，或者几分钟后给我打电话，工作就是你的了。”

但我几乎深信这个安排不会成功。帕雷是哥伦比亚广播公司的灵魂，比之钱德勒于时代明镜更甚，只要他还在，公司就不会真正是由我当家。不管表面上多支持，他总会在那儿听其他哥伦比亚广播公司行政人员的抱怨或者关心凯西说了些什么、做了些什么。而在这场帕雷对凯西的战争中，谁是胜利者是不言而喻的。

“帕雷先生，”我说，“谢谢，但是我们肯定会有很多分歧，我宁愿得到您的友谊，而不是这份职务。请另谋他人吧。”

“但是艾尔，”帕雷说，“我的经验会对你有很大帮助的，请再考虑考虑吧。”

“谢谢，帕雷先生，我已经决定了。”

几乎与此同时，买下美国米高梅电影制片公司（MGM）的加拿大亿万富翁艾得加·布朗夫曼（Edgar Bronfman）也正在物色人选接替即将离任的米高梅电影制片公司的总裁鲍勃·奥布里安。这回又是海德里克和斯特拉格公司受命寻找一位新总裁，而杰拉德·罗歇似乎也打定主意不肯让我失业。他给奥布里安打了电话，把我的种种美德赞颂了一番。

“听起来棒极了，”奥布里安说，“他有电影方面的经验吗？”

“没有，”罗歇说，“但他有很多传媒领域的经验。过去10年他一直在洛杉矶，所以对那儿很熟。见见他吧，你自己来判断。”

一两天后，奥布里安打电话给我，询问能否飞到东海岸去见他。我们约定在斯丹霍普饭店共进午餐，奥布里安花了一个小时赞颂整个电影业，尤其是美国米高梅电影制片公司的好处。我们在曼哈顿市中心米高梅电影公司的办公楼又见了一次。奥布里安把公司的财务状况和一些具体项目向我做了介绍，我们一同看了看当时的企业结构。我随即向他摊出了自己的运作模型，即只要四个人向我汇报。我们在斯丹霍普饭店第三次共进午餐时他提出疑问，想知道这个模式在电影业行不行得通。我告诉他，在我看来这在任何行业都行得通，只要能找到合适的人来担任这四个职务。

奥布里安在谈到我在整个企业中的安排时指出，布朗夫曼不仅是公司的所有权人，而且还常常亲自参与经营。我问他觉得和布朗夫曼共事的感觉如何。“没有问题，”奥布里安说，“他要求很高，但是为他做事十分愉快。”我当时没有意识到“为”这个介词是企业的关键。

奥布里安安排我和布朗夫曼在纽约布鲁克俱乐部共进午餐，布朗夫曼的大多数商业会面都会安排在那儿。我当时在沃多夫处理时代明镜的业务，富兰克林·墨菲也在那儿。富兰克林当然知道我正计划离开时代明镜——虽然他不知道我决定离开的原因，好几次想劝我改变主意。那时是1973年的秋天，我正准备赴布朗夫曼的午餐约会，墨菲最后一次恳请我留下。我的计划是从沃多夫出发，走过四条街去米高梅电影制片公司的办公楼，带上奥布里安，然后开公司的车去布鲁克俱乐部。墨菲坚持要和我一起走到米高梅电影制片公司。

“艾尔，我求你重新考虑，”他说，“是你把时代明镜带上了正确的道路。公司每个人都喜欢你，尊敬你。请留下来，艾尔。”我们走到米高梅电影制片公司办公楼的时候他说完了，但用手拉着我的衣服。

“富兰克林，”我说，“我能感到，而且真的很感激你的好意和祝福。但是作为同是爱尔兰血统的人，你知道我们一旦决定就很难再改变。”

我们驱车前往布鲁克俱乐部的时候，鲍勃·奥布里安又一次大谈电影业那无穷无尽的魅力，强调它有多么的刺激。我承认，尽管我在洛杉矶住了好多年，但我与这个迷人的世界（好莱坞）唯一一次真正的接触是某天和卢·沃瑟曼在环球制片厂那一小时的午餐。

午餐的时候，布朗夫曼显然对我缺乏电影方面的经验颇为忧虑，虽然我曾在10年以前在美国音乐公司（MCA）吃过一次午饭。有一回他问：

“凯西先生，如果当了米高梅电影制片公司总裁的话，你怎么来确定拍摄哪部影片？又会选谁来扮演主角呢？”

“布朗夫曼先生，”我说，“让我先告诉您我是如何从总体上来管理的，然后再回答这个问题。在电影业，我多半也会以同样的方式管理。”于是我向他解释了自己的基本管理结构，就像在这之前向奥布里安解释的一样，只有四个人向我汇报。

“很有意思，”布朗夫曼说，“从我听到的来看，你的这个制度运转得相当不错。但是，有一个关键的问题我想一开始就说明白，我想自己来确定公司拍哪部影片，并且，当然，谁当主角也由我说了算。”

我差点儿没说：“但是艾得加，你这不是想为米高梅电影制片公司找一位总裁，你想要的是一块新的门前的擦鞋垫。”总之，从那一刻起，我就知道布朗夫曼的帝国里没有我的位置。余下的那顿午餐安静地吃完了，再没发生什么事情，但我有一种感觉，布朗夫曼和奥布里安都已知道，我当时就已经确定自己不是他们想要找的人了。

造物主的意愿真是令人捉摸不透。现在回顾起来，我那长长的清单上接下来要去的一个可能的职位既古怪又巧合，我不得不认为有一部分是神的旨意。

时代明镜收购了《达拉斯时代先驱报》之后，我们就把达拉斯共和国家银行的董事长杰姆·阿斯顿（Jim Aston）选入了时代明镜的董事会，他成了我在董事会里坚定的支持者之一。杰姆·阿斯顿还是美洲航空公司董事会的成员，这家航空公司虽然总部设在纽约，但根基却扎在达拉斯。我并不知道美航当时也在找新的首席执行官，受命完成这一任务的沃德霍威尔公司显然把我的名字也列入了他们第一轮候选人大约包括30人的名单中。阿斯顿是美航董事会一个下属委员会的成员，他看到我的名字也在名单上时大为吃惊。

“艾尔·凯西！”他叫道，拿起一支铅笔就在我的名字上画了一条粗粗的黑线。“他不可能是候选人，他是时代明镜的总裁，我是他们公司董事会的董事，我可不能把他从时代明镜挖过来。他完全扭转了那家公司的局面……这么做可不道德……再说，”他补充道，“我肯定猎头公司是找错了人。他们多半是指艾尔的兄弟，约翰·凯西，而不是艾尔。约翰是搞航空的，布拉尼公司的执行副总裁，人不错。我们应该把艾尔划掉，把约翰补进这张名单。”

美航的创始人，也是长期以来的董事长 C. R. 史密斯多年前就退休了，但是最近又被公司召了回来，他也参加了初步研究委员会的会议。回美航的时候他曾说明自己的回来只是暂时的，等美航找到一个合适的接班人后他就会退休。我怀疑 C. R. 史密斯先生在那之前从未听说过我，对他来说，我肯定是排在猎头公司名单的最末几位的——没有航空业的经验，天哪！但是阿斯顿的话使他颇感兴趣。

“告诉我，这个叫凯西的家伙是个什么样的人。”他说。

“我想他具有和您一样的那种魅力和领导才能。”阿斯顿说。

“十里挑一？”C. R. 史密斯问。

“万里挑一。”阿斯顿回答道。

“你可以给他打电话吗？”C. R. 史密斯说。

“C. R. 史密斯，我告诉过你我不能这么做。再说，他要是真感兴趣的话我是会大大吃惊的。”

事实上，阿斯顿当时毫不知晓我正在和其他方面谈，也不知道我已经决定要离开时代明镜了。

“要是他给你打电话，你可以和他谈谈吗？”C. R. 史密斯坚持道。

“当然可以。”阿斯顿说，但他仍然不肯相信，并且不喜欢谈话所转向的方向。

当一位我俩共同的朋友打电话来让我给杰姆·阿斯顿打电话的时候，我还以为阿斯顿有什么公司事务要跟我讨论呢。当知道电话的真正目的后，我不得不向阿斯顿承认，自己的确准备离开时代明镜。

“为什么，艾尔?”他问，“你干这个工作太合适了，因为有了你，现在连钱德勒一家也互相说起话来。这一点别人谁也做不到。”

“我有我自己的原因，杰姆，请相信我。”

他问我能否飞往达拉斯一趟，我说我正准备几天后去拜访哥哥约翰。

“很好，”阿斯顿说，“你一到就给我打个电话，我来安排会面。”

我逗留达拉斯期间，阿斯顿向我介绍了美航的主要问题和 C. R. 史密斯的来历背景——他指出，史密斯将是最终做出决定的人，并问我是否同意也见见来自纽约布法罗市的曼力·弗莱希曼（Manly Flaxman）律师，他是美航负责寻找 C. R. 史密斯接班人的董事会下属委员会的主席。

“当然，”我说，“我很高兴能与弗莱希曼见面，但是我必须首先决定是否将这件事继续下去。我还是认为你们想要找的那个人是我的哥哥约翰。”

“我感觉 C. R. 史密斯考虑的人是阿尔伯特·文森（Albert Vinson）。你应该见见这人，艾尔，他是这家公司的灵魂人物。”

“等等，杰姆，让我先想一想吧。”

从阿斯顿向我介绍的关于美航目前问题的一些情况来看，我觉得在决定之前自己有好多问题需要考虑。首先，美航当年亏损 4800 万美元，这是前所未有的。

劳伦斯·洛克菲勒当时除了担任许多其他职务之外，还是东部航空公司的董事长，他正在为公司寻找一位新总裁以替代即将离任的山姆·希金波顿。一天，就在我和阿斯顿在达拉斯见面后不久，洛克菲勒、杰克·瓦伦提和 C. R. 史密斯一起坐在洛克菲勒那豪华的佛罗里达游泳池边，讨论世界的未来和国内各家航空公司所面临的问题。史密斯曾在林登·约翰森手下做过贸易部长，后来回到美航来处理危机。一方面，当时的美航董事长乔治·斯帕特被发现向总统连任委员会的压力妥协，向那可疑的委员会秘密捐赠了 55000 美元。类似的丑闻每天层出不穷，牵连了许多美国大企业。我不由想起因为自己没有向×先生的压力屈服，奥蒂斯和富兰克林这会儿应该感到松了多大一口气。另一方面，由于石油危机和其他的原因，美航遭受了前所未有的亏损。C. R. 史密斯将之称为“大出血”。

“这不是你一个人的麻烦，C. R. 史密斯，”洛克菲勒说，“要是石油价格继续这样上涨的话，所有的航空公司都会有大麻烦。”

我不肯定那天洛克菲勒知不知道 C. R. 史密斯也在找首席执行官，不过我怀疑他不知道。总之过了一会儿，洛克菲勒对 C. R. 史密斯说：“我们想为东部航空公司找的人中有一个叫艾尔·凯西的。他从没在航空公司干过，但是他做过其他几乎一切事情。在报界干过——他现在是洛杉矶时代明镜公司的总裁，收购了很多家公司。但最重要的是，他似乎懂得如何组建一支好的管理队伍。”

这时杰克·瓦伦提插进来说：“艾尔·凯西？我和他是哈佛商学院的同学。这家伙是个天才，杰出的行政人员，没有航空领域的经验也没关系。他到时代明镜来的时候也没有报纸或者传媒方面的经验，结果还不是干得很好，彻底重振了整个公司。”他继续说个不停，洛克菲勒则在一旁记录。第二天他就把记录交给了猎头公司。

C. R. 史密斯则在一旁一声不吭。这是过去几天以来人们在他面前第二次提起艾尔·凯西这个名字，也可能已经是第三次了。于是第二天他就打电话给沃德·霍威尔。

“查查这个叫凯西的家伙的资料，”C. R. 史密斯说，“好像有人想雇用他。”

“你说的不是约翰·凯西吗？”霍威尔问。

“不，他妈的，我是说艾尔·凯西，”C. R. 史密斯咆哮道，“对，对，我知道他没有接触过航空领域，我他妈的才不在乎呢。我要见这人！”

※　※　※

第二天，霍威尔给我打电话说（当时我正在棕榈泉休假）史密斯先生很想尽快在华盛顿见到我——如果我方便的话。虽然仍然坚持他们一定是弄错了人，我还是同意几天后和 C. R. 史密斯在华盛顿特区见面。那时是 12 月初，想到要离开棕榈泉前往寒冷的华盛顿——哪怕是一两天，尤其是天气预报还说那里会有大雪真是觉得这可不怎么诱人。两天后，我住进了麦迪逊饭店。三年前我同比利·格雷厄姆正是在这里进行了一番惊天动地的谈话。

C. R. 史密斯约定第二天早上 7 点和我在饭店见，我提前几分钟下楼到大厅去等他。外面下着鹅毛大雪，按华盛顿的标准来说简直是暴风雪。过了 7 点 30 分，C. R. 史密斯还是没有出现，我估计多半是早上天气恶劣，汽车无法行驶的缘故，但我错误估计了 C. R. 史密斯。二十多分钟后，他从头到脚裹满白雪冲了进来，连帽子上也堆满了雪，歪歪地顶在秃顶的头上。他从自己的住处一直走到饭店，嘟囔着为自己的迟到而道歉。我后来渐渐知道，他说话简洁，喜欢嘟囔，所以听者必须集中精力倾听他的每一个字。我们回到我的房间，要了咖啡，开始了我的“求职面试”。我加上引号是因为 C. R. 史密斯根本没问什么深入的问题，倒是告诉我推荐我的人对我评价很高。我显然同共事过的人都成了好朋友，人们对我那举重若轻的管理技巧评价很高。他还希望知道我同政府部门的人的关系，以保证肯定不会出现利益冲突。

过了一会儿我打断他说：“史密斯先生，我想您应该知道我对航空公司一无所知。”

“这个我知道，凯西先生。”他说。

“我想您还应该知道，我真的认为您应该见的是我的哥哥约翰，而不是我。航空飞行是约翰一生的事业，他知道那个领域的一切，他会在美航干得非常漂亮。”然后，我开玩笑地补充道：“约翰现在在布拉尼夫当执行副总裁，你知道那是你们主要的竞争对手。所以要是雇了约翰你等于一箭双雕，既为公司找到了一个领导人，又打击了竞争对手。”

“我很了解你的哥哥约翰——他是个人才，但是我想要一个不是航空业内的人，凯西，”C. R. 史密斯毫无笑容地说，“我想要一个搞财务的人。人们对你的评论令我感到满意，而且我也喜欢你，我打算向董事会推荐你。”

我后来才知道他确实对我的背景和诚实度做了大量的调查，包括亲自同加利福尼亚银行的董事长夏尔·戴·布列特维尔交谈，因为我是他们董事会的成员。

回到棕榈泉，我同艾丽商量了这件事。她建议我尽快和约翰讨论一次，即便不为别的，为了家庭的和睦也应该如此。美航虽然为诸多问题所困扰，但仍是一家主要的航空公司，美航的首席执行官可是美国乃至全球商界最令人垂涎的职位之一。和往常一样，约翰十分理解，并且感谢我通知了他。

“那么你打算接受喽？”他问。

“我准备为你说最后一次好话，”我说，“因为我知道你更适合这份工作。但如果他们坚持的话，我很可能会考虑接受。”

我打电话给 C. R. 史密斯为约翰做了最后一次推荐。但是似乎我越是恳求，他们就越想得到我。这真是人性的逆反心理。

“我说最后一遍，”C. R. 史密斯说，语气里透出恼怒，“我对约翰很了解，但他不是我们想要的人。”

“你知道这是给我出多大的家庭难题嘛。”我说，因为我知道约翰很想获得这份工作。

“那是你的问题，和我无关，”C. R. 史密斯说，“你到底接不接受这份工作？”

“好吧，”我说，听起来就好像一个在拳击场上打满了十个回合却快要输在点数上的人，“我考虑一下。”

和艾丽详细地商量了一番后，我决定接受 C. R. 史密斯的邀请。这是一个巨大的挑战。对艾丽来说它意味着一切又要从头开始，从西海岸搬回东海岸，重新在一个新环境里安顿新家。虽然她总是大度地接受这一切，而孩子们也都长大了，开始了独立生活，但我知道这对她来说其实要难得多。至于我，我知道自己是在走进狮子的洞穴。美航不仅因前所未有的亏损而身受重创，而且从石油危机开始以来整个航空业就一片混乱，谁也无法预见石油危机会何时结束。停滞不前的经济减少了航空公司的乘客人数，而放松航空领域管制法规的大趋势在不久的将来肯定也会变成法律，从而给已经受到包围的航空运输业带来更多的困难，但是我对自己说，挑战越大，潜在的回报就越大。

我打电话给 C. R. 史密斯，告诉他我将接受这份工作。他听起来好像不高兴，或者倒更像是松了一口气。他要我参加下一次董事会会议，然后作为新任首席执行官把我介绍给大家。12 月的会议还有几天就要召开了，虽然时间太紧，但我仍表示愿意前往参加。因为我知道，公司的问题每一天都在增加，早一天着手处理比晚一天处理好。

由于美航的董事来自全国各地，按照传统，首席执行官总是在董事会的前一天晚上举行一个鸡尾酒会晚宴。在12月的鸡尾酒会上，C. R. 史密斯热情地把我介绍给董事会成员，然后把我拉到一边。

“有件事我得向你提出，”他说，“有些人和我说过，希望你做好准备，处理纽约办事处的内部政治。”

“什么内部政治？”我问。

“我想主要的问题与总裁和董事长职务空缺有关，人人都想当总裁或董事长，或者如果不能的话，至少要为自己找个更好的位置，在他们知道你来了后，问题应该就解决了。但是情况可能没有这么乐观。我想给你看一份几年前写的备忘录复印件，那时我刚刚来到公司。美航是由几家小型航空公司兼并而成的，当时内部纠纷已经闹得公司几乎要到四分五裂的程度了，于是我就写了一份备忘录，内容大致如下：‘我不希望美航的人批评自己人，我们里头的确有些浑蛋，但是他们是我们自己的浑蛋。只要他们还是公司的雇员我们就支持他们。如果你想揍公司里的某一人，欢迎。我会把你要揍的人找来，大家当面把不满的问题说清楚。’”

我谢了他，并说他处理办公室政治的方法正对我的胃口。但是如果就这点达成完全一致的话，我们两人之间还要解决一个可能会比较棘手的问题。这个问题我在头几次谈话中就提出来过，而C. R. 史密斯却一直避而不谈。虽然他已经宣布自己回美航只是临时性的，但现在他似乎还准备“留”几个月，据说是为了保证新总裁工作顺利。鉴于我接受这个工作的原因之一就是想要做一番自己的事业，因而我最不愿意发生的就是让C. R. 史密斯每天从背后盯着我，那我还不如去给比尔·帕雷或者声称“要亲自选择拍什么影片”的布朗夫曼干呢。所以接受这份工作我也有一个条件：C. R. 史密斯必须在我上任之日辞掉在公司的职务。

“呃，这个……”C. R. 史密斯显然有点不高兴地回答说，“你知道，我可以帮你很多忙……”

但我非常坚决，他似乎也就默许了。我知道，只要 C. R. 史密斯还在，我就不会有真正的权威。他在公司的根基太深了——得州式的根基。事实上，这根基可以一直追溯到四十多年前。1927 年，邓波·保文——一位显赫的沃斯堡商人创建了得克萨斯航空运输公司。和联邦政府签订了几份邮件合同后，得克萨斯航空运输公司在达拉斯和沃斯堡开始了两条航线的服务，一条到休斯敦和盖伏斯通，另一条到奥斯汀的瓦柯和圣安东尼奥。（时至今日，美航仍运营着一些最老的航线。）

得克萨斯航空运输公司开张两年后，几家小公司包括南方运输公司和殖民地运输公司，合并成立了一家新的航空公司。第二年，也就是 1930 年，这家新公司更名为美洲航空公司。得克萨斯人 C. R. 史密斯原先一直在南方运输公司任职，后来掌管了美洲航空公司。美洲航空公司的名字在 1934 年被确定下来。在 C. R. 史密斯的有力领导下，它逐渐成长为国内最大的航空公司，公司也保留了得州传统。1944 年，《达拉斯先驱者报》对美航做了一次特别报道，指出“在庞大的美航里，不论走到哪儿都可以听到慢条斯理的得州腔”。直到我进入美航的时候，这种情况仍然存在。董事会的不少成员都是得州人，因此对 C. R. 史密斯的忠诚在公司是根深蒂固的，无论从时间上说还是从地点上说，这都并不难理解。但是也正因为如此，任何一位新上任的首席执行官想要按自己的想法改变公司的话，他恐怕马上就得滚蛋。对美航的 55000 名员工来说，C. R. 史密斯曾经是并将永远是伟大的、无人能及的。“正是由于他充满智慧，精打细算而又富于冒险，勤奋工作，才会把美航建设成为美国最大的航空公司”，他被一家报纸称为“精英中的精英”。美航成了所有其他航空公司的楷模和榜样。

C. R. 史密斯本人就是一位飞行员，虽然他从未做过职业飞行员。他工作起来不知疲倦，是一名真正的“得州赌棍”。1936 年，纽约刚刚建成拉卡迪亚机场时，大多数航空公司考虑到搬迁带来的损失，宁愿留在旧机场。而 C. R. 史密斯则察觉到新机场离市区更近，会更受乘客欢迎。而且由于第一家同拉卡迪亚机场签约的公司可以得到优惠的租金，于是他大胆决定搬迁。

等到别的航空公司醒悟过来的时候，他们付出的租金就更高了。而且那时美航在拉卡迪亚机场也已经根基稳固，所以后来的航空公司不得不追随其后。

“二战”期间，C. R. 史密斯作为军方空运大队的长官，军衔一直升到上校。战后他回到美航，和道格拉斯飞机制造公司共同研制了四引擎的 DC-6 飞机。他很快就抢在竞争对手之前把这种新飞机用于美航的业务。而且由于他是第一位客户，谈成的价格比后来的少了 70 万美元。

C · R. 史密斯不仅深谋远虑而且富有冒险精神。他从来不惧怕冒险，但每次冒险前一定想方设法获取所有信息。多年来，他的每一个周末几乎都是在美航的航班上度过的，目的是检查公司的工作效率，服务是否热情周到，领班是否准点，甚至于咖啡热不热。一回到家他就坐到他那台老打字机前，把看到的一切都记下来，写成备忘录。他的这些备忘录都不长，顶多一页，但可以毫不夸张地说，美航里每一位收到过 C. R. 史密斯备忘录的员工都会如获至宝，哪怕是对其批判的话也不例外。

此类故事我可以一直说下去，但有一个故事也许可以帮助人们更加了解 C. R. 史密斯的为人。康维尔（CONVAIR）飞机制造公司的前总裁杰克 · S. 纳什曾这样评论 C. R. 史密斯。他说，“在美国，如果有哪个人可以仅凭一句话就做成上亿美元的生意的话，C. R. 史密斯肯定是其中之一。”他这么说是因为和 C. R. 史密斯曾有过一次会面。当时 C. R. 史密斯刚刚仔细地考察过 CONVAIR 600 飞机，并认为这种机型非常适合美航的需要。当然，价格也要合适。于是 C. R. 史密斯要求和纳什见面，这次见面的经过如下：

C. R. ：我的人告诉我 CONVAIR 600 是一种挺不错的机型。

纳什：说的没错。

C. R. ：我们想要 25 架，多少钱？

纳什：一亿美元。

C. R. ：好。

（C. R. 走出大门。）

关于为什么只要 C. R. 仍留在公司我就不会有什么权威，我想我就不用再多说什么了。

C. R. 计划在 12 月的晚宴上正式宣布新总裁的到来。鸡尾酒会快结束的时候，我走到 C. R. 身边，此时他正在和一位得克萨斯来的董事专心谈话，我询问能不能和他单独说句话。我问他是否准备同时宣布两件事，就是我的上任和他的离去。

“艾尔，”他好像一只秃鹫一样从上方俯视着我，“坦白地说，我还没有做出这个决定呢。考虑到你对航空运输领域比较生疏，董事会是不会同意这个要求的。这么说吧，他们想让我在旁边尽可能地帮助你。”

“如果是那样的话，C. R.，我不留下来参加晚宴了，”我说，“你知道我接受这份工作的条件，显然你是不准备这样做了。”说完，我便转身离开了房间。

第二天 C. R. 打来电话道歉：“我理解你的立场，艾尔。你知道 40 年来我把心血都投入了这家公司，我肯定你也能理解要离开它有多难。”

于是我们同意在 1 月份的董事会上将我作为新的首席执行官正式介绍给大家。同上次一样，我又参加了晚宴前的鸡尾酒会。酒会快结束的时候，C. R. 走过来说：“艾尔，我们能在晚宴前谈几分钟吗？”我们走到一个安静的角落，C. R. 看上去有那么一点点悔罪似的说：“艾尔，我必须告诉你，我已经把关于我辞职的谈话告诉了董事会。虽然他们都希望你加入董事会担任我们的新总裁，但他们仍然坚持要我留下来。”他看到我脸上的表情连忙补充道：“只是很短的一段时间，很短一段时间，别忘了。”

“C. R.，”我绽开一个大大的微笑以掩饰自己的失望，“我看得出来，你心里头还是没有决定，我不可能接受这个职务。”说完我又一次离开了房间，错过了一顿一流的晚宴，但我相信自己不能在别人的监督下工作，无论是多么善意的监督。

C. R. 再次打电话向我道歉，告诉我说现在他彻底地无条件地理解了我的立场，并且准备去照办。不错，他已经同董事会商量过了，而且，无论多么不情愿，他们都同意让他在我上任的前一天离开公司。他告诉了我2月份董事会会议的时间和地点，我认认真真地记了下来，心想着不知道应不应该事先吃饱晚饭再去。

在2月份董事会会议的鸡尾酒会上，我再次走到C. R. 身边问能否在晚宴前同他单独谈几句话。这一切听起来的确越来越滑稽了，但我必须弄清楚会不会在最后一分钟出错。我同钱德勒一家的长期往来以及同比尔·帕雷短暂但密切的接触告诉我，家族企业和它的创始人都有一种内在的动力。在这种情况下，一方面你是在和企业打交道，但另一方面你又是在和一种不可定义但又不可否认的东西打交道：这些公司是他们的孩子、骨血。无论理智告诉他们继任者的工作做得多好多正确，心却告诉他们，那人至多不过是个养父。

“我只是想确定你没有改变主意。”我开始说。

“不，”C. R. 嘟囔道，“你赢了。”

“这不是赢不赢的问题，”我反驳道，“是因为只要你还在，人们就不会听我的。如果他们对我的话或建议有什么不同意见，就会跑去找你。”C. R. 点点头表示同意，然后以为这就是我要说的全部，转身想要走开。“还有一件事，C. R.，”我补充道，“我改变主意了，现在我要你离开美国。”

“我知道我必须离开美航。”他显出恼怒的样子说，显然听错了我的话。

“不，C. R.，”我重复道，“我是说你必须离开美国，而不仅仅是离开美航。”

他盯着我，好像我疯了似的，然后慢慢露出一种新的几乎是尊敬的表情，似乎明白了我的话。他意识到我这么做是为了让公司里那些想批评我的人更难以同他联系，如果说这是可能的话。

第二天早晨，在召开董事会前，我和C. R. 在他的办公室里见了面。“艾尔，你真是个难对付的浑蛋，”他说，“好吧，我会让董事会选你为总裁，然后我再叫你进来。我希望你给他们做个热烈的讲话，讲讲你准备如何领导这家公司，让它重现辉煌。”

几分钟后他回来了，“我把你的条件告诉了他们，艾尔，他们都同意了。

让我们进去吧，我要给你来一番激动人心的介绍。”

我期待屋里的每个人如果不是立正的话，至少也应该屏息等候这个历史性时刻的到来。令我懊恼的是，当我们走进房间的时候，有的人在看报纸，其他人则站着聊天。他们显然没有屏息等待救世主的降临。

“先生们，”C. R. 说，“我很荣幸地向你们正式介绍我们的新首席执行官，艾尔·凯西。我相信他将带领美航重建辉煌。”

我正准备上前讲几句话时，C. R. 继续说：“我讲一个你们中的一些人可能已经听说过的小故事，从此以后，我就要把接力棒传给艾尔了。你们知道，我在‘二战’时是上校，有一次在我驻扎的基地有个列兵从我身边走过，没有向我敬礼。我叫住他，说：

‘列兵，你忘了向我敬礼。你知道我是谁吗？’

‘不知道，先生。’

‘我是史密斯将军，我手下指挥着2000架飞机，22000个人，2000辆摩托车，值好几亿美元。’

‘很好，将军，’列兵回答说，‘听起来像是个重要的职务上的重要人物，那么请别把事情搞糟了。’”

C. R. 讲完他那保证房间里的每个人都至少听过十多遍的小笑话后，微笑着转向我，说：

“所以，艾尔，别把事情搞糟了。”

在这个激动人心的介绍后，我便开始在美洲航空公司正式上班了。

虽然我对C. R. 的态度非常坚决——但是相信我，要消除一个神话是很不容易的，但是第二天，他还是向所有员工发出了一份备忘录，贴在“布告栏”上。备忘录内容如下：

致：美洲航空公司全体员工

通知人：董事长

我推荐艾尔·凯西先生担任美航的总裁兼首席执行官。公司董事大都与他常有往来，大家对他的评价都很高。

他已被董事会选中，从现在开始将成为我们的首席执行官。他将在自己的岗位上努力工作并和大家并肩作战。你们齐心协力，定能使美航再次成为最好的航空公司。

有人会问：他在航空运输领域有过什么经验？回答是：很少。在其他运输领域如铁路和铁路快运方面倒有不少经验。

我们选择凯西先生并不是因为他在航空业的经验，而是因为我们想找一个卓有成就、在商业及财务管理方面十分成功的人。读读凯西先生的经历，你们就会发现他符合一切条件。

我们经营的的确是航空公司，而且是一家一流的航空公司，但航空公司也是一个商业组织，我们希望它经营好，我们还希望它能够盈利和成功。凯西先生带给美航的商业和财务经验将帮助我们实现这一目标。

凯西先生乐于与人相处，尤其是和他一起共事的人。他也喜欢旅行，不久他就会加入你们当中了。和他结识吧，他会喜欢你们，你们也会喜欢他的。

我被 C. R. 这诚挚和慷慨的告别词深深地打动了，他把自己心爱的孩子托付给了这位爱尔兰血统的波士顿人。我读这份备忘录时和自己打了个赌：我敢保证他是在自己的手动打字机上打出这份备忘录的。

CASEY'S LAW

07

美洲航空公司：第一年

无论情况怎么样，永远不要放弃真正的自我。放弃自我只会对你有害，甚至也许使自己失去机会。更加关注自己的想法、感情和身体的变化，同时提高对身外环境变化的了解。这种深达内中的“正念”或许可以拯救我们出离愚昧和一切痛苦之源。

1974 年 2 月底，我刚到美洲航空公司的时候，整个公司已陷入了危机之中。这家以前有过辉煌历史的航空公司在 1973 年遭受了前所未有的亏损，亏损金额达到 4800 万美元。公司的现金流通很紧张，只有 5500 万美元的现金和短期投资资本，而短期负债则大大超过这个数目，此外公司还有近 6 亿美元的长期债务。

不管是哪一个行业，面对这种情况第一件事就是要找到问题的所在。从我的经验来看，人们往往总是不等真正理解问题就急于提出解决方案。其实很简单：用最简单的算术就可以说明这个问题。到美航后不久我就做了一个测试。我当着几位重要经理人员的面在黑板上写下了两个数字：上面一个 4，下面一个 2，然后我在下面画了一条线，问大家有何答案。一个说 6，另一个说 2，另一个说 8。

"女士们，先生们，"我说，"你们都错了。你们不等先确定问题就给出了答案。在得出这两个数字的答案之前，首先得知道它们前面是加号还是减号，是乘号还是除号。一旦知道了这个，答案就简单了。我的任务以及你们的任务就是用一把细密的梳子把这个公司梳一遍，找出它的问题。我们的时间不多，但是我充满信心，我们有足够的人才和经验来重振美航，使之再次成为状元。"

考虑到当时公司所面临的财务危机，我心里其实并没有这么乐观。危机的主要原因是 1973 年石油输出国同盟实行禁运，石油价格因此猛涨，于是喷气机燃料的成本几乎上涨了 2 倍，从每加仑 11 美分上升到 30 美分。对美航来说，燃料成本每上升 1 美分开支就增加 1200 万美元。所以仅燃料成本一项就使公司运营成本在一年内增加了1.29亿美元。此外，7年之中工资也几乎翻了一番，而航空公司平均机票价格与10年前相比却几乎没有任何变化：从1963年到1973年，一张机票的价格仅上扬了4%。相比之下，一般消费品物价指数在同期上升了45%。还有，由于通货膨胀再加上恼人的经济衰退，美国人普遍紧张不安，纷纷取消或推迟了旅行和度假的计划。

我们很快发现，美航的许多问题并不是自己造成的，而是我们无法控制的外界因素的结果。许多其他航空公司也被同样的问题所困扰。但我们也必须面对一个现实，即虽然整个航空运输业一片混乱，但有几家航空公司却仍旧干得不错。比如约翰所在的布拉尼夫公司就取得了创纪录的利润。布拉尼夫有一支清一色的727机队，这是一个极大的优势，而且其航线结构也不像美航铺得那么开。因此，我的第二个任务就是集中精力解决那些我们可以控制的因素，现在如此，将来也如此。我说“第二个任务”，是因为我决定自己的“第一个任务”是让所有的人知道我的存在，在尽可能短的时间内会见和问候尽可能多的美航员工。我希望大家明白，我不会高高在上地坐在总裁宝座上管理公司，而是在邀请第一天起就从实战中开始。

因此，1974年2月20日，也就是上班的第一天，早上6点我就站在曼哈顿的美航饭店大堂里，向乘坐班车出发去拉瓜迪亚和肯尼迪机场的员工问好。美航饭店归美洲航空公司所有，是公司机组人员在纽约停留期间的住处。我在那儿住了几个月，每天早上和下午都向上班的员工问好，包括在早上6点钟上班的员工。随后我留下来等到向7：30上班的员工问过好，然后回到办公室，下午再回来向在下午5：30和6：30下班的员工问好。这并不是一种公关策略，虽然直至今日仍然会有人走上前来对我说：“凯西先生，记得我在美航饭店的大堂见过您。”可见这样做也确实起了一定的公关作用。不过我的初衷只是为了尽可能多且快地向那些了解公司根本问题的人学习。

我一生之中始终坚信人与人之间的沟通。沟通对不同的人来说可以有不同的含义。我见过许多首席执行官，对他们来说沟通就是发号施令。对我来说，沟通是“双向”的：我从不一个人滔滔不绝地讲个没完，我也倾听别人说话。无论在哪里工作，我始终是个很好的，甚至可以说是热心的听众。我总是欢迎人们说出他们的想法和建议，不仅仅在现在这种危机时刻，而是无论什么情况下都如此。

第一天早晨，问候过两班员工后我便前往三号大街633号的美航总部。那是一个寒冷的、刮着寒风的冬末的早晨。8点钟的时候，纽约的街道上已经熙熙攘攘。人们竖着领子，围着厚厚的围巾，戴着帽子，行色匆匆。虽然我在西海岸工作过十年，但时代明镜在纽约也有一个办事处，我每月至少来此工作一个星期，所以我其实从来不曾真正离开过纽约。但那些年我总觉得自己像一个匆匆过客。这天早晨我才再次感到自己像一个纽约人。我喜欢这种感觉，这种充满活力、五光十色、永不停息的感觉。

我坐电梯上到七层，然后沿走廊来到 C. R. 的办公室，途中频频停下来向已经到公司的雇员作自我介绍。在我的新办公室的桌上有一张 C. R. 留下来的便条：

亲爱的艾尔：

祝贺你！我会时不时地送便条给你，以便指示你如何改善对公司的管理。

这家伙！我咬牙切齿地咒骂。看来他还是不肯放手。我接下去看：

这第一张建议的目的就是要告诉你，以后别理睬这些建议。

真诚的 C. R.

我不由得哈哈大笑，真幽默。这老家伙硬得像钉子一样，可还挺幽默。上帝啊，幽默在商业乃至在整个世界中是多么重要。

我坐下来拉出中间的抽屉，大吃一惊，里面居然塞满了揉皱的废纸：C. R. 的废纸篓。再试图打开左边上面的抽屉：锁住了。左边底下的：一样打不开。右上边的：一样。我的老天，这个 C. R. 到底用这些抽屉干什么？

拉开右边底下最后一只抽屉，我发现一台打字机——肯定就是 C. R. 用来写他那些备忘录的打字机。我忍不住大笑起来。见鬼！看来我需要的只是一台桌面式电脑罢了。抽屉是用来装废纸的。事实是，此后的几年中，一直到搬迁为止，我从未打开过任何一只 C. R. 的旧抽屉。

在就职的一个星期前，C. R. 写了一些评价美航重要人员的备忘录。其中一份备忘录上写道："公司的副总裁太多了。"并补充道，"这个问题必须得到解决。"在这一点上他说得完全正确，不到几个月，我便以自己的方式解决了这个问题。我倒是确实赞赏 C. R. 对其中两个人所做的评价。我知道这两个人是我必须依赖的，尤其是在我上任的头几个月。一个是负责业务的资深副总裁唐·洛依德-琼斯；另一个是一个叫作罗伯特·克兰多的年轻人。对于前者，C. R. 写道："解除没有能力的行政长官。无须担心他的资格。"对于后者的评论是："我所见过的最聪明的年轻财务人员，曾为 TWA 效力，能力极强。"

他还提出了其他的建议，包括建议我雇用杰克·莫林斯。此人曾担任过美航的重要职务，但后来因为同我的前任乔治·斯巴特合不来而离开了。我查了查这人的资料，但觉得还是自己来组建队伍为好。

在此后的两个星期里，C. R. 继续拿各种各样的建议来烦我。我虽然把他逐出了公司，但这并不意味着他就不能一边周游列国一边遥控监督我的行动。我上任还不到一个星期就收到他用手动打字机打印的信，对我们的竞争对手做了一番评估：

> 我坐了英国航空公司、TWA 和泛美航空公司的飞机。三者的服务都很好，而英国航空公司似乎更胜一筹。我还拜访了公司驻罗马的代表：此人为人很好，现担任地区总裁。

但最能说明他这个人连最小的细节也在乎的，我想应该是下面这段：

> 法兰克福机场的整个大厅都用一种极好的地板铺成，不是橡胶就是

塑料。走在上面特别舒服，而且比地毯便宜。你何不问 PAA 或 TWA 要份这种弹性地砖的样品。

而且他对我初步表现的了解也令我颇受鼓舞，因为我敢肯定有许多他从前的同事都仍然向他汇报，告诉他他们对事情进展情况的看法：

从我收到的有限的报告来看，你开了一个很好的头。我原来担心人们对你缺乏航空运输经验会有看法。现在看来，这种反应并不大。大家一般的反应是：也许是该换个生意人来管理公司了。

到美航后的一个月内，通过调查和听取公司行政人员以及各级人员的意见，我得出了一些基本的结论。这些结论也许不是很富有创见，但对我理解问题却很关键。我意识到，虽然航空公司相互之间可能会有些共同点，但没有哪两家航空公司是完全一样的。它们都受其航线结构、竞争性质和程度、价格结构、负载因素的可靠性（比如准点率和服务质量等）的影响。美航为什么无法盈利？从我初步的考察来看，航空公司有这么一个“利润登时”，由四个基本要素组成：

1. 我们提供多少服务或具备多大的服务能力
2. 其中我们能够卖出多少服务
3. 我们卖出的价格是多少
4. 提供这些服务需要多少成本

经过一番考察，我发现在过去的 5 年里，美航的服务能力增加了 38%。从原则上说这已经很不错了，但是公司卖出的服务数量却只增加了 31%，显然还不尽如人意。简而言之，从 1968 年到 1973 年，我们销售“产品”的工作做得不如从前。我还发现，在同一期间国内 48 个州的交通运输总量共增长了 27%，而美航国内航班的运输量却只增长了 19%。

我知道数据是乏味的，但是如果你想找出一家公司哪里出了错，想要扭转局面的话，就必须从一大堆数字中理出个头绪来。所以请诸位还是耐心地听我讲下去——更多的还在后面呢。

美航一直以提供一流旅行服务闻名，被认为是业界最好的公司。这部分服务的利润相当丰厚，而在过去的5年里，这个领域被侵蚀掉三十多个百分点，从占业务总量的22%降到了只占14%。这一变化的破坏性太大了，影响了公司的基本盈利水平。

我们的城际航班（就是从一个城市起飞到另一个城市降落）也存在着一个严重的问题。过去5年间有50条城际航线发展最快，而美航只提供其中24条航线的业务。而且这24条航线的平均额增长率只有15%。我们不运营的那26条航线的乘客业务量倒增长了25%，几乎翻了一番。再看看排名前十位的城际航线，我发现我们只运营其中的3条。虽然我到美航后第一个星期所发现的问题中有一些我感到是自己可以解决的，但要解决“城际航班”或航线等问题则必须花大量的时间和精力。

在任何行业，无论有没有经验或专门知识，首先要考察的就是开支最大的领域，所以我马上着手考察占公司总支出44%的劳动成本领域。令我沮丧的是，从1968年到1973年这关键的5年中，我们的生产效率不仅没有提高，反而下降了。这就意味着要么有太多的人在做太少的工作，要么（也许）就是人数正确但做的事不对。无论是哪一种情况，我们都要解决生产效率问题。

在美航饭店住了几个月还使我认识到，我们不仅是在从事航空运输业务，而且也在做饭店生意。在这方面，美航一直盲目效仿TWA和泛美航空公司。我们没有考虑到的是，TWA和泛美航空的饭店是海外饭店，目的是为这两家公司的航班在海外目的地提供熟悉而友好的住所。而美航的饭店则是大杂烩，从国内到国外，从大到小，无所不包。大至纽约市拥有1800个房间的美航饭店，小到只有1200个房间的纽约罗彻斯特饭店，从华盛顿特区到首尔（美航的航班根本不飞首尔），遍地开花。公司在夏威夷、墨西哥和波多黎各还拥有假日饭店，也就是说，我们还参与旅行和休闲业。要是这样做能赚钱或者这么多饭店的存在具有合理性，或者和母公司能形成协同作用的话，当然也不错。但事实上我们总共有 21 家饭店，每年给公司带来约 1000 万美元的损失，我们的问题有 25% 就出在这里。而且事实上这部分的问题还要更大，因为它占用的公司人员和资源与公司其他部门完全不成比例。我发现所有公司亏损部门的情况几乎总是这样的：与公司规模不成比例。总之，到美航几个星期后我就知道我们迟早得把这些饭店处理掉，而且我希望越早越好。

在这个问题上我的任务会轻松一些，因为我不用同公司饭店部门的首席执行官卡特·伯杰斯争执不休——我一来伯杰斯就出于不满辞职了。作为美航董事会的成员，伯杰斯一心想当美航总裁，不料半路却杀出个程咬金，我一来他就没有指望了。他的一生也算是卓有成就，曾在“二战”期间担任艾森豪威尔将军的助手，后来又被任命为美国驻阿根廷大使。而且他的背景不同于我，有真正的航空运输业的经验。伯杰斯在霍华德·休斯担任 TWA 的老板期间是 TWA 的首席执行官，所以他对 C. R. 的选择感到尤为不快是有理由的。

我被任命后不久伯杰斯就来见我，他开门见山地说：

“凯西先生，我实在不能理解为什么公司选择你而不是我来主持美航。我是董事会的成员，又愿意担任此职，经验也很丰富，而且，我必须告诉你，我在摩根担保信托公司、福特汽车公司和史密斯·克林及弗兰奇公司董事会的同时也都不能理解为什么选择了你而不是我。他们永远不会理解为什么我会愿意为你效劳。”

“伯杰斯先生，”我说，“我完全同情你的立场。你和你的董事会同事们很可能是对的，但我会尽一切努力来证明你们错了。”

“凯西先生，我此来是要递交我的辞呈。”伯杰斯说。

“我已经猜到了，”我说，“但是我刚刚到这家公司，有很多事情要处理。如果你能留下来一段时间，帮我一把，我将不胜感激。作为鼓励，我将给你 25000 美元的奖金。”按今天的价值来算应该相当于约 75000 美元。

如果我打算按计划出售这些饭店的话，负责这一部门的伯杰斯将会帮上大忙。有他主持，我们在谈判时就可以得到合适的价钱。但他去意已决，拒绝了这笔奖金。他的立场给我留下了深刻的印象，我原以为这笔钱会对他有用的。伯杰斯的辞职使我失去了负责这一部门的首席执行官的帮助和支持，留给我又一个问题。饭店这一块虽然是个大窟窿，但还不是我遇到的唯一的人事麻烦。在我来之前不久，C. R. 一次性解雇了 3/4 的销售人员。或者说得更准确一点，是解雇了 30 个销售人员中的 23 个，其中包括负责销售的副总裁。其目的无疑是节省开支，但与由此可能减少的销售额相比，能节省的开支是微不足道的。现在，鉴于我的第一个任务和目标就是要大大提高销售额，我们需要一个顶呱呱、干劲十足的销售副总裁。

另一个问题就更严重了。美航出于错误的估计，以为乘飞机旅行的人数会增加，因而购进了 40 多架宽体 DC—10 和 747 飞机。结果这个预计根本没有兑现，乘客人数并没有增加多少。美航于是只好减少航班次数，以填满宽体飞机的座位，这使得竞争对手有机可乘，顺势打入了这些航线。后者以更频繁的航班次数吸引走了成千上万的美航顾客，这意味着宽体式飞机的座位更加填不满了。20 世纪 70 年代初，许多宽体飞机的满座率还不到一半。然而使问题更加复杂的是，宽体飞机的飞行成本比竞争对手使用的小型飞机高。所以我下定决心，无论多么痛苦，多么不受支持，一定要出售一些公司引以为豪的 747 飞机。上任后不到两个月，我们就以每架 1600 万美元的价格把两架宽体飞机卖给了飞虎队（后者把它们改造成了货运机），从而启动了一部分流动资金。对美航来说，这只不过是迈出了小小的一步。

到 3 月底，我已经制订出一个扭转美航局面的四点方案。我将这个方案递交给董事会，并在全国各地的一系列会议上向员工做了解释。虽然缺乏在航空运输领域工作的经验，但我很快认识到飞机无非是另一种制造工厂，只不过它的主要产品是从 A 地到 B 地的旅行座位。这种“产品”无法囤积，也没有“货架寿命”可以缓冲经济的起伏落涨，是极易消逝的。如果今天的座位没有在今天卖出去，它就不可能躺在货架上等待第二天被出售。如果一架飞机带着空座位起飞，那么所有用来“生产”这些座位的成本就等于都无法收回了，它们带来收入的机会也就永远丧失了。你也许会说这个道理很简单嘛。的确如此，但正是这些空座位在我刚到美航的那几个星期里给我带来了很多噩梦。

我的四点方案是：

● 提供更多的“产品”，并以高于成本的价格出售。（说起来容易，可是做起来就不容易了。）怎样才能达到这一点呢？公司负责制定航班时刻表和机场组织的人员必须一起研究，找出当前尚未被完全开发的市场，以提供更多的座位。但更重要的是要填满更多的座位，这样才能增加每航次英里的收入。货运、客运和租赁业务都要去发掘。

●提高生产效率从而削减成本。业界数据表明，我们的劳动力成本比竞争对手的要高。这意味着公司应该集中力量做必须做的事，放弃不必要的工作。这还意味着对每一件事都要提出挑战，我要求美航的雇员每天都必须这样做。还有，每个人都必须更努力一些。另一方面，我总是发现，当人们喜欢自己的工作或以他们的工作和公司为豪时，努力工作就变得很容易了。而当时，公司财政出现赤字，销售部的人又被大规模解雇，航班次数减少，许多雇员因此都被吓蒙了，士气也一落千丈。需要调整的不仅仅是公司的财务数字，公司的士气也需要调整。我向美航的3500名职工许诺，公司准备给最好的员工最高的薪水，但前提条件是每个人都必须尽自己的一份力。

●取消不盈利的业务，出售多余的飞机。我早已把目标瞄准饭店业务，出售飞机的工作也已经开始。我知道我们还必须分析所有的现有航线，以保证每条航线上使用的飞机是最有效率的。“机队平衡”意识成了最时髦的词。

●防止竞争对手夺走本应属于我们的业务。我们必须重新抢回至少一部分我们在近几年丢掉的市场份额。这意味着要提供更好的服务——空中服务、地面服务、机票服务和在与每个客户接触的过程中所提供的服务，而这又意味着要加强销售和营销工作。

关于这最后一点——更有力的销售和营销，我知道公司有个大窟窿要补，这个窟窿大得连一架 747 也飞得过去。很简单，我们没有市场营销部，所以再怎么鼓励员工去努力也只能是空喊口号，当务之急是要找到一位负责市场营销的高级副总裁。

考虑到自己缺乏这方面的经验，我向一些我认为可以对自己有所帮助的人进行了咨询。和往常一样，我首先从销售部门内部寻找，看有没有堪当重任的候选人。所谓的销售部门其实只能说是剩下的销售人员，结果是一个也没有，所以我只好开始面试外面的人。

为了培养团队精神，我决定不是自己一个人来选择市场营销副总裁，而是让其他高级行政人员一同参与，尤其是高级财务副总裁鲍勃·克兰多、高级业务副总裁唐·洛依德·琼斯和高级行政管理副总裁基恩·欧伏贝克。我安排每个候选人和我先谈 1 小时，然后再带他去见鲍勃、唐或基恩，让他再和他们谈半个小时。最后的 10 分钟我会坐在一旁听，这样不仅可以进一步考察应聘者，而且也可以更多地了解各位副总裁。

大多数应聘者都有一定的经验，但是他们又都有一个共同的毛病——太想得到这份工作，以致因而显得不大自在。他们总是花很多时间讲些以为我会感兴趣的东西。也许正是因为这一点，我在这里要提出一条凯西法则的基本法则：无论情况怎么样，永远不要放弃真正的自我。放弃自我只会对你有害，甚至也许使自己失去机会。

总之，经过几周的面试后，我发现自己对所有的应聘者都不感兴趣。每个星期一上午，鲍勃、唐、基恩和我都要开会讨论上周的面试情况，浏览接下来的几位应聘者的履历。这样开了几次会后，我看出克兰多和唐都想自己来做这份工作。唐表现得尤其明显，因为他在克兰多之前已经做过财务副总裁，而且又是董事会的成员，他觉得如果再加上市场营销的履历，到时候我退休了他就很有可能接我的班。

我退休？慢着，凯西，你才刚来，怎么已经开始说起退休了？说到这儿我想起一件事，为了读者能明白起见，我就把它写进正文吧。

回到我和 C. R. 最后针锋相对的那次 2 月的董事会会议。当时我就宣布准备在公司总裁的位置上一直干下去——如果一切顺利并且董事会不反对的话，直到退休，也就是说我准备在美航干11年。我以这种方式来向董事会保证我会带领美航扭转局面。我打算在这儿一直待下去，也就是说我自信一切都会进展顺利。但我同时告诉他们，我会在退休前早早指定一位总裁兼首席执行官的接班人，以保证这之后的交接顺利。这番话显然并没有被美航的高层行政人员忽略掉。

随着时间一周周地过去，唯一真正给我留下印象并且有航空业经验的市场营销人员是大陆航空公司的查理·巴克斯，但鲍勃·克兰多提出的难以辩驳的、深刻的问题和评论给我留下的印象甚至更为深刻，我开始倾向于任命他为高级市场营销副总裁。在做这个重要的决策前，我决定跳出本行业的圈子去见一些消费品公司的营销人员。我再次注意到，克兰多在考察他们能否把消费品领域的经验用于销售机票时最为出色。他问的问题最好，比其他人都深刻。他有一种很少见的专注，并且通过本能的直觉，他对市场营销的了解比接受他面试的人更多。情况越来越明显：消费品市场和航空业的营销是两码事。于是有一天，我把克兰多叫进办公室请他接受这份工作。他当时简直乐疯了——他一直想要得到这份工作，但从未梦想过这个愿望真的会实现。这个决定对唐·洛依德·琼斯来说可不是个好消息，但是如果你要经营一家公司、一个分部或者一个部门的话，你显然必须挑选最合适的人来做每一项工作。要是在这一点上你打算有任何妥协，那么你就等于在自找麻烦，而且麻烦总是会来得很快。

找到了适合这个最重要位置的人，我便开始考虑组织一支高层管理队伍，一支能够顺利而有效地工作的队伍。我相信任何企业的管理都可分成四大主要职能，即生产产品或提供服务的职能，销售产品或服务的职能，管理账目的职能和人事职能。现在，我们有了克兰多这个优秀的营销人员，还有自1969年以来一直为美航效力的洛依德·琼斯——他作为业务人员比得上业界任何一个人。此外我还雇了一名一流的行政人员——鲍勃·诺里斯来领导财务部门。这样我们就有了四员大将。这支队伍相对而言比较年轻；四名高级副总裁的平均年龄才不过45岁，但人人精通航空运输业的管理。自从我接受这份职务以来，这是我第一次感到有信心重振这家庞大但却病恹恹的航空公司，并带领它走向美好的明天。至于现在，还是让我们先回到暗淡的现实中吧。

在生活中，如果你走运的话，机会——无论是多么不可思议的机会，都会像变魔术一样在你需要的时候冒出来。到美航后才一个多星期，一天早晨，我在《华尔街日报》上读到达拉斯共和国家银行准备向出价最高的竞标者出售旗下的一家石油公司——霍华德公司。

这家银行的首席执行官杰姆·阿斯顿也是美航董事会的成员，于是我便以牌友的身份给他打了电话——石油是燃料，而燃料正是美航最迫切需要的东西。我查了查霍华德公司的资料，发现它手下握有经证实的产油地产。我还了解到共和银行"拥有"霍华德公司是因为后者在20年代欠债不还。自那以后，共和银行借给霍华德公司很多笔有去无还的贷款，使之成为银行控股公司的资产，但不属于银行所有。最近几年，贷款得到了承认，但是国家货币管理局认为霍华德公司不能归银行所有，因此迫使共和国银行将其出售。我于是打电话给阿斯顿。

"杰姆，我刚刚听说你要卖掉霍华德公司。"我开始说。

"不错，艾尔，"他说，"你一定是读了今天的《华尔街日报》。"

"杰姆，你可不能把它随便卖给什么人，"我说，"你首先得问问你作为董事的公司想不想要，你应该给这些公司这个机会。"

电话那头半天没有说话，我已经习惯长时间的等候了，所以并没有为此感到吃惊。

"艾尔，"最后阿斯顿说，"我从来没有听说过这种规定。"

"你干吗不问问你的总顾问，然后再给我打电话。"

我一边等他的电话，一边进一步估算收购霍华德公司的短期和长期利益。这家公司可以成为美航理想的资产，以帮助美航避免油价风险。考虑到石油输出国组织（OPEC）的政策和仍在飞涨的油价及喷气飞机燃料价格，谁也不知道今后几年燃料成本会升到多高。

我的秘书莉比·司各特告诉我阿斯顿打电话来了。

“艾尔，”他说，“我跟我们的总顾问谈过了，他不知道你在说什么，而且他还非常怀疑你自己知道不知道。”

“不管怎么样，”我说，“我的建议是：继续做你的，开始招标。然后等你拿到最高的报价时就来找我，不管那是谁报的价，美航愿意出和它一样高的价格。”

于是我们就这么做了。我出了和最高价一样的价格，即6300万美元，然后我告诉杰姆作为对他“照顾”的回报，我准备给他特别的“回扣”。

“什么意思，艾尔？”他听起来有点儿疑惑地问。

“在美航收回6300万美元的投资以及投资期间每年30%的红利后，我们再请人评估霍华德的价值，然后我们支付相当于事先商量好的多余价值一半的额外金额。”

“是吗？”他说，显然对此感到很好奇，不过还是有点儿怀疑，看来是自己打扑克的名声太过远扬了，那么倒也罪有应得。

“比如，如果霍华德公司评估出来的价值多了1000万美元，那么我们就付给你500万，这笔钱就是‘回扣’”。

“呃，”他说，“听起来很公平。”

“不止是公平呢，”我说，“不过这笔交易还有一个条件，杰姆。”

“什么条件，艾尔？”

“你知道，美航眼下没有现金，我们的信用也不高，所以你得帮我们安排6300万美元的贷款。”

“可是拿什么来作担保呢？”他问。

“石油公司呀，”我说，“你刚刚告诉我通过公开竞标证明它值6300万美元，所以我们可以拿霍华德公司作担保，再加上‘回扣’。”

阿斯顿不得不承认我的建议里有某种反逻辑，但他还是答应和我们成交。几天后他又给我打电话，垂头丧气地说：“不行，艾尔，管理局那边说这绝对不行。如果我们借给你钱，贷款到最后还不了，我们又会回到刚开始的地方——还是拥有霍华德公司。对不起，艾尔。”

“给我几天时间让我想想办法。”我说。

“我不能给你太长的时间，”他说，“他们为这事儿正盯着我呢。”

“一个星期。”我恳求道。

第二天我约了第一国家城市银行的副董事长威廉·斯宾瑟见面。我运用自己全部的爱尔兰魅力，摆出所有证明这笔买卖合理的理由，终于使斯宾瑟同意借给美航一半的金额，也就是大约3100万美元。我拿着这些钱又去找阿斯顿，他再去找管理局，管理局的人想了至少5分钟，然后断然说，“不行。”

那会儿我真想说算了吧，但是面对挑战，只要还有一口气我就绝不会放弃。于是我回过头来再去找斯宾瑟，费了1个小时的口舌终于说服他借给我们所有的6300万美元。我把这一成就归功于自己的魅力和漂亮的长相，或者，说得更正确一点，自己的智慧。必须指出，斯宾瑟只是在我同意把利率提高一点儿之后才答应了借我这笔钱。

结果证明，斯宾瑟的信任以及明智的判断力——得到了很好的回报。美航不仅偿还了这笔贷款，而且还得还挺快。

多年后，当我们出售霍华德公司时，它的价值评估比我们当年的买价加10%还要多2200万美元，于是我们便按照承诺，又付给共和国家银行1100万美元。公司在迫切需要钱的时候得到了油田，避免了燃料价格上涨带来的风险，而银行也赚了钱。在生意场上这就叫双赢。我喜欢双赢，谁又不喜欢呢？但是根据我的经验，如果没有特别的努力，这种好事是不会常常发生的。这种结果最好，因为你既为自己的公司做出了贡献又帮助了一位同事，更何况杰姆还不仅仅是一位同事，他是美航的董事。

除了组建自己能够找到的最好的管理队伍以外，我还感到应该扩大董事会的规模。我并不想在董事会里安插自己的人。凭我的经验，我知道一个董事长要是在董事会里安插满自己的朋友或者亲戚的话，就更有可能被一帮唯唯诺诺的人所包围，一帮只会说些他想听的话而不是仗义执言的人。我希望在美航听到所有的建议和意见，而我最尊敬的财务和商业天才之一就是美国音乐公司的董事长卢·沃瑟曼。我知道卢以拒绝任何董事头衔而闻名。对此他有好多条理由，第一条就是他自己极其富有，不想冒风险参加什么董事会，因为那样就要负财务上的责任。尽管如此，我还是给他的办公室打了电话，直陈来意。

“卢，”我说，“我知道你不喜欢参加董事会，但是我记得那次我们烧掉50万美元的单据时你说，如果我觉得需要帮助时就给你打电话。卢，我现在打电话是请你接受担任美洲航空公司董事的职务。”

一片死寂。最后，大约过了18个小时，我听到他的声音从最遥远的星系外传来：“艾尔，你想让我什么时候开始上任？”他不想破坏自己的诺言。

“马上就开始怎么样？”我试探道。

“好吧，艾尔。下一次董事会会议是什么时候？”

卢·沃瑟曼一直当了近10年的美航董事。他头脑聪明，见地深刻，具有极强的理解事态精髓的能力。无论是和他的领域多么不相干的东西，他都能一针见血地抓住本质。有些董事（可以理解）总是关心短期需要和利益，而卢则不同。他具有那种罕见的能力，可以高瞻远瞩，洞察任何行动的长远影响。他还对我刚到美航时面临的一个最严重、最令人头痛的问题提供了极好的意见，即现金流动问题。他帮助我们一年年改善了公司的账目状况。

卢是董事会里年纪最大的成员，每次到了他该退休的时候我就修改年龄限制规定。当时的年龄限制是68岁，我们先是调到70岁，然后又提高到72岁，目的只是想把他留在董事会里。这也使得我能够有机会接近一个自己在洛杉矶时就十分敬佩的人。

多年后，我终于有了一个机会来回报自己欠卢的这许多恩惠，尽管只是以一种十分微小的形式。一个人在一生中没有很多机会来扮演上帝的角色，而这种机会如果出现的话是必须抓住的。一天晚上，卢和妻子艾迪以及我在纽约拉格鲁努伊餐厅共进晚餐。卢脾气很好，很随和，但艾迪是那种性格很强的人，有时会固执己见，爱与人争辩。所以和她在一起的时候，我总是努力避免提到有争议的话题，虽然这有时并不成功。艾迪对她的丈夫有很大的影响力，仅举一事为例。

1995年和克林顿总统在华盛顿，我们谈话时他说：“艾尔，我没让你继续当 RTC 的主席真是犯了一个大错误。”他可能是在开玩笑，但也可能只不过说了一个政治家该说的话，但实际上我同意他的话。

沃瑟曼一家住在加利福尼亚，拥有一片可爱的庄园式的土地。他们家有我见过的最大、最豪华的游泳池，就在窗户外头。他们起得很早——我记得每天总是 5：30 准时吃早饭。有一天早晨，卢和艾迪正像往常一样在吃早饭，艾迪看了看窗户外头说：“卢，你有没有发现游泳池的方向不对?”

“什么意思，方向不对?”卢说，“在我看来没什么不对劲的。”

“不，不，”艾迪坚持道，“它和房子是平行的，可它应该和房子是垂直的才对。”

“也许吧，可是我们又有什么办法呢?”

“你说什么呀，没有办法?!当然有啦，我们可以把它转过来。”

“转过来?!”卢说，“那还不如把房子转个向呢。再说看看那些房子周围的古树，它们可没法移动。”卢肯定自己胜了这场辩论，但他真的想错了。

事情很简单。他们叫来了推土机，把树连根拔了起来，把游泳池填上再重新挖了一个，转了 90 度，然后再把树种回去。一切就像艾迪说的一样，简单极了。

那天晚上在纽约喝鸡尾酒的时候，我挑选了一个自以为很温和的话题说道：“那么，雪利尼特兰那边怎么样了?”卢和艾迪在雪利尼特兰有套公寓，每次到东部来的时候他们就住在那儿。

“挺好，艾尔，好极了，”卢说，“住在纽约真令人愉快。”

“那可怕极了，糟透了，”艾迪插嘴道，“我们在雪利尼特兰住了 12 年，不，15 年了，一切都很好，直到哈瑞·海尔姆买下了对面第五大街上广场饭店隔壁的大楼。他们在金碧辉煌的屋顶上装满了灯，还整夜地开着灯，我根本没法睡觉。”

“那你们为什么不把窗帘拉上呢?”我问。

“为什么要拉上?”艾迪愤愤不平地反驳道，“我不认为他们有权力在那儿装那么多灯，这么做就是不对。”

“艾迪，”我说，“如果你有权力决定的话，你希望灯在什么时候熄灭?”

我们一致认为9点有点儿太早了，12点又太晚了，最后我们决定晚上11点最合适，那时路上的行人也少了。

"好吧，艾迪，"我大胆地说，心想，艾尔，这回你可夸下海口了，你说什么也做不到的。不过我的确心里有个主意，如果再加一点点运气的话，可能就可以成功。总之当时我隆重地宣布："下个星期二晚上11点那些灯就会熄灭，而且从那以后每天它们都会在11点熄灭。"

"我的上帝，艾尔，你以为世界上什么事你都办得到？"卢说，"你以为你是谁，上帝吗？"我觉察到他的话在逻辑上有点儿重复，但是大度地决定不同他计较。

"我真的希望它们熄灭。"艾迪喃喃道，显然对强大的上帝的出现肃然起敬。

"好吧，"我说，"记住，从下个星期二开始。"

第二天上午我打电话给朋友道格·雷，他就是受哈瑞·海尔姆利雇用负责在所有属于海尔姆利产业的屋顶上安装照明灯的人。他是个设计灯光和广告牌的天才，时代广场上的骆驼牌香烟的广告就是他负责的。我以前帮过雷一两次忙，现在觉得可以得到些回报了。

"道格，"我说，"我想请你帮个小忙，你在海尔姆利大楼上的那些灯光完全是浪费时间和金钱，更不必说还要费力气去维修了。如果你能从下星期二晚上11点开始把它们关掉，我将不胜感激。"

电话那头一阵沉默，我想他多半在犹豫是挂掉电话还是去叫医生。

"艾尔，你疯了吗？你说的简直荒唐透顶。"

"道格，你还记得那次你告某个公司欠债300万美元的官司吗？我从洛杉矶千里迢迢飞过去为你作证。我记得法官没把案子送交陪审团就判了你胜诉。就是因为有我的证词，你才拿到那300万，难道为了300万美元你也不肯关掉海尔姆利大楼顶上的灯吗？告诉你吧，我只想关掉第五大街上对着雪利尼特兰的那幢大楼上的灯。"现在我把要求降低到一幢大楼上，他大概觉得我又回到了理智的世界。

他没有许诺但也没有拒绝地说：“我们看看吧。”

第二个星期三的早晨，我接到了卢·沃瑟曼打来的电话。他的声音听起来好像是一个以为自己遇到了救世主的门徒。

“艾尔，”他说，“你永远不会相信昨天晚上发生的事。”

“什么事，卢？”我装作一无所知地问。

“艾迪和我正在拜访老朋友，大家玩得很开心，突然艾迪看了看手表说：‘卢，我们得走了。’‘为什么得走？’我说，‘时间还早呢。’‘不行，我们得在11点以前回公寓。今天是星期二。’‘噢，’我说，‘那灯的事吗？艾尔那家伙是在跟你开玩笑呢。’但是她坚持要走。‘如果艾尔说灯会熄灭，灯就一定会熄灭。’她坚定地说。于是我们就回到雪利尼特兰。艾迪坐在窗户边看着窗外，然后，上帝！准时11点钟的时候，灯唰地灭了。”电话那头顿了顿，“艾尔，这是巧合吗？”

“卢，”我说，感到自己得意得十分无耻，“你打算在纽约待多久？”

“还有几天吧。”

“你走以后再给我打电话吧。”

几天后，卢真的打电话给我。

“艾尔，”他压低声音说，“那些灯每晚都在11点熄灭，就像你说的那样。艾迪让我给你捎句话。”

“她说什么？”我问。

“她说：‘艾尔，你就是全能的上帝！’”

帮别人的忙自己也有所得，尤其是帮自己喜欢的人和为了自己认为值得的事。首先，因为这是正确的，其次，有时别人也会回报你。人的一生中能有几次扮演上帝的角色呢？

当然，也有些时候人们不得不扮演食人恶魔或执法者的角色。一天在查阅美航的账本和记录时，一行长长的“欠款”条目吸引了我的目光——民主党欠美航五十多万美元，用于1968年胡贝特·汉弗里的竞选旅行。胡贝特后来没能当上总统。长期以来，企业界已经习惯了允许未当选的党派欠债不还，可能也是因为竞选结束后钱匣子里已经没有了多少钱的原因。虽然我个人认为这种做法不对，可是不管哪个党都一直在滥用这个制度。

当时，新任命的民主党全国委员会主席鲍勃·斯特劳斯是我的一个朋友，但这也不能阻止我向他追讨欠我们的钱。从公司的总体预算来看，这也许只是微不足道的一笔钱，但对我来说，50 万美金足以使我拿起电话。我给斯特劳斯拨了电话。

“鲍勃，我是艾尔·凯西。”

“艾尔，听到你的声音真高兴。新工作进展得怎么样？”

“怎么说呢，反正够我忙一阵子的。鲍勃，这恐怕不是一个友好的电话。”

“什么事，艾尔？”

“你们欠我们的五十多万美元……”

“噢，你是说 1968 年竞选那次吗？艾尔，这都已经成为历史了。”

“对我来说可不是。除非民主党归还这笔钱，否则我们就要起诉，而且还会不得不列出你和你的财务主管的名字。”

斯特劳斯并没被我的威胁吓倒，他是个难对付的老手。但他的财务主管彼得·麦卡罗身兼施乐公司的首席执行官害怕被牵扯到政治诉讼中给公司带来不好的影响，于是马上辞了职。

我派基恩·欧伏贝克带着一封确认欠款的信去华盛顿见斯特劳斯。基恩的任务是要让斯特劳斯在这封信上签字承认这笔债务。

“我很乐意在你的信上签字，”斯特劳斯对欧伏贝克说，“但这毫无意义，因为民主党委员会没有钱，也不可能筹到钱。”

此后的几个星期里，我们继续向民主党全国委员会施加压力。

“鲍勃，”我在一次电话中说，“我们的股东知道这笔欠款的事，对我们双方来说，这已经成了一个公关问题。”

“艾尔，也许吧，仅仅也许而已，我们可以想办法还 25% 的钱。”

“不可能。”

“50% 怎么样？”

“不行，鲍勃。我要求全部付清。再说，我觉得你的建议是违法的。”

我同欧伏贝克查了查，果然，如果接受部分偿还的话，我们就违反了1958年关于禁止偿还部分款项的联邦法案。

几个星期后，斯特劳斯打电话来说他有了个新财务主管想让我见一见。

“是谁，鲍勃？”

“他的名字叫艾德华·班奈特·威廉。”他平淡地说，无疑希望这名字让我吓一跳。事实上，威廉是全国最厉害最成功的律师之一。斯特劳斯多半以为他在我们之间这盘小小的商业象棋中走出了一招杀招。

“没问题，鲍勃，我很乐于见他。什么时间什么地点？”

“华盛顿。你挑个日子吧。”

第二个星期我便飞往华盛顿，住进了麦迪逊饭店。我原准备和他们要么在民主党总部，要么在威廉的办公室见面，但他们更愿意到饭店来。显然，向来热情的斯特劳斯这一次打算让他的财务主管做代言人。从一开始我就可以看出威廉的时间很宝贵，他一点也不想在寒暄上浪费口舌。

“凯西先生，”他说，“你似乎有点儿把事情弄颠倒了。”

“颠倒？”

“人们从来不控告我，”他傲慢地说，“我控告他们。”

“而且还非常成功，我知道，”我说，“威廉先生，我不是律师，而且我可以肯定你能把我驳得毫无还口之力，并举出16条法律理由说明为什么我永远也别想拿到这笔钱。但是，我也是个固执的家伙，对我来说对的就是对的。”

我知道如果自己不打断他的话，他就会在15分钟内给我上一堂完善的法律课，然后在出门之前递给我一张毕业文凭。

“你永远不会赢的，凯西先生，永远。而且，我肯定你除了打败这头死马外还有其他更重要的事可做。”

从那一刻起我便下定决心要跟他们斗到底。我应该补充说明一点——因为威廉先生曾一度暗示，作为一名共和党人，我可能是在玩政治，然而这和政治毫无关系。如果欠钱的是共和党我一样也不会放过的。

时间很快过去了，皮球在纽约和华盛顿之间踢来踢去。民主党希望美航的众多问题能分散我的精力，然后放过这件微不足道（在他们看来）的小事。自我第一次打电话以来，时间已经过去很久了，而问题似乎仍无解决的迹象，于是我决定再一次收紧绳子。我的耐心是有限的。我和鲍勃·斯特劳斯代表美航现在准备正式起诉民主党，不仅包括欠的债款，还包括由此造成的损失和利息。我指出美航的诉讼将不仅要求查封民主党在华盛顿总部的家具和设备，而且还要扣押所有未支付的抵押卡。我知道鲍勃才不会在乎他的桌子椅子之类，虽然这个威胁有点儿令人尴尬的成分，但想要交出那些捐助人的名单，他就不得不三思而后行了。我敢肯定那张名单上一定有不少显赫的娱乐界人士和富商，这些人的名字被用来从其他人那儿诱骗抵押，而他们在献出了自己的好名气后就不用付钱了。

“艾尔，你不会这么做的。”他说。

“你试试看吧。”我说。

“我需要些时间，”他说，“我得和其他一些人谈谈。”

“我们已经给了你足够的时间了，鲍勃。”

“我知道，艾尔。但是你知道政治是怎么回事，华盛顿的动作可不像光速那么快。”

我笑道：“那么音速如何——那些人自己声音的速度？”

又是几个星期过去了，还是说得多干得少。我给斯特劳斯打电话告诉他我刚刚同《华盛顿邮报》的出版商凯·格雷哈姆谈过话，准备在《华盛顿邮报》上用一个版面详细说明这件事。这时竞选已经开始，民主党最不愿意看到也最不需要的就是在华盛顿最有影响力的报纸上刊登一篇令人不快的文章。

“艾尔，你真是个难缠的谈判对手，”斯特劳斯打电话来时说，“你先别登广告，过来和我以及我们的财务主管再见一面如何？”

“艾德华·班奈特·威廉？我已经见过他了。”

“不是他，他根本没当过财务主管，”斯特劳斯说，“这回的人也是个律师，一个从圣路易斯来的好人，他很讲理的。”

我再次飞到华盛顿，我们又纠缠了将近 1 个小时，仍然毫无进展。最后我站立起来，努力使自己显得更高些。

“先生们，”我说，“美航再也不能等了，你们使我别无选择只能诉诸公堂了，这次我说到做到。我们明天就递交文件。”其实我不过是吓唬吓唬他们罢了，但此刻我感觉到斯特劳斯已经认真起来，准备提出切实的建议。他说什么也不能让我拿到那些抵押卡。

从我第一次给斯特劳斯打电话以来，已经两年过去了——华盛顿办事的效率可真够低的——民主党提名杰比·卡特为总统候选人，虽然在很多人看来他是一匹黑马，但是在经过水门事件的喧嚣后似乎倒真有赢的可能。

“让我们先假设承认这笔债务，”斯特劳斯说，“并且假设从 1976 年 9 月 1 日起算利息。卡特一当选我们就把钱连本带利还给你们。”

“如果卡特输了呢？”

“他会赢的，艾尔。”

“万一他输了呢？”我坚持道。

“那你就只好再来找我了。”斯特劳斯说，我真希望他是在说笑话。

但我知道这是我可能做成的最好的买卖了。就这样，我接受了他的建议。

幸运的是，卡特胜了，而美航则拿到了它的钱——七十多万美元。但是比钱更重要的是其中涉及的原则问题，即美航会坚决地保护其资产和收入，哪怕是看上去相对很小的一笔数目。现在业界每个人都知道了我的固执追求，而我敢肯定，一定有很多人认为我不是疯了就是在浪费时间。

对我来说同样重要的是：鲍勃·斯特劳斯和我尽管有种种分歧并进行了漫长的谈判，却仍然是好朋友。我不允许友谊阻止自己做正确的事，而我那同样令人尊敬的对手——虽然我敢保证在那两年里他有几十次希望我滚蛋，却在心底里知道，我的行为是完全正当的。

在美航的历史上有好几个时期是由同一个人担任董事长和总裁，其余的时候两个职位由不同的人分别担任。C. R. 有好多年身兼二职，有时他也提拔某人为总裁，或者是为了减轻自己日常工作的负担，或者是为了奖励某位特别出色的行政人员。我到美航的时候被任命为总裁，而 C. R. 则仍旧保留着董事长的头衔，但这纯粹是一种荣誉职务。

第三大街633号的行政人员楼层有两间相邻的办公室，一间是董事长的，一间是总裁的。4月，在董事会把我从总裁升为董事长后，旁边的总裁办公室就连着空了好几个星期。这间黑洞洞的空房间当然没给我带来什么烦恼，但我慢慢意识到，随着时间的推移，它却给我的同事带来了烦恼，而且越来越成为一个敏感问题。凯西打算任命谁为总裁呢？他会从外头请一个人来吗？还是从公司现有的高级副总裁中提拔一位？如果我任命一个外人的话——考虑到自己缺乏本行业经验，我倒也的确想过这个可能性——我就会失去洛依德·琼斯或克兰多，我知道他们俩都梦想有一天自己能显一显身手。但如果我任命他们中任何一位的话，那就又可能失去另一位。

我决定自己来解决这个问题。在得知两个办公室之间的墙不负重后，我叫人拿来一个大锤，轻轻几下便在通往另一间办公室的墙上凿出一个大洞。刚开始，633 号纷纷传言新来的这位凯西先生看来又要走人。后来，传闻突然发生 180 度的大转弯。其后，我的举动终于为人们所理解，大家紧皱的眉头纷纷换成了笑脸。至少在当时我解决了继承人的问题，就像弹个响指那么简单。

我真希望自己能够弹个响指就让美航恢复到从前那蒸蒸日上的状态，但我知道这项任务将是漫长而艰巨的。有好多个日日夜夜，我怀疑缺乏航空运输领域的经验是否真的对自己十分不利。面对现有的问题，我真想打电话给约翰，哪怕只是为了征求一些技术意见或让他说明一些深奥的行业曲线。对我这个未经过航空领域磨炼的头脑来说，这些曲线简直毫无意义。但是我知道我不能给约翰打电话，作为相互竞争的航空公司的首脑，我们的职位不允许我们这样做。我们聚在一起的时候——通常是在得克萨斯——我们总是避开工作上的事情不谈。

我开始动手整顿美航：削减成本，提高一些繁忙航线的票价——包括东西海岸之间和去加勒比及墨西哥的航班——调低一些夜间二等舱服务的票价（这些班次的销售额马上大大增加了）。此后的几个月中，公司的收入增加了11%。我们还把现有座位英里容量削减了约10%。换言之，公司砍掉了一些航班，虽然这样做有一点冒险，需要仔细地计算，因为这意味着美航的乘客负载系数即座位售出百分比与现有座位的比值在1974年上升了整整4.1个百分点，从54%上升到58.1%。燃料成本仍然是个令人头痛的问题，对整个航空运输业都是如此。虽然由于减少了航班，当年我们的燃料消耗下降了15.5%，但燃料支出还是猛增了7530万美元，因为平均每加仑的成本上升了67.3%。通过裁员和人员重组，公司的员工人数减少了约2000人，但这没有影响士气。所有这一切加起来的结果是，到1975年春初，公司公布1974年的业绩报告时，我可以宣布我们扭亏为盈，利润增加了6800万美元，从1973年的亏损4800万美元转变到1974年盈利2050万美元。

当然，我们还没有走出阴影，远远没有，但是恢复美航一流航空公司地位的趋势是不可否认的。我的照片第一次出现在年度报告上，在1974年年度报告的第二页，我和所有美航的高级行政人员的脸上都绽开着喜悦的笑容。这是很长一段时间以来他们第一次真诚地露出笑脸。

CASEY'S LAW

08

三个危机：纽约、圣托马斯和凯西的大脑

我一贯坚信，一个人只要工作得越努力，他就会越走运。

1976 年，纽约州州长休·凯雷给我打电话，问我能否在第 43 大街和美利坚大街拐角处，美国米高梅电影制片公司大楼他的纽约市政办公室里和他见面。他对我们见面的目的只字不提。我登记的党派是共和党，而他（自然）是纽约州的民主党领袖。下午，我们在他的办公室里见了面，和他在一起的还有他的行政官戴信·伯尔克，后者后来去了美国广播公司（ABC）。

他先是讲了纽约市的财政危机。总之，他说市政府破产了，这对我倒还是个新闻。在此之前的 11 年我一直住在洛杉矶地区，对纽约市的财政状况一无所知。"企业应该成为优秀的社区公民，这是很重要的，"凯雷说，"对他们所在地区做出贡献也是最符合他们自己利益的。"

"我完全同意。"我补充道。说完，我开始不厌其烦地诉述我对洛杉矶市提供的种种社会服务。我可以看出他根本不怎么听，礼貌地停顿了一会儿后，他打断话头告诉我纽约州新近立法成立了一个紧急财政管理委员会，他将担任主席，其他委员会成员包括纽约市市长亚伯·比姆、州和市的审计员以及 3 名无官职的市民。

然后，州长讲到了要点。他希望我担任其中一名市民的职务。我非常怀疑自己的名字是菲利克斯·罗哈亭提出的，我在华尔街的时候就认识他。罗哈亭曾同意主持 MAC（互助公司），主要任务是通过发行债券帮助市政府支付账单。当然，其中最重要的是如何为发行的债券提供担保。

"我们需要一名已登记的共和党人担任此职。"州长说。我向来钦佩菲利克斯·罗哈亭，感到必须接受此职。但当时美航的事已经把我压得喘不过气来，因而我觉得自己无法承担这一新的责任。

我恳求说，在伟大的纽约市肯定有比我更有资格、更有名望，而且事务又不那么多、更有空暇的人来担当此职。

“美航的新首席执行官可不能在这个时候分心去干别的。”我说。

凯雷州长无视我的恳求，继续解释另两位市民成员将是纽约电话公司总裁威廉·艾灵浩和科特工业公司总裁戴维·马戈利。这两位都是受人尊敬的有名的商界领袖，也是州长的私人好友。

在就所有有关问题进行过几次讨论，并且得到保证不会要求我按命令办事后，我便接受了，前提是必须让我对美航的董事会说明并得到后者的批准。我必须说，董事会对此事没有迸发出多少热情，尤其是考虑到这一决定还有工会的影响——运输工人工会既代表纽约市的地铁工人，又代表美航的技师。但是经过认真的考虑，并且和我最亲近的顾问艾丽进行了长时间的讨论后，我决定自己应该为新住地城市做些贡献，权且担任这一职务。我再次向董事会保证，对他们说，自己觉得可以既处理好市政府的任务，又不以任何方式忽视美航的工作，董事会于是便迟疑地批准了。

紧急财政管理委员会的会议一般在州长的纽约市政办公室里举行，总共大约有 20 人参加，其中包括 7 名委员。在座的还有杰克·比戈，他领导一个小组处理市工会的年金方案，对所有的问题都有很多话要说。

第一次开会的时候，凯雷州长集中讨论组织问题。他解释说，委员会里所有带官职的成员都很忙，因此有时可以允许他们派代表出席。“但是，”他补充道，“这一条不适用于艾灵浩、马戈利和凯西先生。”

我们三人相互看了看对方。由于在场的有一大群人，还包括新闻记者，所以大家便在沉默中决定会议结束后再一起找州长重新讨论这个问题。

总的看来，州长成功地主持了会议，面对新闻记者、工会代表、互助公司和委员会成员处理得当，令人钦佩。

第一次组织会议结束后，我们几个市民委员就找到州长，我们解释说他是一切权力的根源，要是他不出席，委员会说话就没有分量，再说我们也不能肯定他会不会推翻不在时我们做出的决议。我们补充说，我们还希望其他委员也出席所有会议，不然他们就是不信任赋予我们的代表权力。凯雷州长理解了我们的立场，同意所有委员都应该出席所有会议。事情就这么决定了。

我们的下一个分歧在第二次会议上产生了。凯雷州长解释说，由于政府职务在身的委员没有时间来主持各种会议，因此他准备指命市民委员担任这些职务。

“比尔，”他对艾灵浩说，“你是美国电报公司下属最大企业的领袖，那你肯定比在座的各位都懂得组织了，我想请你负责审查市长办公室、市议会和五个区之间的关系并汇报。”

“对不起，州长先生，这项工作的工作量可是十分庞杂，很费时间哪！”艾灵浩回答道。

“不错。”凯雷说。然后他转向马戈利说：“戴维，你被公认是财务天才，所以我想请你领导一个由你自己挑选的小组，负责核实呈交给紧急财政管理委员会的所有财务数据，包括以前的数据、各种预算和预测。”

“州长先生，”马戈利说，“你规定的这项任务的规模太大，简直是不可能的。”

“正是，”州长说，“但是我知道你能办到。”我正在庆幸自己逃过了这两项任务，州长转过身来对我说：“现在艾尔，你只有一项任务，就是审阅和向委员会汇报所有的合同，尤其是教师、警察、消防队员和地铁雇员……”

“就这些吗？”我微笑着回答，然后我说，“州长，我想我们需要在会议结束后再开会讨论一下。”

这次会议以后，我们三人和凯雷先生单独开会，重新制定了方案。我们三人都提醒他我们在为紧急财政管理委员会服务的同时还要履行自己在企业中的职责，他希望我们完成的任务在我们看来最好还是由委员会的员工去做。我们每个人则有权批评、质疑、接受或拒绝呈交给委员会的报告。经过一番讨论之后，我们的建议终于被采纳了。

这一切正在戏剧性地展开，而当纽约市正处于濒临破产的边缘时，华盛顿的共和党政府包括白宫，却似乎完全无法理解我们的两难处境。事实上，政府对整件事完全从党派纷争的角度来看。正在我们危机深重的时刻，福特总统却在华盛顿新闻俱乐部发表讲话，指责纽约州和民主党人缺乏财务责任感。结果第二天《每日新闻》就头版头条刊登了他的讲话，题目是《总统发言：收拾快要完蛋的纽约!》

我在紧急财政管理委员会当了几个月的委员，尽我所能贡献了自己的力量。但是正如我所担心的那样，时间一久就证明了这份工作太占用时间了。我倒不在乎牺牲，如果是正确的事业的话也不在乎占用自己的时间。但是事情总有一个限度，如果次要的工作威胁到自己主要的职责时，就必须说“不”。最后，不管多么迟疑，我还是从委员会辞职了。不过那时市政府的危机虽然远远没有结束，却也开始慢慢得到解决了。

虽然我在美航任职之初处理了许多组织上和财务上的问题，但是和真正的悲剧相比，那就算不得什么了。真正的悲剧往往可以把许多事情都集中到一点然后爆发。

1976 年 4 月 27 日，我到美航后的大约两年，我们的一架 727 飞机在维尔京群岛的圣托马斯哈利 · S. 杜鲁门机场降落时坠毁。根据初步的报告来看，事故是由飞行员失误导致的。将要在机场降落时，飞行员显然不止一次地改变了主意。本来改变一次就够糟的了，他却改变了两次。飞进机场时，他意识到自己的飞机在“浮动”，也就是说，由于信风阻碍飞机着陆，飞机的轮子悬空在地面以上。飞行员发现自己将要冲出跑道，于是便发动引擎试图再次把飞机拉起来。但是这样做就会发生以下情况：当你推进气流阀时，喷气式汽轮机需要 6 ~ 7 秒钟——对一架现代飞机来说这够长的了，足够积聚压力来加速。但是飞行员等不及了，改成了减速，换而言之，最终决定还是降落。结果飞机冲出了跑道，撞上了一幢商业大楼——其中还有一个加油站。飞机上的 92 人中已知有 38 人死亡，25 ~ 30 人受伤。我一边读送来的报告一边感到不寒而栗，心神大乱。雪上加霜的是，圣托马斯医院看来并没有足够的能力处理这一紧急情况。

离开办公室到楼下的操作中心，那儿正和事故现场时刻保持着联系。唐 · 洛依德–琼斯在那里监视着局势。

“唐,”我说，“我认为你应该尽快去圣托马斯，你应该在现场协调诸事。”

他摇了摇头，“你错了，艾尔，我在那儿出现只会分散人们的注意力，使他们无法履行职责。”

我怒不可遏，但还是控制住了自己。凯西法则说，在危机时刻克制是最重要的，如果克制无效，那就采取第二步。

“不，唐,”我驳斥道，“是你错了。”

“艾尔,”他说，“我从不插手这些事，相信我，我在这儿更有用。”他平静的、几乎就事论事地说。而我怀疑在这种时刻他怎么还能这么心平气和，这么若无其事。根据我短暂的经验，虽然我发现他总是若即若离，但如C. R. 所说，他也是个相当有能力的人。

我转身离开了房间，决定既然唐不去，我就去。“不服从指挥”这个词闪过我的脑子，但我转念再一想，唐确实觉得自己不该去，觉得自己的出现会被误认为是哗众取宠，而留在总部的操作才是最有用的。他得安排公司的医生去现场，还要从附近的岛上调派医生；要对照乘客名单检查圣托马斯的人数，还要通知直系亲属，安排飞往事故现场；他还要安排各个教派的牧师飞往圣托马斯抚慰伤者和家属。总而言之，他在纽约的确有许多事要干。

我乘最早的一班航班飞往圣托马斯。现场一片混乱和绝望，我的第一夜是和在事故中失去了孩子的父母以及失去了父母的孩子一起度过的。我握着一个人的手，他的脸已经永远消失了，只有烧伤的皮肤。第二天，我大部分的时间都在试图安慰受害者的亲朋好友，但主要还是安排救援。我和似乎无穷无尽的人说话，尽可能地抚慰他们，让他们平静下来。我在那儿待了三天，几乎一点儿没睡，在难忍的痛苦和悲哀中尽我最大的努力处理着事故。

坐飞机旅行是我们拥有的最安全的运输方式，而安全又是所有航空公司的头等大事，但是不可避免地会有坠机事故。有时是因为天气、机械故障、飞行员的失误，或者在今天的世界里还有恐怖主义的因素。当事故发生时，悲剧的分量是令人难以承受的。

我从圣托马斯打了几次电话给艾丽，告诉她没事，但她从我的声音里听出了真实的情况。

“艾尔，”她说，“你听起来很不好，你必须休息一会儿。”

“我得留在这儿照顾别人。”我说。

“但是你必须也照顾好自己啊！”她说。

星期六的晚上我筋疲力尽、充满绝望地回到纽约。第二天早晨，我醒过来。其实用“醒”这个词是不恰当的，因为当时我什么也听不见，什么也看不见，动也动不了。艾丽试图弄醒我，但无济于事。她吓坏了，叫来了我们的家庭医生理查德·罗维，罗维医生连忙把我送进医院，在那里我被诊断出得了中风。

此后的4天中，医务人员在急救病房里对我实行24小时监护。慢慢地，我可以听见一点声音了，然后眼前出现了亮光和模糊的影子。我听到医生反复地说什么，但一个字也听不懂。后来，我模模糊糊地听到他们叫我动一动腿，动一动胳膊，动一动手指，我试了，但就是动不了。直到星期一，我又可以看见东西了。到了星期四，我恢复了所有知觉，除了嗓子。我能够说话，但那非常痛苦，声带丧失了平日的振动能力。但那一天我已经又站了起来，开始走路了，虽走得不太稳，但总算是走路了。

第二个星期一，我回到公司开始工作。除了说话的声音以外，感觉一切良好。艾丽争辩说我应该再休息一两个星期，但我说：“胡说，我感觉很好。”我们互相让了步——开始几天我去公司上班，但只工作几个小时——艾丽最终让了步，但她实在不相信我能遵守诺言，便和我一起去上班，坐在外面的办公室里，过两个小时后她就走进来，像个负责的小学教师一样看看手表说：“回家的时间到了，艾尔。”

一周以后，我开始正常上班，感到自己几乎完全恢复了。

虽然我奇迹般地完全康复了，但医生们对我的未来十分关心，在我出院后仍安排我定期做CAT扫描。当时整个纽约只有纽约大学医院一台CAT扫描设备，我每6个月就上那儿进行一次检查，通常是在早上去，因为那时有空。医生们担心中风对我的大脑留下永久性的创伤。

大约一年后，不仅是我们的家庭医生，连神经科的罗维医生也打电话叫我去他的办公室——我知道他刚刚拿到我最近一次的 CAT 扫描报告。于是我去了他的办公室，怀着小说中常说的一颗沉重的心。

“艾尔，我恐怕有些坏消息要告诉你，你最近一次 CAT 扫描的结果显示你脑子里有一个动脉瘤。”

我不能肯定自己有什么思想准备，但这听起来挺糟糕的。我以前听说过“动脉瘤”，但不肯定是什么意思，或者说我的情况有多严重。

他用普通的说法解释了一遍“动脉瘤”的意思，然后说要治疗的话就得在脑部动个精细的手术。

“医生，”我说，“在我听过别人的意见之前谁也别想动我的脑子。”

“艾尔，”他说，“我可以告诉你五个人的意见，包括我自己的，其中三个——包括我，对我们的发现完全表示肯定。”

他告诉我得拍一张血管照片。在这个巧妙的过程中，医生要把你的腹股沟切开，然后插进一根细塑料管子，一直通到大脑，然后他们再往管子里灌上热染料，监视染料在血管里的流动，查看有没有破裂或阻塞之处。我一共拍了四张血管照片，一张比一张痛苦——没有麻醉剂，我可以看着屏幕，看见染料在我的头部流动。比血管照片更痛苦的是我最终得知自己真的有动脉瘤。我大吃一惊，因为直到那之前我一直宁愿相信这是一个医疗错误。但是既然知道了坏消息，那就别问为什么了，而是应该尽力克服它——解决问题。

美航的一位董事是我的朋友弗朗西斯·霍克斯·布尔，他也是波士顿麻省医院董事会的董事长。霍克斯是名律师，不是医生，但是由于在医院的职务，因而他对医疗业务懂的比谁都多。我告诉了他自己的情况，听他建议该怎么办。

“艾尔，别做手术，”他说，“我知道这种手术的事儿太多了，它们常常是致命的，非常可怕。我的建议是，辞掉工作，带上艾丽去旅游、打高尔夫球，享受你的余生吧。”

这很有诱惑力，但我决定再做一下调查。

我在时代明镜的时候，公司旗下有一家美国最大的医药出版公司——莫斯比公司。于是我决定通过那里的朋友们找出治疗动脉瘤最好的专家和医院。结果是找到两家医院，一家是由一位匈牙利大夫主持的苏黎世诊所；一家位于加拿大安大略省，由一位叫查尔斯·德雷克的大夫负责。在理查德·罗维的帮助下，我选择了德雷克，因为加拿大比较近，而且我觉得住在说英语的医院里会更舒服一些。罗维医生和我一同前往，此外还有一个朋友——沙罗门兄弟公司的高级合伙人威廉·莫里斯——以及他的妻子伊丽莎白——她知道艾丽会需要所有的支持。

医生们和艾丽——她仔细听了他们的报告，试图向我解释手术的具体过程。

"我真的不想听，"我不断地说，"既然到这儿来，就是说明我信任你们。"

但是他们坚持这么做。我知道，动脉瘤就像车胎薄薄的内胎上有个薄弱点，如果车胎爆了的话，总是从"薄弱点"爆的。如果动脉瘤正长在动脉上的话，问题就比较容易解决，医生在薄弱的地方夹上一个血管夹，然后让它留在脑子里。如果是在静脉上呢，那就把静脉切掉，因为静脉会自己修复。我的问题恰好是在动脉分支成几条静脉的地方，因而大夫必须用麻线把每根静脉包起来。这是个漫长而极其精细的手术，将近花了11.5个小时，但我胜利地坚持了下来。

但是，在脑海里的某个地方我似乎听到墨菲叹息道："好了凯西，又是中风，又是脑部动脉瘤，够不走运的了。为什么不干脆放弃呢？"

事实上我知道有多么走运。我把墨菲推到一边，得出一个结论：其实我得了中风真是走运。要不然，医生就永远不会发现我的动脉瘤——我自己肯定从来也不知道我有动脉瘤——也许我就会早死好几年呢。"去你的吧，墨菲，"我说，"你不明白正是中风救了我，你这个笨蛋。"

话虽这么说，但经过这么一段经历后，我不由得问自己是否可以承担美航董事长这样一份压力巨大的工作，我也得问问医生这个问题。他们让我放心，说除非我自己觉得干不了，否则我应该回去工作。艾丽再次强迫我头几个星期慢慢来，但没过多久，我便又重新开始了正常的工作。

考虑到这段经历，我告诉艾丽，她也应该做一次 CAT 扫描。她去做了，令人高兴的是，什么动脉瘤的迹象也没有发现。然而 1989 年艾丽去世的时候，却是因为一个动脉瘤。我打电话给罗维，告诉他艾丽去世了，并告诉他原因是什么。我听到他在诅咒自己。

“我无法相信，”他说，“我和其他人一起看了她的扫描结果。”

那时离我做手术已经过去 12 年了，但医生问我有没有可能还保留着艾丽的扫描片子。我把它们找出来给他送去。几天后，他打电话来说已经重新检查过片子，但未发现任何动脉瘤的迹象。他还把片子给其他几位著名的医生看过，都没有发现问题。大多数死于动脉瘤的人一生都带着动脉瘤但始终不被知道。压力、疲劳或年龄常常导致血管爆裂，或者“渗漏”。

直到今天，嗓子仍是我唯一的医疗问题。由于中风，我的声带有一点儿收缩。我不停地说话，但声音却使不出劲儿。不过我把这看成一件好事，而不是一个障碍——它迫使我说得慢一点。这在商场中也好，在生活上也好，都是一笔资产。和 C. R. 史密斯发音含混的习惯一样，我的新“毛病”也往往使人们更加集中注意力听我说话。

1976 年对美国和美航来说都是意义重大的一年，美国庆祝了自己成立两百周年的纪念日，大选给白宫带来一位新总统。在世界历史上，从未有另一种制度能使二百年来的政权在两党之间的交接如此和平。

对美航来说，1976 年也是具有象征意义的一年。美航庆祝公司成立 50 周年；在令人失望的 1975 年之后，虽然经济仍然不景气，燃料成本仍然变幻莫测，公司 1976 年还是创下了 5600 万美元的收入记录（前一年的亏损达到 2850 万美元）。我们的营业额上升了 17.4%，有史以来第一次突破了 20 亿美元大关。公司的负载系数是自 1967 年以来最高的，并且连续三年来被乘客认为是最好的国内公司。运气也帮了我们的忙：由于优惠合同将在 1977 年 8 月到期，我们当年的燃料价格比业界平均水平低；此外，1976 年也没有什么劳资谈判。但是运气并不是实现扭亏为盈的唯一因素，美航现在士气高昂的雇员们做出了巨大的努力，付出了辛勤的劳动。因为，从人心惶惶、满腹狐疑的1974年开始，我们的新管理队伍已经成功地把一种自豪感注入整个公司，而这种自豪感又变成更努力的工作和更高的生产效率。我一贯坚信，一个人只要工作得越努力，他就会越走运。

到1976年年底的时候，我感到虽然我们的管理队伍总体上工作有效，配合默契，但是四人中的一个——鲍勃·诺里斯——却越来越难以同大家合拍。我是从财务行政人员研究所把鲍勃招募来的，该研究所主要是为财会行业进行分析和制定会计理论。从某种意义上说，我雇用鲍勃是为替代自己。因为1974年2月接管公司的时候，财务是我感到完全熟悉的领域，我决定由自己担任这一职务，直到其他行政人员都到位。凭良心讲，鲍勃是个顶呱呱的会计师，但他也是一个纯粹主义者，是一个理论家而不是实用主义者，但在瞬息万变的航空运输业，古板不可能符合今天的需要。

前一年，我同他有过几次冲突，但虽然意见有分歧，我还是希望他能适应我们这个疯狂的行业。在这里似乎每天都会出现一些新的挑战，要求富于创新的而且常常是迅速的解决方案。但是时间一个月一个月地过去，鲍勃还是和以前一样，顽固不化。我很快意识到，自己得换一个人了。10月底的一周，我和他在每周一次的两人会议上又发生了一次争执，是关于收入平衡表上有关储备的一个要紧但并非至关重要的问题。会议结束后，我有一点儿恼怒地对鲍勃说：

“我的朋友，关于这一点我已经吵累了，我要飞到加州去度周末，但周一早上回来的时候，我希望事情已经按我的方式处理。请把你的报告放在我的桌上。”

星期一早上，我问莉比，鲍勃有没有把报告交上来，她说她压根儿没见到。我叫鲍勃进来，还不等我开口他就说：

“艾尔，我没按你要求的去做，我也不打算这么做。”

“那么鲍勃，我恐怕别无选择，只能请你离开。我第一个鼓励诚实的分歧，但是这已经大大超出了范围。”

“我也料到你会有此反应，”他说，“并且已经完全做好辞职的准备。”

我再重复一遍，鲍勃是我所见过的最好的会计师之一，但是在商业中，理论往往是不够的。离开美航后，鲍勃回到了财务行政人员研究所，就他的才能来说，那个地方要合适得多。

解雇员工从来就不是件容易的事。事实上，我认为，这是首席执行官面对的最困难的任务之一，但是不解雇那些不适合自己的岗位或者不尽全力的人会更糟，因为这会损害公司的生产效率和士气。我总是感到领导者应该允许怀疑某个经理人员是否称职，尽可能地给自己时间来考察他。但是如果事情已经很清楚，那么他就应该尽早行动，最大的罪过就是不采取任何行动。

CASEY'S LAW

09

重大举措

面对威胁我总是处理得不怎么样，那一天也不例外。我可以感觉到自己激动了起来。在让自己的爱尔兰脾气占到上风之前，我站起来说："先生们，会议到此结束。"

长久以来，我一直在怀疑公司保留在纽约市的总部是否明智。尤其考虑到美航在达拉斯/沃斯堡的培训中心的规模越来越大，重要性越来越显著。学习中心的基本职能是培训机组服务人员，飞行学校则负责训练新飞行员以及帮助有经验的上尉和少校了解最新的技术和设备。在我看来，把公司的总部搬过去合情合理。在某种意义上，这也算是美航落叶归根。除了感情因素以外，我还相信这一举动将不仅节约公司的开支，而且能提高公司的运营效率，因为达拉斯/沃斯堡也是美航主要的航空枢纽。

但我同时也意识到，这样一个决定会不可避免地带来许多个人问题和政治问题。我最关心的是它会影响到在纽约总部工作的约1200名雇员：假设平均每家四口人，那么我们就要打乱5000多人的生活。我的第一个本能是在星期一早上的管理人员会议上提出这件事，但越是经过考虑，我就越不能这么做。不管有多么严密的防范，消息肯定会不胫而走，整个新闻界和政界还有美航的董事会都会来施加压力。我同艾丽进行反反复复的讨论，直到把她都弄烦了，我才决定这个问题应该基本（或者说完全）由我自己来处理。如果公司内外有什么反响的话，那就全都是凯西的错，不是美航的责任。我需要一点儿帮助来收集和分析数据，但是如果可以避免消息泄露出去的话，我估计自己可以把可能的反击控制在做出最后决定以后。

当时我们在第三大街633号占着一块244000平方英尺的土地。此外，隔着一条街，在605号还另有一块25000平方英尺的土地，那里住着餐饮部门和美航饭店的员工。605号的租约1979年年中就到期了，在633号我们也得在1979年年底前提出续签。公司仍需要更多的空地，而我们还知道土地的所有者正准备把新租约的租金提高 15%。

多年来，达拉斯/沃斯堡的商界一再向美航频递秋波，时不时地做出表示。C. R. 对这个主意也有过考虑，我的前任乔治·斯巴特更在 1972 年命令手下做过可行性研究。但是斯巴特以及整个公司上下都为更紧迫的问题在伤脑筋，不得不把这个想法搁置一边。

美航的两位资深董事——杰姆·阿斯腾和阿芒·卡特——都是得州人。他们时不时地提出要“把美航移回它属于的地方”。而我则总是避开这个问题，说我们有一些更急迫的问题需要先解决，他们也知道这是真话。另两位显赫的得克萨斯商人——达拉斯/沃斯堡机场的董事长亨利·斯图亚特和总经理厄尼·丁——就更是常常提起这个问题。考虑到他们的位置，这个举动自然是为了他们的既得利益。在前四年中，他们一提起这件事我就会毫不例外地回答：

“先生们，你们这是在白费口舌。你们知道我们要留在纽约，连 C. R. 也没能做出这一举措呢！”

不过，1978 年春天的时候美航也许没有想要离开纽约，但艾尔·凯西却确实这么开始想了。原因是各方面的，首先是政府准备放松管制，无论多么努力地阻止，我心里知道这都是不可避免的。此外还有种种其他原因，比如生存。1978 年开始之后公司就没钱了，我们也没有集资的手段，什么都到了山穷水尽的地步。我和所有管理小组的成员都知道必须做出果断的举措。管制的放宽会带来一个全新的航空运输业，而每个人，包括美航，都缺少资金来应付我们知道的面前的这巨额开支。

4 月份，斯图亚特和丁打电话来，说我们需要见面，谈谈把公司在南方的中央订票办事处从现在的阿芒·卡特机场（以董事小阿芒·卡特的父亲——一位航空领域的先驱——而命名，曾经有一段时间他是公司最大的独家股东）搬迁到达拉斯/沃斯堡的国际机场。这个搬迁举动没什么惊人的，中央订票办事处是公司最大的四个订票地点之一，当时设在一座关闭机场的一栋破旧不堪的老飞机棚里。麻利地解决了这桩迫切需要解决的事后，丁又问起那个每次离开时必问的问题：

“那么艾尔，”他拖长腔调说，“你什么时候把美航的其他部门也搬到达拉斯/沃斯堡去呢？”他一边背书一样地念着，一边盖上手提箱，站起身来，显然准备听到一成不变的回答。

我说：“这就看你们机场和经营机场的两个城市能给出什么条件了，厄尼。”

“你这是当真，艾尔？”已经站起来的斯图亚特问道，手里提着他的手提箱。

“你什么时候见过我不当真了？”我问。

两人立即重新又坐了下来。

“好吧，我们谈谈。”斯图亚特说。

以后的一个小时，我们勾勒出了交易的大致框架——如果机场愿意用免税机场债券为我们盖一座新总部大楼和订票中心，然后以足够支付债券的租金租给我们的话，美航就搬过去。在那天我们见面之前，我就大致地算过美航可能节省的数额。仅租金一项，20 年下来就有 2 亿美元呢，节省的生产效率还不算在内！

那天分手前我们原则上达成了一致，关键就要看两位精力旺盛的得州人能不能使发行债券变成现实了。

握手的时候，我说：“先生们必须守口如瓶，如果这事泄露出去的话，费用就大了。我向你们保证。”

“总部这儿有人知道吗？”丁问。

“什么，我的天，他们怎么可能呢？”我装作吃惊的样子叫道，“我才跟你们握手不到 2 秒钟哪！”然后，我恢复严肃的表情说：“我的处境非常微妙，刚刚两年前担任过州长的委员，说好要把生意带到纽约来的，可没说带走。”

“我们理解，”斯图亚特说，“你知道我这个人，艾尔，你可以放心，我会守口如瓶的。”

事实上，我多年来一直了解并且钦佩亨利，他在艾迪逊市是个十分成功的房地产开发商，同时又拥有并经营着自己的机场。他还是杰姆·阿斯腾的好朋友，而阿斯腾多年来既是美航又是时代明镜的董事。

不到一个月，丁就送来了一份具体的建议书，包括发行1．47亿美元的免税债券为美航的新总部大楼集资。这对美航来说是巨大的一步，但是在我们做出最后商定之前还有很多步要走呢。

在6月份的董事会会议上我提出了这个想法——强调只不过是个想法而已，并且得到了董事会的允许，进行全面的可行性研究。

下一个问题是：由谁来写研究报告呢？我决定自己来写。与其说是自己想这么做，不如说是出于谨慎的考虑。虽然除了得克萨斯以外，我从未真正认真地考虑过其他地点。但即使为了形式也好，我还是比较了其他三个可能的地点——公司第二大枢纽芝加哥，计划建成公司枢纽并且生活条件很好的亚特兰大和圣路易斯。后者是因为它几乎位于全国的正中心。这样如果泄露出去，我们还可以说是在研究各种可能的选择，就像公司以前做过的那样，而我们对纽约还是很忠心耿耿的。

在第二个星期的周一晨会上，我装作漫不经心地提到这个问题，叫汤姆·普拉盖特对几个搬迁地点做一份经济影响的研究报告，就从达拉斯/沃斯堡开始。汤姆·普拉盖特是克兰多聘请来负责财务的。我没有对任何人说，由我自己来写研究报告的其他部分。到7月份中旬的时候，我已经写好了一份长达35页的可行性研究报告，列举了迁址的种种利弊，正好赶上了下次的董事会会议。我把报告发给每个人，每人一份正好发完，给他们一个小时进行阅读和思考，并要求他们在继续开会之前不要交谈。那一天的日程上本来还有别的项目，但搬迁一事是最重要的内容。结果是，会议结束前我们达成了共识，美航应该迁址达拉斯/沃斯堡。此刻我仍然希望能保守这个秘密，会议结束的时候，我收回了所有25份报告副本，然后烧掉了其中的23份，剩下的两份自己带走。

我还不如不费那么大的劲呢！8月2日，《沃斯堡星电报》爆出新闻：美航准备迁址得克萨斯。既然秘密已经藏不住了，我索性第二天飞往达拉斯和沃斯堡，先是和达拉斯的市长罗伯特·富尔森见了面，然后又见了机场董事会的几位成员和沃斯堡市的市长休·帕玛，以及小阿芒·卡特。我跟他们坦率地说，除非发生我无法预见的情况，否则美航将把总部地址迁往达拉斯/沃斯堡地区。人们听到这一宣布时的欢呼之声简直堪与对上帝的赞美之声媲美。8 月初，我成了当地的头号英雄，但是第二天飞回纽约的时候，我知道等待自己的绝不会是盛大的欢迎游行。

第二天早晨，我走进 633 号。“有留言吗？”我露出大大的爱尔兰微笑问莉比。

“只有这么点儿。”她举起一两英寸厚的一叠纸。

“我是说有重要的吗？”

“这头 6 份怎么样？”她说，“都是柯希市长发来的，他急切地想见你。”

“奇怪，为什么？”我说，“好像有好几个月我没跟他说过话了。”

不到半个小时，电话铃又响了。

“是市长，”莉比说，“他听起来怒气冲天。”

“凯西先生，”市长开始说，“我希望自己听到的消息不是真的。”

我很想给他来个无礼的答复，但幸好忍住了。

“市长先生，和所有新闻故事一样，总是一丁点儿的内容埋在一大堆胡乱猜测中。”

但市长知道这些消息里可远远不止一丁点儿真实的内容。他问能否与我见面，我们便约定下一周的某天见面。

柯希和副市长索罗门以及六七名其他市政官员一起出现了。我首先宣布我们正在研究迁址的可能性，但仍未最终决定撤出纽约市。我希望就此平息能感觉到的已充斥房间的众人怒气。我想让这次见面好过一点，但仅靠我一个人可不行。不幸的是，柯希已经对新闻界宣布我是一个叛徒，这我可不能接受。他还说我应该为自己感到羞愧。不过，在会面的前五分钟里他还挺友好，笑容满面的。

随后，他真实的感受显然占了上风，他说：“凯西先生，你怎么能够接受凯雷州长的邀请，出任以稳定纽约市为目的的紧急委员会委员，而现在又抛弃我们？”

我说这两件事相互之间根本没有关系，就像他的工作是为纽约市服务，我的工作是为美航寻求最佳利益一样。

“凯西先生，”他说，“我们到这儿来是为了让你知道，我们可以给你和达拉斯/沃斯堡一样好的条件，不管这条件是什么。”

我对他说我很感谢纽约市提出的条件。“我总是愿意倾听，”我说，“但是我们应该快一些行动。”

我感觉到这个条件里有一点儿绝望的气息，那一年是竞选年，要是美航在此后的几个月里背叛纽约市的话就会授予反对党以口实，来进一步证明市长不能吸引商业活动到纽约来。

几天后我们又见了一次面，这一次市政府的代表团里满是国会的纽约代表。显然，对方开始施加压力了。简单地说，纽约市向美航提出了优惠的租金条件——在世界贸易中心，要么在曼哈顿市中心黄金地段的办公楼，任由美航选择。

我说我会告诉我的管理小组这一条件，并把它交给董事会。但我感觉到他们很想立即得到答复，而我却并不准备这样做。他们坚持不肯让步，情势已经一触即发。

“也许其实你更喜欢得克萨斯吧。”代表团的一个人说，好像谁要有这个念头就应该被流放到西伯利亚去似的。

“先生们，你们必须明白，我的个人感情同这一决定毫不相干。我是一个波士顿人，波士顿离纽约比离达拉斯/沃斯堡近得多。我大学毕业就到纽约来工作，而且在这儿快快乐乐地待了10年。然后60年代我又回到纽约的铁路快运公司，办公室离这儿只有几条街之隔。更重要的是，我妻子喜欢纽约，这是世界上最有活力的城市，是世界的金融中心，而从事财务工作是我的生命源泉。至于文化，美国再没有哪个城市比得上纽约，而文化生活对我更是尤为重要的。所以，请不要把个人感情同纯粹的商业决定混为一谈。”

发表完这番长篇大论，我相信并且希望这会有一点儿作用。但从柯希市长怒发冲冠的神情来看，我那番雄辩的演说失败了。

“凯西先生，”市长固执地说，“我认为只要一个生意人接受过公职，像你接受过纽约市的公职那样，他从此就必须把全市的利益置于自己企业的利益之上。”

“市长先生，”我摇了摇头回答说，“这个不敢苟同。我接受紧急委员会的职务时向所有有关方面说明过，我首要的责任是对美航负责。如果感到委员会的要求有任何危急这一首要责任的可能，那么我将不得不辞职。我相信所有的商界领导人也都会同意我的观点。”

“在我看来，你这是在出卖这个城市，凯西先生，完完全全地出卖。”他的声音越来越高，“如果你坚持要按计划把美航撤出纽约市的话，我们——”说着，他指了指聚集在一起的政界人士“——也有办法要我们的选民报复、打击你们公司。”

面对威胁我总是处理得不怎么样，那一天也不例外。我可以感觉到自己激动了起来。在让自己的爱尔兰脾气占到上风之前，我站起来说：

“先生们，会议到此结束，感谢大家抽空参加。”说着，我做出一个最没有感觉的微笑，敞开了会议室的大门，尊贵的代表团成员鱼贯而出，我可以听见显然失去常态的市长在低声喃喃。我只听出两个词：“出卖”和“叛徒”。然后，他大声地清楚地说：“他应该为自己感到羞耻。”

有生以来第一次，我不知道他在说谁。

我们一直等到 11 月 15 日——竞选以后——才公开宣布这一决定。但如果说我们一方这种善意的表示应该得到感激的话，事实上我可是没有感觉到。柯希继续发动对我们的攻击，指名道姓地诽谤我，把我同一个叛逃中情局的间谍相比。新闻界也像过节一样，往常沉着的《商界周刊》谴责我是为了泄恨，因为我个人在纽约没有大出风头，所以决定缩回到小地方去当大王。

我向新闻界指出，除了其他误解之外他们还弄错了一点，那就是认为我们抛弃了纽约。因为即使我们把总部的全部 1200 名员工赶往得州，还是会有 8000 名雇员留在纽约。但我越是辩解，他们就越是置之不理。几天后我翻开报纸，看到纽约市的工会威胁要抵制美航。还有更糟糕的呢，纽约最大的娱乐业集团华纳公司公开明确地宣布，将命令其数千名雇员不得乘坐美航的飞机——华纳的人以前总是乘坐美航飞机。

我大怒。从某种意义上讲，我可以在一定程度上理解工会的立场，但是一家私人企业采取这样一种态度，我感到这真是愚蠢透顶。我给华纳的首席执行官史蒂夫·罗斯打电话，坦率地批评了他一通，我知道这无济于事，但是这使我觉得好受了些。而且我怀疑，由于种种原因我的话可能还是说到了点子上。也许是吧，一个月以后，我被告知纽约那边撤回了旨意，华纳通知其雇员可以自由乘坐美航的飞机，如果他们愿意的话。也许因为我对报界半开玩笑地说，尽管华纳采取这样的立场，我仍然打算在美航的飞机上放华纳兄弟公司的电影。或者，更可能的是，史蒂夫意识到他做得过火了。

我想自己应该感到受宠若惊而不是不安。东部航空公司搬迁到迈阿密的时候，纽约市并没有如此大动干戈。得州石油、壳牌、通用电子和可口可乐放弃纽约的时候，他们也没有大发脾气。连柯希市长似乎也讲和了，如果不是和我个人的话，至少他和美航休了战。甚至他还公开宣布，虽然他仍然感到迁址是一大错误，但是亦谴责工会威胁抵制美航的不对，并提醒纽约人，美航仍会在纽约的商业舞台中扮演重要角色。

一场风波就这样结束了。

或者，只是我以为而已。6个月前，墨菲一直无情地在我耳边唠叨，日日夜夜提醒我又把事情搞糟了，现在，他突然消失在纽约的夜幕中，无影无踪了。我把艾丽带出来，想庆祝一下。

然而，庆祝未免为时过早。

12月初，一位叫雷·哈金森的律师，也是达拉斯/沃斯堡机场债券的顾问，接到华盛顿的一位密友——据说是一个“非常可靠的消息来源”——打来的电话，说是有确切的消息表明美国国税局准备马上做出判决，达拉斯/沃斯堡的1.47亿美元的债券不能享受免税待遇。几乎与此同时，我接到报告说索罗门副市长在回答有人关于我们搬迁的问题时宣称“还远远没有最终决定”，并说他听说美国国税局准备对计划中的债券发行做出不利的判决。

只要不是傻子都猜得出纽约的国会代表们肯定已经着手破坏我们的交易了。因为如果传闻是正确的话，这笔债券的利率将肯定会升高——从7%升高到大约10%——这将打乱我们所有的财务预测。

我马上召开会议，在会上我宣布了这条消息，并说反击的时候到了。我们一帮人中唯一持反对意见的是唐·洛依德-琼斯，他从一开始就反对迁址，现在又搬出令人肃然起敬的得克萨斯三剑客——多数派领导人杰姆·怀特、参议员托华和本森。他们三个人努力在圣诞节国会休会之前不断游说取消美国国税局的判决。杰姆·怀特手里有张得克萨斯的王牌——他亲自参加起草了批准美国飞机场免税集资的原始法律。在12月中旬，他写了封措辞尖锐的信给财政部长米希尔·布鲁门索，抗议美国国税局做出任何类似这样的判决。并补充说，无论如何，它也不应该具有追溯效力。12月28日，美国国税局签发通知，将在第二年年初进行听证会，澄清用免税债券为机场设施集资的问题。3个月后，听证会如期举行，判决非运营性设施，包括航空公司总部大楼，不能通过免税债券来集资。

真是一个坏消息。而好消息是，等到判决下来的时候，我们的债券早已发行出售完毕。也就是说，美航在达拉斯/沃斯堡的新总部是用免税债券集资修建的最后一幢这样的大楼。

我们提出帮助纽约总部全部1200名员工搬家。我本来希望至少有一半，也许是60%的人愿意接受。令我们惊讶和高兴的是，900多人都接受了。为了减轻搬迁带来的痛苦，我宣布每人将有一年的时间决定是否搬回纽约——我们付钱。

而个人问题方面我们最大的一个麻烦是住房利率。我们很多雇员都在纽约地区以比其他地区低得多的利率买了房子。此前的十年，房价飞涨。为了鼓励人们买房，得克萨斯规定房屋抵押不得超过10%，但这样一来就迫使银行要求比国内其他州更高的第一笔底数金额。为了解决这一问题，我派汤姆·普拉盖特同得克萨斯银行策划出一笔一揽子交易。由美航购买价值6000万美元的储蓄证，银行则以8. 75%的利率向我们的雇员提供抵押资金。

此后的几个月，我们安排从达拉斯/沃斯堡到纽约间的特别往返专机，每个星期五晚上出发，周日回来，让人们得以查看周围地区，寻找住房，做出决定。1979 年夏天搬迁——陆陆续续地进行了整整一个月——以后，我们提供每周五回纽约，周日返回达拉斯/沃斯堡的交通费用，以便员工可以完成旧的业务，拜访老朋友，或者只是为了看一场百老汇的演出。多年来，仍会有人来感谢我想出来的这个绝妙的达拉斯/沃斯堡——纽约之间的“往返”方案，他们说这使搬迁适应容易得多了。

我总是回答说，制定这样的方案在我看来理所当然，而且是正常的，所以不值一提。

CASEY'S LAW

10

放宽管制

无论你从事的是哪个行业，凯西法则说，你可以像一家人放宽管制一样迅速地适应变革。但是如果要事情向正确的方向发展的话，你就必须凡事都要质疑。

1979年年初，我到美航已整整5年。回顾这困难而动荡的5年，已经可以怀有脆弱的骄傲——“脆弱”是因为我记得骄傲往往是失败的先兆。我们的营业额从1973年的14.82亿美元增加到1978年的27.36亿美元，几乎翻了一番。这5年中有4年取得了很高的利润，唯一不好的是1975年，当时经济衰退加剧，燃料成本进一步飞涨，这使公司又陷入了赤字。但时隔两年，也就是1976年，我们却很好地扭转了局面，无论是业务量、收入还是利润都创下了纪录。我学到的关于航空业的一个不变的现实是，它比我知道的任何领域都要变化得更快，更易受不可预测因素的影响。我们面临的越来越迫切的一个问题是美国政府。1978年秋天，联邦政府通过了所谓的放宽管制法案，在这里且让我先介绍一下背景。

“二战”前，DC-3是商业航空运输领域的最好机型，当时只有3%～15%的美国人乘坐过飞机。到“二战”结束的时候，全国25%的人都坐过飞机，其中很多是服役期间回家休假，或者战时军事调遣。

技术的改进使越来越多的人接受了航空运输。经济的迅速发展使航空运输业在“二战”后腾飞起来，就像C.R.明智地预见的那样。喷气机时代的到来则进一步推动了这一趋势。到1971年，47%的美国人一生中至少坐过一次飞机。今天，这个数字已经上升到65%。飞机技术得到大幅度改进，飞机的体积、技术和速度都显著提高。比较不明显的是，由于座位容量的增加，生产效率提高了，这一点十分重要。

以从洛杉矶到纽约之间的边疆飞行2500英里为例，20世纪50年代美航在这条航线上用的是四引擎的DC-7活塞飞机，有60个座位，每次飞行可产生150000座位英里。到1959年，美航引进了有112个座位的707机型，用于从洛杉矶到纽约的飞行，开启了公司内部的喷气时代。一夜之间，707把从西海岸到东海岸的旅程缩短了3个小时，但同样的，它使每次飞行的座位英里数增加到280000单位，比DC-7高了87%。1970年，这条航线开始使用747飞机，起初每架飞机有342个座位，每次飞行产生855000座位英里，比707机型增加了200%，比DC-7增加了近500%。

生产效率的提高往往会直接影响到公司的利润，因此在放宽管制到来之前，它使许多业内人士喜不自禁。事实上，有很大一部分经济利益已经以工资上涨的形式得到了转移。此外，还有很多钱花在购买更快更好的计算机上。美航是这一革新的领头人，公司前五年就作为首要任务购买安装了SABRE计算机联网系统。

我刚到美航的时候，我们的计算机系统混乱不堪，简直是石器时代以前的水平。我们的每一个目标就是要从技术上提高其速度，然后用它来促进销售。克兰多不是电脑神童，但他一接手营销工作后就马上认识到SABRE的全部重要性和潜力。而在斯巴特的管理下，我们在这方面则远远地落在了东部航空公司、联合和泛美航空公司的后面。找准问题之后，克兰多总是缠住不放，在SABRE的问题上他也不例外。克兰多在业内的第一份工作是为TWA负责部署第一个计算机应收账目系统。1974年秋天，他发现——我一点也不知道他是怎么发现的——公司在图尔萨的库房里有2000个阴极射线管躺在那儿蒙尘。他和数据处理主任麦克斯·浩柏两人一起把这些阴极射线管"挖"了出来，开始用先进的设备安装SABRE系统。然后我们又从TWA挖来一个叫杰姆·欧尼尔的人，克兰多在TWA的时候曾和此人共事过。不到两年我们就有了一个业界最好的系统，使公司与客户打交道时更加的有效率。但几乎同样重要的是，这使我们能够首先把自己优秀的服务提供给外面的客户。

1976年5月，我们在一家旅行社安装了第一台SABRE机器，提供迅速高效的订票信息，这代替了当时仍在使用的不便的电话咨询系统。没过多久我们就在几千家旅行社和几百个旅行企业业务部门安装了SABRE系统。我们最大的竞争对手联合航空公司满以为自己的阿波罗系统比 SABRE 强，因而拒绝了我们提出的向全国旅行社提供联合服务的建议。我敢肯定联航今天还在后悔当年让 SABRE 占尽先机呢。SABRE 不仅可以订机票，它还可以跟踪记录机票价格的变动和航班机组成员，几乎可以立即向飞行员提供其飞行计划，记录飞机的零部件，以及分析财务和性能数据。在那之后，它还可以为乘客预订饭店房间、租赁汽车，以及在我们的飞机上申请特殊餐饮。总之，它使我们从整体上提高了效率，开始全方位地面向客户。事实上一直到 20 世纪 70 年代末 80 年代初 SABRE 才真正大显身手，令人刮目相看：在放宽管制的新时代，机票价格瞬息万变，SABRE 的设备则可以每天处理上万条价格变更的信息。

坦率地说，美航早年决心大力投资安装 SABRE 是我们做过的最好的决策之一。到 1995 年，美国所有航空公司的机票业务有 40% 以上是由 SABRE 处理的。SABRE 已成为安排旅行的国内最大系统，远远超过其竞争对手阿玛达/系统一号、伽利略/阿波罗和别的系统。SABRE 不仅仅作为优秀的旅行和订票系统胜人一筹，20 年后，它大约 1/3 的收入还来自于咨询和其他业务。如果 SABRE 在 1995 年独立出来的话，它将获得 15.3 亿美元的收入，创下 2.26 亿美元的利润纪录，净利润差幅达到 14.8%。而与此相比，美航总体的净利润差幅却还不到 3%，真是青出于蓝而胜于蓝。

对美航和 SABRE 的母公司 AMR 来说，真正的支出是在 1996 年 10 月，当时 AMR 将 SABRE 集团控股公司变成公开上市公司，以每股 27 美元的价格卖出了 2020 万股份——占公司的 16%，合 5.45 亿美元。这样 AMR 继续持有的股份就大约值 29 亿美元。这次出售股份的收入约 3.68 亿美元被用于偿还部分 SABRE 以 85000 美元的价格向美航发行的债券，这批债券将于 2004 年 9 月 30 日到期。又是一个对双方都有利的局面：对美航来说是得到了一个意外的收获，同时也巩固了 SABRE 在市场的主导地位。

从前航空运输业稳定得多也有秩序得多。比如，如果哪家航空公司想要改变票价，或者推出一种新的票价概念的话，那它就必须至少提前一个月获得民用航空委员会的批准。民用航空委员会将保证所有航空公司都有充裕的时间来做出调整，把新票价纳入自己的订票系统。

一个很好的例子就是所谓的超级经济票价，对某些符合购票和停留时间限制的二等舱机票提供多达45%的打折优惠。1977年1月31日，美航首家提出了这一建议，但民航委员会一直到3月15日才批准，而第一批享受超级经济票价的乘客到4月24日才坐上飞机。今天的情况就大不相同了，机票价格天天都在变，而且，对竞争的强调还带来了机票价格的各种排列，因为航空公司越来越多地求助于根据不同市场甚至不同航班制要不同票价，而不是像以前一样规定统一的票价。

竞争对航空公司的航线安排也带来很大的冲击。从前公司很难开辟新航线，停运某条航线更是闻所未闻的事。然而放宽管制后，航空公司利用新规定在大肆调整和重组它们的航线安排。

如果没有政府的控制，机场和机场之间就可以互相竞争。为了支付维修保养、管理和服务的费用，机场要征用降机费和停机费。而放宽管制使机场能够通过降低这些费用来吸引航空公司。

航空公司的航线图也发生了大大的改变，现在，这张图上已经布满了一个个枢纽。原先国家管制的时候，航线很少被改动。旧制度是1938年由国会规定实施的，目的是保证每个人都能得到航空服务。作为回报，航空公司可以获得稳定的航线特许权，从而实现这一社会目的。放宽管制是从社会和政治上对这一实行了40年的制度来了个180度的大转变，国家的政策突然从强调服务转为强调竞争，而作为所有航空公司的计划和飞机购买的基础的航线特许制度则被一下子废除了。

这可能看起来不公平，经济上也难以理解。但事实上，这只不过是对今天机票价格完全由自由市场力量决定的现实反映，虽然自由市场力量有时可能带来不合理且代价高昂的举动。哪里有价格战，价格就必然会趋于平衡。航空运输业和其他商品领域一样，如果竞争对手的票价比你低一大截，你就会被对方抢去许多业务。

在以前的特许权制度下，竞争被控制在一定的水平，航空公司可以维持许多航线上的直达业务。对利润率低和不盈利的航线甚至也是如此，因为票价的结构方式允许频繁往来的航线补贴生意清淡的航线。放宽管制后一切都变了，重要航线上的竞争更趋激烈，票价也由竞争活动所决定，不再能够补贴其他没有油水的市场。结果，航空公司安排城市间直达飞行的航班就少了，而是更多地来往于主要枢纽之间。如美航在达拉斯/沃斯堡和后来在芝加哥建立起来的航线集散地。

航空枢纽还允许航空公司提供一种它们所认为的“独特产品”，即可以一天向多个目的地提供几次便利的服务，以及大型航空公司著名的全面的订票、地面和空中服务。从经济角度来看，枢纽使航空公司能够把乘客通过一个中央站点送到他们各自的目的地，从而控制业务量。

民航业面临的最大难题是能否盈利，航空公司的财政危机对全国经济亦是一个重要的问题。如果没有足够的利润的话，航空公司就不可能购买更新民航系统所需要的新飞机。而如果这些新飞机卖不出去的话，国家的飞机制造业就会缺乏生气和竞争力，这又会进一步加剧美国已经很棘手的收支平衡问题。

航空公司曾经被认为是半公共事业，那是在民航业接受价格控制、交换航线特许权的年代。正如我已经说过的，放宽管制把整个民航业变成了商品行业，和其他商品行业一样，供给过度总是会带来麻烦。今天，广大有旅行需求的人们把飞机座位看成同一类单位，只按价格购买，这全得怪放宽管制。

让我来解释一下究竟是怎么一回事。

虽然飞机是极其昂贵的机器，但引起民航业财务灾难的却是飞行和维修飞机的员工。飞机的成本已经摊销了，但人员的成本却是每一次飞行都固定不变的，无论飞机是满座还是只卖出几张机票而已。放宽管制使航空公司不顾有无可能性纷纷降价，从而使这个公式更加复杂化。而许多航空公司——事实上，有一百多家——被挤出市场，而这正是因为它们遵循墨菲法则办事。

我亲身经历了民航业放宽管制的过程，因此可以认为自己算得上是这个问题的专家。这样与其说是炫耀，毋宁说是悲叹。

我们大多数人进入这个行业的时候都觉得自己知道这个行业的游戏规则，但是这些游戏规则多年来却发生了这么巨大的变化！而且，它们无疑还会继续变化。

在生活中，我们每个人都受到某种形式的强制性管制。首先是父母的管制，同时还有学校的一整套规章制度的管制，然后我们主动接受了军队的管制。从某种意义上讲，政府就像人一样，而我们的社会经历了与个人一样的周期性循环。

我的国家刚诞生的时候，随着国家的形成和发展，不仅建立起必要的军队和警察组织，还发展起道路和远程网，在存在或可能存在垄断及准垄断机会的地方，工业管制亦应运而生。这些法规包括州际商务委员会管理之下的铁路、汽车、石油运输管道和内河运输；民用航空委员会管理之下的航空；联邦储备系统管理之下的银行；联邦通讯委员会管理之下的通讯业，等等。所有这些委员会都是联邦一级的机构，是在“二战”以前建立的。此外当然还有许多各州和地方一级的法规管制。

从20世纪60年代开始，几乎所有联邦法规管制机构的管理方式都受到越来越多的攻击。1979年至1980年间，所有这些机构的权力除了极少数外，都受到了挑战和改革，而且往往是大刀阔斧的改革，这要求更多地创造竞争因素。

正当这种政府管制的形式至少在一定程度上得到缓解时，新的管制却又以其他形式纷纷出现。通常这些新形式并不针对某一具体行业，而是涉及整个商业领域。例如环境保护局和平等就业机会委员会。这样，过去1/4个世纪中就有两股互相抵触的潮流：一个是趋向于减少针对某一特殊领域的管制的范围（所谓的旧式管制机构）；另一个是趋向于扩大可以向任何方向发展的机构的管制。

在航空运输业，放宽管制是在减少政府对民航业干预的口号下进行的，但从其他角度也都得到了合理的解释。要求“更多地创造竞争力量”、减少

“管制政策”，甚至完全取消管制的呼声在20世纪60年代和70年代日益高涨。

从总体上看，放宽管制导致国家重新考虑优先领域。民航业管制的放宽最终几乎在一夜间改变了一项国家运输政策，即试图保证通往全国各地的便利、合理和可靠的交通工具。

和其他大多数工业国家一样，美国长期以来就重视全国性交通网络的商业和社会价值，联邦州级水路和公路计划就是一个很好的证明。对民航业加以管制是为了通过补贴和减少竞争摩擦来推动民航事业的发展，主要的方式包括限制进入本行业和禁止价格竞争。这样做的理论依据是，为了加速国家的经济发展，所有一定规模的社区都有权享受航空服务。因此，如果只有三家航空公司可以开通从纽约到洛杉矶的航班，作为对这种有利可图的准垄断的回报，三家中的每一家都必须开通无利可图的航线（如飞往罗彻斯特、普罗威登和西拉柯斯）。

放宽管制的整个过程是非常复杂的，但其最关键的一步是由新任命的高级法院法官史蒂芬·布莱叶做出的。布莱叶还在哈佛肯尼迪政府学校的时候写过一篇论文，在这篇论文中他辩论道，“由于政府的管制，公众不得不支付更高的机票票价。”他把这一观点陈述给马萨诸塞州的艾德华·肯尼迪参议员。对航空公司的管制当时是由参议院航空公司委员会主持的，委员会的主席是内华达的霍华德·加农参议员，他可不喜欢别人插手自己的事。于是加农参议员就加快步伐举行他正在进行的听证会，提出立法建议。这又促使肯尼迪参议员更加努力，结果使得民航业放宽管制的步伐大大加速，并不是因为需求迫切，而主要是因为两位参议员都想吸引公众的注意力。

我们业内的许多人花了无数个小时同立法者们、参议员以及国会议员谈话。我们说这个变革是一个经济学问题：大市场会变得更大，价格会更低，服务会更好，而与此同时，小市场的价格会比别人高，服务会比别人少，许多中等规模的城市会根本得不到喷气机服务。我们得到的回答是，新的运营商会以新的飞机、更低价格和更好的服务进入小市场和中等规模城市。我们亮出图表，引用各种人口统计和地理数据，但全都无济于事。华盛顿还是那一句老话："别拿事实来弄昏我，我决心已定。"

1977 年秋天我参加了一次以放宽管制为题的讨论，参加的小组中包括肯尼迪参议员、西南航空公司的总裁拉玛·穆斯、阿莱杰尼航空公司的总裁艾德温·克罗德尼和民航委员会前任主席约翰·罗伯森。肯尼迪参议员和我都是马萨诸塞州人，但对这个问题的分歧不啻天壤之别。肯尼迪泛泛而谈，讲的尽是些抽象的东西——搞政治的人在一起有时也会那么做——我想，他说的话更像是以选民为目标，而不是针对我们竞争对手的问题。"我们希望取消对民用航空的经济干预。"他说。听起来很熟悉吗？过去的 20 年来，减少对人民的干预已经是最容易争取到选票的题目，而今天，政客们还在这儿高谈阔论，仿佛是他们刚提出似的。

我试图解释我们并不是在讨论放宽管制的泛泛的大局势，而是在讨论一个我认为错误而且危险的问题，"在世界历史上从来没有哪个社会可以不必管制其交通运输。"我指出。

"在过去的 40 年里，我们用管制建立了一个世界上没有一个国家可以比拟的安全、方便、协调一致和统一的运输系统。"这是真的。但是真话在风暴——那一天大家都很激动——面前，只不过是风中的一根干草罢了。具有讽刺意味的当然是我一生的职业都是在无管制的环境下度过的，并且深信竞争的诸多好处。但是说到公共事业和交通运输，我认为合理地管制对每个人都有好处。

国会进一步就放宽管制问题举行了听证会，越来越多的国会议员开始相信继续进行管理毫无理由。就这样，1978 年的秋天，在对民航业票价太高的一片批评声达到最高潮的时候，国会通过了民航放宽管制法案。

如果看一看自 1979 年以来航空运输业放宽管制后的记载，你会发现有 120 家航空公司申请破产或停业，而且近几年这个趋势还在加速。为什么？就因为放宽管制。

现在，管理者可以承诺风险，如果成功的话，也可以享受他们的成果，但是失败则意味着他们必须承担后果。这种适者生存的斗争并不是民航业所特有的。那么多年来，其他经历剧烈结构性调整的行业无不需要经过这么一个“自然选择”的过程。

胜者和败者的区别究竟何在？

我认为失败最普遍的原因是过度扩张、低估竞争激烈程度以及未能削减成本。其他的原因包括估计需求、收入平衡状况，以及由于成本上升而被迫提高价格。

具有讽刺意味的是，航空公司在通货膨胀还停留在两位数的时候就放宽了管制，这应该感到庆幸。直至今日，美国仍在努力扭转通货膨胀的局面。从前通货膨胀时，企业可以用增值的资产来掩盖决策的错误，靠借债度日。当然，这对通货膨胀的抑制也带来一些困难，更何况有时实际上还出现通货紧缩。这时，决策者就几乎犯不得错误，只有最好的管理者才能保持稳定的利润增长。

作为美航的首席执行官，我意识到对新近放宽管制行业中的企业来说，最大的威胁就是新的竞争者将以更低的成本打入市场。这些竞争者是新来的还是现在已经在业内的并不重要，重要的是它们的成本是否更低。当然，新的产品/服务组合和新技术也会大量涌现。当你从事商品买卖的时候你是无法控制价格的，所以就必须控制成本。的确，你可以在一些领域提供独特的服务或者拥有地理优势，那你就要充分地利用，并且始终维持有竞争力的价格来保护自己的领地。（客户的忠诚度在今天的商品世界里就像早 3 年的得克萨斯沼泽里的水一样浅。）

我还感觉到，随着新企业的进入和现有企业向新市场的扩展，容量过度的问题也会更加严重。在放宽管制的前 10 年里，每年民航业的容量增长 1%，而放宽管制两年间容量增长了 8%。越来越激烈的竞争和狼烟四起的价格战必将导致所有公司的利润下降。

接受放宽管制的企业必须做好利润最高的市场第一个受到进攻的准备，价格竞争将迫使它们大幅度削减开支。此外，它们还要准备好在盈利能力受到挑战时增加投资。

不过，放宽管制倒也并非一无是处，它的确带来了获益的机会。一家公司可以拓宽其产品系列和增加地理多样性，但是，它也必须真正了解其成本。它必须增强市场营销力量，在有选择性的市场或产品领域实现低成本的运作。在放宽管制的行业，通过兼并来扩大企业规模通常是既昂贵又危险的。公司必须特别小心，注意不要在不了解供给和市场形势的情况下收购新部门。

不幸的是，我哥哥约翰所在的布拉尼夫公司恰恰明白无疑地显示出因忽视这一真理而可能产生的灾难性后果。显然约翰只是布拉尼夫公司的错误——或错误判断——的受害者，但他现在却要独自一个人担负责任，承受后果。

多年来，布拉尼夫公司一直由喜欢气派的哈丁·劳伦斯领导，他是一个雄心勃勃的人，生活方式极为奢侈，是他指挥布拉尼夫从一家地方性航空公司扩张为全国性的，继而国际性的航空公司。布拉尼夫当时早已债台高筑，面临着业界所有企业共同的问题，又没有良好的收支平衡状况来抵挡放宽管制后的风暴。

总之劳伦斯深信国会会很快看到自己的做法是错误的，从而逆转放宽管制的趋势。于是他得出结论，聪明的战略是“敞开怀抱”尽快接收尽可能多的新航线——这些航线现在都供人竞争——在重新加强管制之前将为布拉尼夫攫取更多的城市领地。

他派当时任布拉尼夫董事会副董事长兼集团副总裁的约翰去开辟尽可能多的新城市据点。有那么一天，我那不知疲倦的兄弟竟开辟了 15 个以上的城市。我从未想出他是怎么做到的，但总之他做到了。短短的几周内布拉尼夫便开辟了几十条新航线。不仅是国内航线，还包括国际航线——飞往新加坡、中国香港、首尔、阿姆斯特丹、伦敦、巴黎、法兰克福。

唯一的问题是劳伦斯犯了严重的判断性错误——放宽管制的过程不会逆转，而他现在没有钱，没有飞机，也没有人员来为布拉尼夫开通的新航线提供服务。

曾经一度，他继续开口，拖延着召开记者招待会，攻击着他的敌人，开始向所有人宣布公司已经开始解决问题。但眼看着布拉尼夫的债务越积越高，公司总部的混乱也与日俱增。1981 年，掌握着布拉尼夫债务的银行家们一致通过把劳伦斯赶下台，选举约翰接替他的职位。

约翰于是试图着手解决问题，他削减了航线，并说服布拉尼夫的11 000名雇员将薪水减少10%，作为榜样，他自己率先把28000美元的年薪减至零。为了加强管理小组的力量，9月份约翰请来了当时的竞争对手、西南航空公司的总裁霍华德·普特曼。但普特曼后来却宣布他之所以同意加盟布拉尼夫是因为受了约翰的诱骗（即布拉尼夫的问题是可以解决的）然后他背着约翰跑到几位董事那里（包括佩里·巴斯和鲍勃·斯图亚特）说服了他们，让他们以为他，而不是约翰才是拯救公司的人。感到被出卖并且恶心透顶的约翰——布拉尼夫的董事们谁也没有对他放弃一年的薪水而表示感谢——于1982年3月从公司辞了职，虽伤心但更加明智了。他忠心耿耿、全心全意地为布拉尼夫工作了14年，实在不应该得到这样的回报。

我对哥哥的遭遇十分难过。自从我到美航以后，我们一直是主要业务对手，但也是最好的朋友，再没有哪对兄弟比我们更亲。所以当《纽约时报》散布谣言，宣称鲍勃·克兰多和我“要伎俩”加剧了布拉尼夫公司的资金流动困难时，本来就够糟糕的情况变得更糟了。根据谣传，民用航空委员会对“扣留布拉尼夫发给旅行社的机票发给一家清算所”这项针对我们的指控进行了调查，结果证明纯属子虚乌有。

我相信在残酷的商业场上——在那些年里，再没有哪个行业会比航空业更残酷了——人们应该尽自己的最大努力，提高自己的竞争力。当时我甚至更坚信道德，坚信有一条界线是不可跨越的。我对流言十分愤怒，并且我们怀疑这流言是企图损害美航或玷污其名声的蓄意图谋。我对暗示自己想损害自己兄弟的传闻更感愤怒，并且我确实在后悔自己在几年前有一次说过的那番话。当时一名记者问我对和自己兄弟的直接竞争有何感想，我当时为了逗趣，回答说会“把他踩扁”之类的话，而那时我只是想开个玩笑而已，现在回想起来，那一点也不好玩！

新近放宽管制的行业有一个常见的错误，就是总希望尘埃落定，一切都回归其位，然而这是根本不可能的。现在，民航业离放宽管制已经过了整整一代人，但是我估计迷惑甚至混乱还会继续好多年。

任何行业的放宽管制过程都可以大致分成三个阶段：首先，敏捷的机会主义者对墨守成规的官僚；其次，出色的管理对虚弱的管理；最后，有强大资源基础的出色管理对没有资源基础的管理。民航业在理解新环境和确认各自的优势上反应迟缓。现在，民航业正处于第三个阶段，认识到了有竞争力的、成本结构复杂的营销的必要。由于市场被削弱，因而除了聪明才智以外，企业还需要有保持财政稳定的能力。因此，第三阶段将会带来进一步的威胁。

无论你从事的是哪个行业，凯西法则说，你可以像一家人放宽管制一样迅速地适应变革。但是如果要事情向正确的方向发展的话，你就必须凡事都要质疑。密切注意上涨的成本，在可能的时候借贷（不要等到自己不得不借钱时），注意自己的成本。一定要注意自己的成本！最后一条是最最重要的。

20 世纪 80 年代初，对美航和所有国内航空公司来说，其他的重大挑战还有我们的机队已经老化——这些飞机大多是在 60 年代开始启用的，效率不高，必须更换，这需要 20 亿美元。即使对于我们这样一家业务和收支平衡都比大多数公司好得多的企业，这笔钱从哪里来也是一个令人头痛的问题。尤其是如果我对 1980 年的预计和现实不相差太远的话。在 1979 年的年度报告中我写道："由于燃料成本飞涨和经济不景气，1980 年的前景不甚光明。"结果我大错特错：1980 年不仅不是个"不甚光明"的年份，而且简直暗淡之至。在连续多年赢利之后，美航达到 1.25 亿美元的净亏损，这令人震惊。虽然部分的原因还是那些令人厌倦的老因素——燃料成本太高，由于持续萧条导致需求下降——真正的杀手却是放宽管制。美航一直是来往于东西海岸之间几条主要航线的主要航空公司。放宽管制——这个词我当时乃至现在仍认为含义不清，很不妥当——之后，许多新的航空公司开始开辟同样的航班，并且把价格压到连成本都不到的水平，以求争夺市场份额。国会里支持放宽管制的人互相拍着肩膀："瞧，我们多么正确。"但他们错了，历史将证明这一点，降价是取决于更低的成本和最高效率的，而"放宽管制"对降低航空公司的成本没有任何作用。恰恰相反，浪费资源的重叠服务很快成为今天的新秩序。而这意味着运载系数更低，因此花在每位乘客身上的成本更高。迟早——作为一名赌徒，我把赌注压在“早”上——这些更高的成本会导致票价上升。由于我这一立场，我被戴上了亲管制的帽子，而再没有比这离事实更远的了。我过去坚信，现在也仍坚信竞争的好处，在美航当了5年的董事长并没有改变我的看法。

“放宽管制”是怎么出现的呢？正如已经指出的那样，在我看来，这完全是一个政治游戏，其目的是吸引公众对它的发起人——参议员肯尼迪和霍华德——的注意力，还有选票。后者希望得到飞往拉斯维加斯的更多更便宜的航班，我们国家的这个赌城由于得到的航空服务有限，可以说限制了它发展和欺诈的可能。前者仍然野心勃勃地想当总统，而“放宽管制带来更便宜的机票”是个受欢迎的举措。选民们喜欢这个词，因为它的反义词“管制”听起来好像华盛顿在干涉每个市民的生活，而在当时人们对华盛顿就心怀不满和怀疑了。人们指责华盛顿的政府应该为两位数的通货膨胀负责，这通货膨胀困扰了人民的生活。华盛顿还要因为各地加油站油价飞涨而挨骂。选民们确实喜欢这个法案摆在他们面前的好处——它许诺如果通过的话，机票的价格就会大跌。票价确实跌了一阵子，至少东西海岸间主要的航班是如此。但这是因为所有航空公司同时降价，有那么短短的一段时间，短程票价也下跌了。有一段时间你会发现，不管到哪儿机票价格都在100美元以下，但降价的航空公司没过多久便破了产或重新开始提价。而与此同时，短程航班上的服务一律降到了令人瞠目的水平。

我坚决反对加农/肯尼迪法案，因为我认为它对美航和美国都没有好处。我也不止一次被谴责为试图阻止民航工业的正常和不可避免的发展。

加农参议员甚至提名我为年度恐龙奖（过时的人）。这对我来说倒没什么，我一贯坚信我们应该尽可能广泛地共享这个世界上的荣誉。

CASEY'S LAW

11

动荡开始，系紧你的安全带

深夜或是凌晨时分，我真的会在梦境中看到墨菲，他幸灾乐祸地微笑着，一遍又一遍轻声说："凯西，你本来就不应该接受这份工作，你永远别想解决所有这些该死的问题！"

大约按我的预计运行快到一半的时候，我觉得是应该确定我们未来的管理结构、结束任何有关我的继承人问题的内部政治的时候了。在我看来，鲍勃·克兰多是最合适接替我的人，董事会表示同意。1980 年 7 月 16 日——公司搬到得克萨斯后整整一年——就在我还有五年多任期的时候，我们任命克兰多为公司总裁兼首席业务长官，我自己仍担任董事长兼总裁。现在有人来处理公司经营的许多日常细节，我就有了多余的时间来制定战略和确定未来的计划，也就是说，可以花很多的时间来领导，而少花时间管理。因为在这个新的"放松管制"后的局面下，未来可以说是一片迷茫，我们需要用比以往任何时候都更快更果断的速度做出重大的决定。

我们仍然没有圆满地解决生产效率问题，大部分的原因是因为工会拒绝合作，拒绝支持我们延长一些雇员的工作时间以适应新的竞争，或者在财政困难时期同意冻结工资。后一个举动在 1981 年提出建议时得到我们所有非工会成员的同意和支持。我们当时提出这个建议是因为公司 1980 年的亏损达到 1.25 亿美元，与此相比，1979 年的利润为 8700 万美元，这威胁了公司的生存。正如预计的那样，新的竞争对手侵入了公司已有的航线，提出对客户十分有吸引力，但从商业角度来看完全不现实也不可能维持的价格。简单来说，正如我以前说过的，我们进入了票价 99 美元的时代。我们知道我们的新竞争对手每卖出一张票就将亏一笔钱，但是现在航空业已经开放了，我们没有办法，只好跟着杀价。

久久不肯消退的经济萧条继续困扰着所有的航空公司，对业务的需求仍然很低，而大幅度上升的燃料价格又进一步增加了成本，导致一些竞争力差的航空线票价上涨，从而进一步抑制了需求。美航的燃料成本上升速度比其竞争对手更快——1980年如果我们能以主要竞争对手所支付的价格获得燃料的话就可以少付5000万美元。而事实上，我们在1980年的燃料成本达到11.15亿美元，比1979年增加了3.13亿美元。由于我们不得不从高成本的生产商那里购买燃料，我们所支付的每加仑价格不仅比主要竞争对手高，而且也高于世界平均水平。从1973年开始，多年的政府价格和分配控制要求航空公司从以前的供应商那里购买燃料，这样我们寻求有竞争性的投标和更换供应商的机会就十分有限。

20世纪80年代初，我们还面对着一个比带来严重财政影响更大的问题。1979年年底，美航拥有58架波音707飞机，这算不上一件多么值得骄傲的事。多年来，波音707一直是东西海岸间飞行的首选机型，但是按20世纪80年代的标准来看，它们已经过时了。更糟的是，它们还十分耗油，每年都要吃掉我们更多的利润。但是停止它们的飞行把它们卖掉又意味着减少5700万美元的账面价值。董事会的好几位成员都坚决不同意，这也可以理解。我雄辩时列举了许多理由，恳求他们硬着头皮解决这个问题，指出我们每等一天都要损失几十万美元。

“但是，艾尔，要减少5700万美元的账面价值呢，在这样的年头……”一位董事说。

事实上由于我早已提到的原因，1980年是商业航空史上最糟糕的一年，美航的运营损失达到8600万美元。的确，在这时再加上5700万美元的打击可能会带来各种负面效应，首先公司的银行和股东就会不平。这次，又是不屈不挠的卢·沃瑟曼救了我们。卢站起来，简洁但非常有力地说明了必须马上卖掉这些波音707。

“有一种短浅的目光，女士们，先生们，”他说，“我会说鸵鸟就属于这一类，事实上，鸵鸟们会是这种看法的主要支持者；还有一种长远的目光，美航仍然是全国一流的航空公司，拒绝采纳凯西先生建议的行动将是使美航失去这一地位的第一步，选择由你们来决定。”

最后，众人决定在1981年第一季度之前停运36架波音707飞机，同时准备出售，剩余的707客机和所有707货机将于10月以前停止飞行。

问题不仅仅是要减少账面价值，更严重的问题是如何替代减少的运输能力，因为我们想要的767飞机此时还不可能用上。

有时在深夜或是凌晨时分，我真的会在梦境中看到墨菲，他幸灾乐祸地微笑着，一遍又一遍地轻声说："凯西，你本来就不应该接受这份工作，你永远别想解决所有这些该死的问题！"

第二个五年颇有点像所有乘坐飞机的乘客都知道的那种状况，当时机长宣布"前方遇上气流，请系紧你们的安全带"。对我来说，这股气流是从1980年8月、9月的董事会会议召开后不久开始的。这次董事会会议在大草原城的公司临时总部召开，当时永久性的公司总部还在修建之中，我们只好先在大草原城落户了。

董事会会议结束后，我回到自己的办公室，开始感到胸部剧痛。两年前我发过两次轻微的心脏病，但没有太在意，两次发病都是只过了一两天就开始重新上班了。第一次是在1968年，当时我还在时代明镜。一天早晨在家正准备去上班的时候，我开始感到胸部疼痛。我从没犯过心脏病，但从公司的《莫斯比医学杂志》上早已知道自己不应该冒险。艾丽把我塞进汽车，开车送我到洛杉矶市中心的萨玛里滕医院，在那里我接受了著名心脏专家乔治·格里菲斯医生的检查。第二次是9年以后，我正在阿灵顿的老家看望诺琳，我再次被送往西姆斯医药中心接受诊治，第二天就被送回了家。但这一次，我知道情况更严重了。由于前几次的犯病，我总是随身带着硝酸甘油片，于是马上吞下了4片。听到我示警的莉比·司各特俯视着我，看上去比我还担心。"感到好些了吗？"她问。

"不太好，"我说，"最好去叫医生。"

莉比打电话给公司的医生鲍勃·威克大夫，一两分钟后他便到了，看了看我便给医院打了电话。不到片刻，救护车尖叫着到了楼下，医护人员冲上楼来，闯进三楼我的办公室，马上打开了折叠担架，他们轻轻巧巧地就把我抬起（真令人吃惊），放在担架上。

“电梯在哪儿?”一位医护人员问。

“不知道,”我平躺着说,“我总是走楼梯,对心脏有好处,你知道。”

“电梯在哪儿?”还是那个医护人员问莉比,看起来他好像是负责人。

“我……我不太肯定,我也总是走楼梯。”

“快点,”那名医护人员对他的伙伴们说,“得让他平躺着,所以必须找到电梯。”他顿了顿,“这楼里头有电梯吧?”

“有的。”我告诉他。

于是我们走过营销部……没有电梯,会计部……没有电梯,我们跑着穿过走廊,人人都惊讶而不安地看着他们的董事长被人从身边推过,显然一副不幸的样子。

“我肯定这对你很不容易,凯西先生,”领先的医护人员说,“要不我把床单拉起,盖住你的头部?”

“你要敢这么做,我就把你摁在床上!”我说,“老天!要是盖上床单,人人都会以为我死了。”

他们终于找到了迷失的电梯,并安全地登上救护车,飞也似的把我送到了医院。在那里诊断的结果是这次犯病虽然比上次厉害,却也没有像我们担心或墨菲危言的那么严重。一个星期之后我又回到了办公桌前,状况略略不如从前,这毫无疑问,但总体来说感觉又和从前一样了。

1981 年我们便又扭亏为盈,营业收入达到 7200 万美元。但其中第四季度的营业收入亏损了 3500 万美元,落下了一大截。第四季度一直是问题和麻烦不断。整个 1981 年美航一直试图说服代表公司大多数雇员的工会必须马上实施不同的工作规定,以提高生产效率,使公司能够在新环境下更有效的竞争。但随着年尾的到来,我们知道这些努力至少在 1981 年是不会成功的了。此外我们还缺少高效率的双引擎飞机来执行“枢纽——辐射”飞行任务。到 20 世纪 70 年代末的时候,我们得出了一个简单的结论:由于放宽管制,我们已经不再能继续补贴过去服务的较小而又没多少利润的市场。但是有了像达拉斯/沃斯堡和在芝加哥建立的相似的几个枢纽后,我们就可以一天提供数次便利的服务，把乘客送到很多目的地。从经济角度来看，枢纽允许航空公司把乘客通过一个中央站点转送到他们最终的目的地，从而控制业务量。长期来看，我相信回报也是相当大的，虽然目前益处仍然很不明显。

就在墨菲开始抬头、不怀好意地注视这些弊病时，我对准他皮包骨头的身体狠狠地给了几拳。1981 年，美航的销售额有史以来第一次突破 40 亿美元大关；《幸福》杂志上的一篇文章称赞我们是业界质量最好的企业，并列举了我们的技师管理和各个方面无可挑剔的服务，从订票——谢谢你，SABRE——到行李的处置。

进入 80 年代，我和我们的管理小组制订了今后 5 年公司的主要目标：保持我们的特色和高质量、实现 5% 的营业利润率。在困难时期，人们总是想牺牲质量：这儿削弱一点，那儿缩减一点，谁也不会真的注意。1982 年年初，《航空运输世界》杂志评选美航为年度最佳航空公司。3 月，美航以最大的两位数差额被航空公司乘客协会一致选为最佳国内航空公司。但是我们仍难以实现 5% 的营业增长率：1982 年，我们只有 900 万美元的营业收益，才是可怜巴巴的 0.02%！

乐观的是，我们终于同运输工人协会（TWU）达成了协议。这将是我上任以来第一次能够大大提高生产效率的举措。新的合同打破了僵局，并且使我们以比现有工人更低的工资雇用新雇员。这样，我们就第一次可以和新的航空公司公平竞争了——这些新航空公司从一开始就同工会谈判达成了协议，可以支付比较低的工资。我们管理小组中的一些人认为这是“打败工会”的一大突破，但是克兰多和我则认为这是为美航的每个人都争取了胜利。我们既给予又索取，作为对这种双重安排的回报，我们同意放弃在艰难时期临时解雇职员的权力，给运输工人工会以业界最好的就业安全保障。拿到这个涉及 1 万名雇员的协议后，我们和飞行员及机组服务员工会经协商签订了类似的协议。作为一揽子计划的一部分，那年我们制订了公司第一个利润分成政策。

现在回顾起来，和工会工人谈判签订这些协议是至 1982 年以来最重要的事。从那以后，我们的生产效率得到了提高，大家的集体自豪感又得到了恢复，公司取得了前所未有的发展。

同年，我们还开始更新机队，拿到了订购的波音 767 飞机，并且和麦道及普拉特和惠特尼公司做出巧妙的安排，购买了 20 架道格拉斯超级 80 双喷式发动机的飞机。这可是世界上最节省燃料、技术最先进的商用飞机！它们将在 1983 年第二季度末投入使用。

到 1982 年的时候，我仍然必须承认：墨菲仍跑在凯西前面，我们之间的较量是 2∶0。尽管如此，我下定决心要在自己按计划退休之前把墨菲打败在地。我有强烈的预感，转机就要出现了，问题是：还得多久？

简单地说，答案是马上。此后的两年，即 1983 年和 1984 年，我们大获全胜：我们创下了了不起的营业收入，股东们个个喜笑颜开。不仅实现了，而且还超额完成了长久以来 5% 的运营利润增长率目标。1983 年公司的运营收入达到了 2. 81 亿美元，比上年增加了 5. 9%，这令人喜不自禁。1984 年甚至更棒，是美航有史以来最好的年景：不仅销售额创下了 50 亿美元的纪录，而且公司的运营收入也上升到了 3. 68 亿美元。在我的头脑中，更重要的是我们精心设计的对未来的计划，包括在丹佛增开第三个枢纽，增加海岸间直达航班以及扩展海外航线等。此外，我们降低成本的努力——主要是双轨工资制度也开始见效了。

但是在任职期间，我感到自己最为自豪的成就是——实际上并不仅仅是一种感受——改善了美航目前 47000 名雇员的生活质量：工作更加稳定、推出了工作生活质量计划、职业的发展、雇员援助计划、职业评估（和再评估）以及利润分成方案。我们创建了一家最好的公司，它拥有最好的氛围。

由鲍勃·克兰多领导的管理小组十分出色，雇员们为此感到自豪，他们了解公司的事务并且忠心耿耿。当然，几个搭档的配合还不完美——这个世界上没有任何完美的东西——但是迈入 1985 年的时候，也就是距离 C. R. 史密斯第一次在董事会会议上把我引见给大家的 11 年后，我知道——当然仍有一点疑虑——自己把公司完好地交给了可靠的人。鲍勃·克兰多不仅证明了自己的能力，虽然我们两人的管理风格互不相同，但多年后我便开始渐渐变得十分钦佩他。他的年龄才不过 49 岁，但是在美航已经干了 12 年，可以说对美航了如指掌。我可以肯定，他的聪敏、奉献精神和远见卓识将领导美航安然渡过今后几十年的风风雨雨，而且他还有一支特别有能力的行政人员队伍来帮助他管理整个公司。

事实上，一本著名的商业杂志在评论我从美航退休时说：“你可以拿凯西的管理小组放到美国的任何一家公司，那家公司会因此而所向披靡。”

这时距放宽管制已经 8 年了，虽然它的许多影响仍然没有消退，但是我们经受住了“可怕的”1980 年，且还变得比以往任何时候都更加强大。现在美航是国内第二大航空公司，有着也许是最健康的收支平衡状况和业界士气最高昂的雇员。我们开创先例的政策——从就业保障到利润分成再到频繁的飞行员培训课程——使原先垂头丧气的员工变得满怀自豪，他们确实应该为自己的公司感到骄傲。

唯一的，一个在美航干了 11 年后仍无法解决的问题是：我仍旧弄不懂是什么使那些庞大的 150 吨重的喷气机腾空而起。

2 月的最后几个星期，随着我的正式退休之日越来越临近，美航至少开了 5 次告别晚宴——说“狂欢”也许会更确切一些——从而使我得出了一个结论，即我可敬的同事们不是比我所了解的更爱我，就是真的很高兴看到我滚蛋。出于乐观的考虑，我选择了前者。一些当地的报纸也觉得应该从我口中探出一些临别的思索，无疑是想寻找一些只能随着年纪的增长而产生的智慧。其中最坚持不懈要见我的是《沃斯堡星电报》的凯瑟琳·斯道得，她是一位既迷人又聪明的记者。我和她约定在 24 日见面，心想到那时自己多半已经一身清闲，有足够的时间来自己安排。但是直到那一天我的日程表仍然排得满满的，要交代所有尚待处理的细枝末节的问题，忙得几乎能累死一匹马。就在这时，莉比通报道：

“凯瑟琳·斯道得来了。”

寒暄之后她便单刀直入地问我“对领导者和经理有何（强烈的）感情”。大约在 1 年以前，我就这个问题在沃斯堡做过一次演讲，讲完以后，凯瑟琳便上前来想知道更多的内容，因为她说她还没有从那些角度考虑过管理，问我能否讲得更具体一点，所以我知道她的第一个问题就会是这个。

但我还知道，或者说疑心，她会试图要我对美航的各位行政领导者进行分类，就从我的接班人鲍勃·克兰多开始，而我可无意掉进这个陷阱。

“凯西先生，”她说，“如果可以的话，我想接着您去年讲过的关于领导者和经理的题目谈谈。”

“很乐意。”

“你说，领导者是变革的代言人。他们创造一种酝酿的氛围，而经理则面对直接的组织结构的目标。经理和领导者都是需要的，一位维持秩序，另一位则带动变革。”

她的笔记记得不错。

“凯西先生，您是哪一种？”

“说起来很叫人尴尬，但我觉得自己做领导者比做经理好得多。领导者对已有的东西——或者，在这个问题上，还没有实现的东西——不感兴趣。他不试图去扩大达拉斯至芝加哥的市场份额，那是经理的工作。领导者感兴趣的是新的概念，他对社会的竞争和趋势有一种特殊的意识，能够在变革发生前预见它们，并采取步骤来利用这些趋势。一个领导者可以做到的最好是改变人们的思维和行为——提高他们的理想和价值观。我去年做那次演讲是为了使我们的人民思考这个问题，试图让他们去用这两个类型来分析自己——是领导者还是经理——但在一定程度上是为了让他们迷惑。许多人都认为自己既是领导者又是经理。”

“鲍勃·克兰多是哪一种？”她问。我早就料到她要问这个问题了。

“我不准备回答这个问题，因为如果我说一个的话，鲍勃可能会说另一个。现在我要离任了，最不想看到的就是分歧，无论是关于哪个问题。”

“如果我猜得不错的话，你认为他是经理而他认为自己是领导者，对吗？”

我从来就不喜欢记者——或任何人——强迫于我，但我感到这位斯道得女士不等到我表态是决定不放过我了。

“我认为鲍勃·克兰多认为他二者都是。没有人可以二者都是，这已经说过了。鲍勃是我所知的最接近于两者都是的人，他有一种专注、一种集中，是我见到他第一天就看出来了的，还有活力。如果我只能说一种领导者必须具备的素质的话，那就是活力。多年前，一位哈佛的教授——亚伯拉罕·扎勒兹尼克——调查了几百家公司来确定领导者最通有的素质。这个关于领导者和经理的概念就是他提出来的，而不是我。其中一个一次又一次出现的素质——比所有其他素质都更频繁的就是活力。如果你是一个领导者的话，你就永远不会放弃，永远不会退出，而且不断努力去解决问题，或者找到完成任务的新的或不同的方法去改善、去推动和鼓励职员。”

“美航有 5000 名雇员，一个人怎么可能管理这么多人？”

“我管理他们？我只试图管理一个人——鲍勃·克兰多。”我说着，忍不住笑了。因为从某种意义上讲这的确是真的。而且过去 11 年来和鲍勃·克兰多合作——有时是摔跤——都纯粹是一种乐趣。我们可以就某个问题发生争执，就战略或策略产生分歧，但我们两人都知道我们不仅属于同一个小组，而且无论我们之间有什么分歧，到最后我们都想要同一样东西：使自己的公司更成功。

“但是回到你关于管理 5000 人的问题，其实只有几个部门向我汇报：人员培训、机上的厨师、石油和天然气公司以及航空公司内部本身。我一般会分成四个部门：财务、营业、市场营销和法律事务，其他的就由这些部门的负责人去做了。如果一个领导人有太多下属向他汇报，那他就是想变成经理了。”

她瞟了一眼手表，说：“我希望自己没有占用您太多的时间。”

“我有的是时间。”我说。这当然不是真话，但是既然答应了见某人，我觉得就应该让来者尽可能地放松。

“我想，您的一些企业界的同行们都对您这些年来建立起来的管理班子十分敬佩。看看您留下的队伍，我感到特别的是您在自己身边聚集了许多比您年轻的行政管理人员。”

“年轻多了。”我哈哈大笑。

“不错，”她说，“克兰多 49 岁；您的财务副总裁普拉盖特 41 岁；财务主任杰克·蒲普36岁；审计师唐纳·卡提38岁。您相信雇用和提拔年轻人是对的吗？”

“我总是雇用那些非常聪明同时使我觉得有诚意的人，而且要充满活力。如果他们年轻并渴望成功的话，那就更好了。年轻人很有活力，他们不仅上班的时候上午、下午和晚上都工作，而且周末也会工作。并让他们的配偶也支持他们，帮助完成任务。有动力的人不容易灰心丧气，他们会受到挑战，但永远不会灰心丧气。

不过雇用年轻人有两个严重的问题：第一，你常常要让他们负责管理年纪比他们大、经验比他们丰富的人，这样就会影响公司的士气；第二，要留住有天赋的人也很难。我们曾有八九个高级经理，年纪都在35岁以下，他们互相看看，知道最高的职位只有一个，于是在这儿建立起名声后就走了。过去几年里我们失去了许多很好的人。我们简直像在经营一所学校，一所为航空公司培训行政管理人员的学校。我有三次差一点没留住克兰多，都是因为别的大型航空公司提出了诱人的职位，出的钱比我能给他的多……”

“那么您怎么留住他的呢？”

“给他更高的职位。而且他知道自己会有一天坐上头把交椅，领导一家自己真正热爱的公司。”

（普拉盖特后来当了泛美公司的总裁；蒲普后来成了联合航空公司的总裁；唐纳·卡提今天是美航的总裁，美航的董事长是鲍勃·克兰多。）

她合上笔记本，放下手中的笔，“非常感谢，凯西先生，能问您最后一个问题吗？”

“请问吧。”

“作为一位领导者，您会给志向远大的经理们一条什么建议？”

“管理的最基本原则是保证你手下的每个人都真正了解你对他们的期望，商业管理其实就是如此而已。”

上帝，我回想起40年前在科特角海滩上的那个下午，一位叫约翰·沃尔希的男子闯入我的生活。是你教会了我这一条，约翰，我会永远感激您。

两天后，斯道得女士的文章刊登了出来，我很高兴地看到她的报道既直率又准确，和我以前接受过的一些采访的结果完全不同，那些采访报道常常会连我自己都认不出来。

我当时就感到，并且现在仍感到了解领导者和经理之间的区别是巩固美航业务、提高生产效率和维持在全球的竞争力的基础。领导者需要冒风险，他们是企业家，不断地向传统智慧发起挑战，他们是变革的工具，制订着未来的目标，提高标准，提出新的解决方案。在领导者和经理这个联盟中，领导者是激进派——不是政治上而是思想上——经理则是保守派，是实施变革的人。谁也不比谁重要：是一个等式中两个不同的组成部分，都是带领我们进入下一世纪所需要的。

在1985年2月28日——我的65岁生日——的告别信上，我写道：

11年前，C. R. 史密斯和董事会的其他成员选举我为美国航空公司的董事长兼总裁。当时，我对民航业的了解仅限于作为一名乘客所接触到的。当然，美航是我所喜欢的民航公司，因此我决定为它伟大的遗产添一份自己的力量。

1974年，公司陷入了深重的困难。为努力解决各种难题，我在任职期间公司和航空运输业都发生了很多的变化——太多了，以至于我在此无法列举。总之，今天对这个市场的要求比我所见到的任何时候都高，美航已经成为一家强大的、极具竞争力的企业。

1985年3月1日起，我将退下董事长和首席执行官的职位，但仍将担任公司的董事。鲍勃自1980年7月以来一直出色地担任了总裁兼首席业务长官的工作，现在，他将担负起更大的责任。他是今天航空业最有成就的管理者，我完全相信在他的领导下美航将继续繁荣。

在送我离开美航的热闹的退休晚会上我仿佛看到在大厅唯一一个阴暗的角落里藏着墨菲本人，在一片欢乐声中，他喃喃地说（我发誓自己听到他说）：

“见鬼去吧，凯西，我敢肯定你赢不了。”

CASEY'S LAW

12

大邮票

己之所欲，可施于人。或者——记住这一条，它可能会很重要——对一个人有好处的对另一个人也一样有效。

我从来没想过就此完全退休。我并不想代表其他到了退休年龄的人发言——我们都有自己的优先考虑计划和梦想——但是到 65 岁的时候，我感到自己还可以做很多有意义的贡献。我计划在自己的经验可以用得上的一些企业的董事会任职。除了美航的控股公司 AMR 以外，我还是总部设在达拉斯的 LTV 公司的董事，还有时代明镜、芝加哥的西尔斯、Roebuck 和 AM 国际公司及总部设在纽约的高露洁——棕榈橄榄公司。

但我还想有一个固定的工作，其中最先考虑的一项就是教学，也许教工商管理硕士课程吧。我离开美航后不久，有人问我愿不愿考虑教学，当时我不假思索地说："不可能！不够刺激。"但我想得越多，这个主意对我就越有吸引力。可供选择的有我的母校哈佛，还有斯坦福大学，因为加州是艾丽和我都很熟悉并且喜欢的地方。然后，当然还有达拉斯本身，6 年来我们一直住在这里并扎下了根。不过在决定之前我首先得知道离开美航后我们要住在哪里。就我而言这个决定要由艾丽来做。40 年来，她一直毫无怨言地随着我工作的要求跟着我搬来搬去，这一次，我准备跟着她搬到她想去的地方。

按计划退休前几个月，我提起这个在此之前就讨论过几次的问题。

"你想过我离开美航后我们要去哪儿生活吗？艾丽，我说过并且再说一遍，这次由你来决定。这一次，无论你喜欢去哪儿我都和你一起去。"

艾丽说她想再考虑几天。考虑了大约一个星期后，一天晚上在我回家的时候，她让我坐下来，说："艾尔，我在达拉斯就很开心，我喜欢这儿的人，喜欢这个地方。而且我知道你也一样，我们何不留下来？"

于是事情就这么决定了。

要是由我来选，我也会第一个选择达拉斯，不过即使艾丽选了洛杉矶或纽约，或马里的廷巴莫图，我都将决定尊重她的选择。但达拉斯有很多有利的条件，除了在这儿有很多朋友和同事外，我们还参加了达拉斯的一些文化组织，尤其是交响乐团和歌剧院，考虑到我任职的6个董事会都在东西海岸，这儿从地理上讲也便利。

我一从美航正式退休就和艾丽去国外开始度假旅行。因为凯西法则还说，己之所欲，可施于人。或者——记住这一条，它可能会很重要——对一个人有好处的对另一个人也一样有效。如果我在接受美航的职务时要求C. R. 史密斯自我到公司之日起就退下来的话，同样，我觉得自己也应该为克兰多做同样的事。我也许不用比照富有传奇色彩的C. R.，但克兰多也不需要——或者，我敢肯定，不想要——我从背后盯着他。于是，我给艾丽和我自己报名参加到肯尼亚探险两周的远征队，就在我正式退休后的一天，3月1日出发。和C. R. 不同的是，我无意从非洲向鲍勃·克兰多送无数的备忘录，无论这用意是多么好。现在是他显一显身手的时候了，我们计划了这趟旅行就是认定了这个念头。

我们一回来，我就在达拉斯市中心的摩天大楼里选了一间办公室，这里从窗口望去可以看到整个城市。我的称职而且忠诚的秘书莉比·司各特从我到时代明镜后不久就一直跟着我，现在她仍负责我的工作。而我的工作虽然大大减少了，看来却仍需要我像在美航时一样频繁地飞来飞去。比如5月份的一个星期里，我先是出席了达拉斯/沃斯堡的美航董事会会议；然后便飞往马里兰州，那里的圣玛丽大学不知怎地想要授予我荣誉博士学位；然后我又飞到亚特兰大出席西尔斯和Roebuck的年会；再从那儿飞到马里兰州接受国旗日奖章；再飞往洛杉矶参加时代明镜的董事会会议；第二天又回到纽约出席AM国际公司的会议。要是没有莉比，我多半会搞错地方或时间，或者二者都弄错。

我很忙（并且希望自己对各董事会能有所帮助），但是也渴望做事。所以当1980年夏初的一天，得克萨斯州州长马克·怀特打电话来请我参加得州经济发展委员会的一个四人顾问小组时，我十分高兴。这个顾问小组的目的是设法吸引新的公司到得克萨斯来，并且劝说有的公司扩大规模而不是搬走。1979 年我把美航从纽约搬迁到达拉斯/沃斯堡，我们得到了整个达拉斯商界的通力合作。现在，我们这个小组的任务是要组织相似的一条龙政策，以吸引全国各地的商界领导人，说明得州有无穷——也许不是无穷，但却是有很多的吸引力。我在顾问小组的工作很有意思，在很多地方使我回想起 10 年前，自己在纽约州州长休·凯雷的委员会上帮助拯救纽约的那段时间。

不管是多么地喜欢自己的顾问角色，我开始感到自己有一点儿像年长的智者，像巫师和长者。我几乎可以感到自己的头发在一分钟一分钟地变白。事实是，我迫切地想做些事，但做什么呢？我这个年纪的人——无论他的商业背景多么显赫——在这个越来越宠爱年轻人的社会上又能做什么呢？我决定先不着急，而是先找出自己到底想干什么，然后再想如何实施这个决定。艾丽和我谈论了很长时间：我总是不断地想到行政部门，因为我深深地并且真诚地感到，生活对自己真是太好了，我想以某种方式来报答这种慷慨的赐予。另一个我脑海中反复出现的理想工作就是教学，把自己一生的经验传授给正在崛起的一代聪明的年轻人。艾丽和我谈得越多，教学这个想法就显得越有吸引力。

这个消息一定是传了出去，1985 年 9 月我就接到南方卫理公会大学校长唐·希尔兹的电话，他问我这个传闻是不是真的。南方卫理公会大学的艾德温·L. 柯克斯商学院是全国最优秀的工商管理硕士教程学院之一。当我承认自己想教学时，唐马上请我去那儿，并且提出“卓有成就的教授”的头衔作为刺激。

“我肯定你想要考虑几天，”他说，“教这一学年的课已经太晚了，我建议你从下一学年开始，也就是 9 月份。”

“好的，”我说，“我想考虑考虑，但是用不了你说的那么长时间。”

“随便你需要多久。”他说。

“15 秒钟。”我说，这肯定把他搞糊涂了。

“对不起？”

"我说我需要15秒钟来做决定，"我说，然后顿了一顿，"好了，我接受这份工作。"

我很高兴自己希望的有条不紊的新生活已经定向学术，于是开始着手准备课程的内容。但是和以往一样，整齐和秩序似乎永远也不可能实现。

1985年12月12日上午我正在认认真真地备课时——因为虽然还有1年时间，但我离开学校已经40年了，不免有很多临阵磨枪的工作要做——莉比·司各特告诉我威廉·摩尔打电话给我。威廉·摩尔是达拉斯Recognition设备公司的总裁，他干劲十足，很受人尊敬。我认识摩尔不是通过业务上的往来，而是因为我们俩都是当地一家圣玛丽学校的董事。我对他了解不多，但我很喜欢他，也很钦佩他。

"艾尔，我打电话是想告诉你你可能会接到一个叫威廉·斯巴廷的人的电话，"他说，"他是猎头公司的人，受雇要找一个新邮政署长。"

"可是这和我有什么关系，摩尔？"

"斯巴廷对我说，"摩尔说，"他们想找一个聪明的、老练的商界人士来整顿邮政业。我向他推荐了三个人，其中就有你。"

"我一年后要去南方卫理公会大学教书，"我说，"所以可以排除在外。"

"不一定，"摩尔说，"如果你能干这份工作的话，他们也许更愿意你短期任职。总之，我想通知你一下，你为何不至少听斯巴廷说完？"

我谢谢摩尔推荐了我，然后重新回到自己的教程提纲上，以为这件事就这么结束了。几天后，斯巴廷真的打来电话了。

"凯西先生，"他开始说，"我不知道您是否会考虑为政府做出一些重要的贡献。"

这家伙一定是个善于钓鱼的人：这是个简洁而又谨慎、一定会得出肯定回答的问题。就好像是问：凯西先生，你相信母爱和幸福生活吗？

"自从离开美航以后我倒是曾经认真地考虑过担任公职……"我说，不等我补充他便打断了我的话。

"太好了！有人向我大力推荐您担任下一任邮政署长。"

他顿了一顿，“继承本杰明·富兰克林曾经担任过的职务，我肯定您知道他是美国第一任邮政署长。”

“对不起，斯巴廷先生，”我说，“但我记得就在不久前已经有人被提名这一职务了，也许就在1年前左右，不是吗?”

“不错，是保罗·卡林爵士。但我有充分的信心告诉您，理事会显然已经决定撤换他，而您是我们希望担当这一职务的最佳人选之一。”

我解释了自己已经许诺南方卫理公会大学去他们的商学院教学，而且我对这个承诺是非常严肃的，但是他不肯泄气。

“您至少可以考虑一下，”他坚持说，“这可是一个很大的荣誉，您知道……”

“我对荣誉根本不在乎，”我说（其实这不太正确），“问题是，如果接受这份工作的话，我能对邮政工作产生有意义的影响吗?”我意识到自己已经说得太多了。

“无论如何，凯西先生，您是否可以至少飞过来一趟，和理事长见见面?”

我告诉他我会考虑的，这次可不是15秒钟了。

我打电话给艾丽，简单地讲了和斯巴廷先生谈话的内容。

“我想和你讨论一下。”我说。

“艾尔，你想的是，我们又得搬家了是吗?”

我承认是的，但是补充说自己还没有接受呢！再说他们也还没有说要让我做邮政署长呢。打电话只不过是想让艾丽知道我会考虑，但如果我觉得她坚决反对的话我是不会坚持的。尽管这么说，凭这40年里我对她的了解，我几乎可以肯定地知道艾丽会如何反应。

我最爱艾丽的一点是她从不拐弯抹角。当晚我们讨论了接受这份工作的利弊。弊处，包括：才刚决定留在达拉斯就又要迁往华盛顿；我可能受到任何在华盛顿有权力的人都会受到的不可避免的批评；要和也许是美国最大的官僚机构打交道，包括其75万名雇员；要和几个邮政工会打交道，我知道这几个工会联合起来一致反对变革。此外，我还要从 6 个董事会辞职，而做董事会的董事是我十分喜欢的工作，最后无疑也是最重要的是：考虑到我已经对南方卫理公会大学做出了承诺，如果接受这份工作，我就只能干不到一年。至于有利的一面嘛：无论是不是天真的想法，这总算为自己的国家服务。此外还有巨大的挑战——每个人对邮政服务都有看法，所有看法都是不满的。此外还有那种觉得自己也许可以为改善邮政服务效率做出贡献的感觉。

艾丽和我都同意“弊”大于“利”。她承认这一点后，又看了看我，说：“艾尔，我感到你很感兴趣，你为何不至少去一趟，跟大家谈谈？”

几天后，也就是12 月中旬，艾丽和我飞往洛杉矶，在威廉·斯巴廷的安排下和邮政部理事会的理事长约翰·麦克金以及副理事长彼得·伏斯见了面。麦克金住在旧金山，这次专程飞来同我见面。我先见到了他，然后大约 1 小时后伏斯也来了，他因为在打网球时受了伤所以仍然拄着拐杖。他们简单地介绍了邮政系统所面临问题的大致背景，包括庞大的官僚机构、迫切需要精减人员，尤其是要实现自动化，这样才能和私有部门的公司竞争，这些私营企业的存在无疑正是依赖于美国邮政系统的效率低下。

他们为什么要炒卡林的鱿鱼是我需要知道的。卡林干邮政一行已经 16 年了，是第一位一级一级升上来的邮政署长，打破了长久以来指定政界人士担任该职务的传统。事实上，当一年多前卡林被任命为署长时，里根执政的白宫直到最后 1 分钟还向理事会请求把这一职务授予里根和布什竞选委员会的前任委员艾德·罗林斯呢。

“保罗·卡林太优柔寡断了，”麦金斯说，“他的一个目标是裁员，但结果过去一年来邮政部门的雇员人数反而增加了 5% 以上。”

“更糟糕的是，他迟迟不开始实施自动化，”伏斯接着补充说，“好几个月来我们一直向他施加压力，要他开始动手，结果一无所获。解决问题的关键是要实行 9 位数的邮政编码，”他解释说，“可卡林就是下不了决心买那些设备。”

“他把太多的权力都分了出去，”麦金斯补充说，“我们简直不觉得是他在指挥。”

“他太没有魄力了，太容易服从，”伏斯插嘴说，“如果里根的白宫要他毁掉邮政署的话，我敢说他也会的。”

“而且邮政署的赤字很高。上一个财政年度到9月份为止，我们的赤字达到2.51亿美元。”麦金斯说。

“考虑到现在授予我们的权力，这是完全令人不能接受的。”伏斯说。

他所说的授权是15年前，政府提出发送邮政部这个庞大的开支极高的官僚机关的财务状况。在1970年之前，邮政署长一职一直属于内阁职务，由白宫任命。白宫指定的政界人士操纵着大权，理事会不过是个橡皮图章。由于大多数白宫指定的署长并没有多少邮政背景，管理财务也不行，于是邮政系统，这个全国最大的商业机构的服务和效率一降再降。

1967年约翰逊总统任命了一个委员会，由AT&T的前任董事长弗里德里克·卡佩尔领导，目的是找出需要进行哪些改革才能提高邮政系统的效率。经过两年的研究后卡佩尔向国会报告：

> 我认为如果不把邮政部门和政府分离开来，使邮政署长一职脱离内阁，放弃对邮政部门的控制、游说压力和目前强加的种种人事做法，那么不论花多少时间，想多少办法都会只是空谈而已……邮政业务在服务的质量效率和履行其责任上一年年落后于其他经济部门。

当时的邮政署长劳伦斯·奥布里安就更加直言不讳了，他认为邮政系统是在“和灾难赛跑”，并补充说：“邮政部门就像传统定义上的大象——一只按照政府规格做的耗子。”

约翰逊在他最后一份预算中建议国会批准卡佩尔委员会的意见，指出1969年邮政系统赤字可能达到10亿美元的惊人地步。但国会迟迟不肯行动，一直到1970年春天发生了美国历史上首次邮政工人大罢工，国会才急于采取措施。这次罢工持续了12天，首先从纽约市爆发，随后马上蔓延到全国六百多个邮局。1970年8月6日，国会通过并由尼克松签署了《邮政重组法案》，希望能够把邮政系统改造成一个自力更生、有效率的组织。作为这次授权的一个部分，理事会——包括9名外来任命的成员，加上邮政署长和副邮政署长——在监督邮政署方面有了更多的参与。我可以从麦克金和伏斯的关切和探听问题上看出这两个人——有自己优先考虑的问题——比任何私营公司的董事长都更想运用自己被赋予的权力，而且后者可能还甚于前者。我警告他们如果自己接受这份工作的话，我是不会甘心权力旁落的，虽然任期会很短，我也不会容许别人干涉我的日常生活。理事会多长时间开会一次？每月一次。很好。我将乐于每月向他们报告所有的情况。但是如果作为首席执行官我需要更频繁地向他们汇报或改变自己计划的话，我是不会接受这份工作的。他们似乎接受了这一条，尽管我察觉到伏斯有一点迟疑。

我们又谈了几个小时，我迫使两人解释为什么尽管我不会干很长时间，他们还是想要我。吃午饭的时候，我问他们为什么不组织一个专门委员会，找一位长期人选。简单地说，想让他们回答是否他们想让卡林走路，因而马上需要一个替代的人。那么，他们认为我任职期间是“调整”时期吗？

“你可以这么说。”伏斯说。

“那么你们不应该找我，”我说，“除非觉得——并且你们也觉得——我会真正做出贡献，否则我不会参加理事会。”

他们问我对裁员和自动化这两个问题有没有什么具体的想法。

“前一个问题，”我说，“我想有很多办法都可以不解雇掉大量人而仍然大大提高效率，我可不想让人们以后提起我时就想到‘刽子手’凯西。”于是我告诉他们我会怎样把人们安排去做有意义和有生产效率的工作，我会怎样精减汇报程序。现在粗粗看来，这个过程真是太啰唆了。至于自动化则需要进一步的仔细研究。

第二天早上，艾丽和我飞回到达拉斯。两天后，麦克金打电话来正式邀请我出任这一职务。他说他前一天同邮政和公务理事会理事长威廉·福特众议员谈过了，告诉他理事选择了我。由于根据新邮政管理法这将不再需要通过众议院的批准，理事会的决定将决定一切，如果我接受的话，麦克金说，理事会就会在1月6日星期一公布消息。

元旦假日期间，艾丽和我再次讨论了接受这份工作的利弊。

“这可是个大大的荣誉，”她说，“不是每个人都可做本杰明·富兰克林做过的工作的。”

“对我来说，问题的关键是我能否在短短七八个月里干出点成绩来。”

“我了解你，”艾丽说，“时间短暂会使你更加努力的工作。”

我给麦克金打电话，告诉他如果可以无条件地给予我所要求的权力的话，我就接受。他向我做了保证，并叫我一过完新年就飞到华盛顿出席新闻发布会。

1月7日，麦克金在新闻发布会上把我向大家作了介绍，他简单地讲了我的履历和商业背景，然后便开始让记者们自由提问。其中的一些问题关系到为什么解雇卡林，麦克金对此有意做了含糊的回答，只说理事会认为卡林对邮政部门官僚主义问题处理得不够及时和有力。“如果你们相信政府官僚机构可以自我调节的话，”他补充说，“那么你们显然就相信人类是由一对夫妇繁衍而成的了。”

当问到我最大的挑战会是什么时，我说：“说服我的妻子接受华盛顿的生活。”第二天报纸纷纷指责我开玩笑似的回答，但事实是，我只不过是讲了真话而已。再说在我还没有踏上这条人人都以为正在沉没的邮政之船前，马上开始夸夸其谈或进行预言必定是愚蠢的。麦克金回答了大部分问题，这对我来说挺好，因为我从未想过要出风头，再说，他对邮政系统的了解可比我多得多了（至少在当时）。但我忍不住还是回答了一些问题，这些问题如果不由我亲自来坦率地回答的话，就不可能得到很好的解释。因为我说明自己只会任职很短一段时间，已经有传言说我将会是理事会的傀儡，任由后者操控，是“填空档的凯西”。

“凯西先生，您打算担任多长时间的邮政署长？”一位记者问。

“任何首席执行官的首要目标都是安排自己的接班人。所以，对你问题的回答是：如果我真的干得很出色的话，6个月。如果干得不好的话，9个月。”

我看到那位记者有一点吃惊，但还是兢兢业业地在笔记本上记下了我的回答。

“您自己宣布才刚上任就要准备把权力交给别人，不烦恼吗？”另一名记者问。

“难道华盛顿有哪个人不用把权力交给别人吗？”我反驳道，“只不过有的人不承认罢了。”

后排一位戴眼镜的先生问了另一个寻根究底的问题：“凯西先生，您能告诉我们您为什么要接受这份工作吗？”

“因为我失业了，”我说，努力显出十分严肃的样子，然后又补充道，“而且因为我很高兴有这样一个机会为祖国服务。”

上班第一天，我就发现有三家咨询公司忙着对邮政系统进行评估，这对纳税人来说可是一笔不小的开支。我把他们一个一个叫来，问他们的具体任务是什么。

“我们试图确定邮政系统的作用。”第一家咨询公司说。

我点了点头，叫第二家咨询公司的人进来。他的回答虽然措辞略有不同，但意思差不多。第三家也一样。我让莉比·司各特叫来三家咨询公司的负责人。不一会儿，他们都来了。我说：“先生们，我来回答你们的问题，邮政系统的作用是发送邮件。现在你们可以走了，从今天开始我们不再需要你们了。”

我开始寻找其他见效快、显而易见能够节省开支的方法。发现卡林之前的署长威廉·波尔杰以美国邮政署的名义购买了一架私人飞机，如果不是完全至少也是主要供自己使用。我对飞机自然是知道得不少，知道维持这样一架飞机得花多少钱，而且我也知道自己在任期间会需要出差多少次，坐航空公司的班机会省钱得多。于是我就把飞机——一架漂亮的 Citation 拍卖了 190 万美元，又补回一笔赤字。但是取消这两项——咨询公司和私人飞机，节省的钱毕竟是九牛一毛。

没过多久我就肯定自己真正的贡献将是两个领域：人事和管理结构。我了解到，邮政系统花的每个美元中有 4/5 进了雇员的腰包——工资和福利。

而且我马上看出，邮政系统的四级官僚机构——华盛顿工作人员、区域工作人员、地区工作人员和全国各地的各个邮政局长——怎么说也是太冗余了。我还必须记住，自己现在所面对的数字与美航相比之下简直像小菜一碟。整个邮政系统共有74.5万名雇员，比陆军人数还多，营业收入达到270亿美元，是美航的5倍。仅1986年一年邮政部门就送递了约1450亿份邮件。

我最初的举动之一就是审查卡林在前几年使邮政工作人员的数量增加——虽然命令要求裁员——4万名的决定。我猜测从这儿着手削减开支正合适。但是越是仔细调查，我就越是得称赞卡林：他决定雇人是为了减少邮政署的巨额加班工资支出。而且他还同工会谈判达成协议，以比以前低得多的薪水雇用新雇员——这可不是件容易的事，因为邮政工会的势力是那么强大。他的所作所为使我想起4年前我们在美航和工会打的那一仗。结果，邮政署虽然多了5%以上的雇员，但当年的人员开支却大大减少了，卡林立下一功。

上任后的第一周，我叫来几名重要的员工，每次至多叫二三人，只问他们一个简单的问题："如果你被任命担任一天的邮政署长，你会做些什么来改善服务和提高效率？"

毫不奇怪，这个问题让他们如此吃惊，谁也没有现成的答案。但有几个人过了几天后回来，提出了一些很好的想得很周到的答案。我们研究所有的建议并将其中的一些付诸实施。

我还叫来几位总部的高层行政人员，直截了当地问他们："你认为自己有资格做现在的工作吗？"

令人吃惊的是，有几个说他们不敢肯定。但是所有的人都说他们会尽全部努力来证明给我看他们有资格，或者如果我指出他们缺点的话他们会做出改进。我告诉他们我不认为总部的工作人员工作得很努力，并说他们应该从自己的词汇里抹去早九晚五这个概念。我补充说，如果我对他们失去信心的话，他们就再也不会有机会重新赢得我的信心了。

我很快肯定了这一点，即副邮政署长杰基·斯特朗奇是个很有能力而且努力工作的行政人员。但是他和我都有太多的人要来汇报。我知道如果自己不赶紧采取行动的话，马上就会被细枝末节的东西所淹没。我还没费太多脑子就算出在总部负责财务、业务和出关的人都不怎么样，并告诉他们自己选择，要么辞职，要么被解雇。为了填补这个空缺，我叫来了老朋友杰克·盖瑞提，他是商业界最好的管理顾问之一，我要他负责建议几种方法来精简我们过于臃肿的机构。我告诉总部的工作人员要像对待我一样对待盖瑞提，和他充分配合。

到3月中旬，也就是上任后第六个星期，在杰基·斯特朗奇的帮助下，并且仔细研究了人事档案后，我决定了哪些是署里公认的最好的、最公正、工作最努力的行政人员，然后任命他们担任新的重要职务，负责系统开发、管理信息和研究技术、市场营销、设备和供应等。依照我自己的管理原则，只有财务和计划、业务、总顾问和邮政总检察长需要向我汇报。

现在回头一看，我肯定会有很多人会指责我在清理美国邮政署总部——“婴孩广场”——这件事上过于轻率。但事实上，当人们时间有限或受到压力时，行动起来总会快一点，而且可能也效率更高一点。就像艾丽所预见的那样。

我马上发现自己闯进了大黄蜂的窝，我在这个时候进来真是糟透了。一方面，里根总统本人及他的管理和预算部门主任詹姆斯·米勒都毫不掩饰对邮政系统的批评，他们强烈建议实行私有化是最好的解决办法。我上任初期米勒曾写信给我：“宪法……没有要求邮政业务成为垄断机构，更不用说政府的垄断了。”另一方面，政府（大声）吵闹着要结束长期以来对非盈利邮件的邮政补贴，也就是说大约每年10亿美元，这个额外的负担根本无法承受。再加上格雷哈姆·鲁德曼——要求预算平衡的家伙——在我刚上任一个月就交给我一项任务，要求我们的预算比1986年减少5100万美元，并且规定这笔钱从雇员的工资里面扣。我拒绝了，既是因为我觉得他们无权指挥我在哪儿削减，也是因为我认为这会更加影响士气。于是我就在文件上签了字，也不写出具体在哪儿削减就把它送了回去，而——要知道这儿是华盛顿——他们也就满足了。

开始工作了三个星期以后，艾丽指出我又开始一天工作12个小时，一周工作 7 天了。我原来接受这份工作的时候想这样吗？我只能耸耸肩，不怎么自豪地说，我有好多事情要在很短的时间内完成。再说，我也叫其他所有的人加倍努力，提高生产效率了，怎么能不以身作则呢？我可以从她的神情上看出她想到了里根对杰米·卡特即席时说出的那句有名的话："你又来了……"就是这句话对里根登上总统宝座起了莫大的作用。

做邮政署长还是有一些额外的好处的，其中之一就是在婴孩广场的十层楼上有自己的私人餐厅，从这儿望去可以看到华盛顿的海湾。好处也许有点儿不太恰当，因为对我来说这是一个有用而且令人愉快的工具。它使我有机会每天与主要的行政人员会面，并且在一两个小时的时间里，在一个友好而清静的环境里了解他们认为哪些是邮政系统最迫切需要解决的困难。在这些午餐过程中，我总是静静地倾听，在相对较短的时间里了解了不少东西。自从我到来以后，由于麦克金公开宣布我将大刀阔斧地裁减人员，总部的工作人员人人都感到岌岌可危，这并不难理解。有流言说我会裁掉 1800 名华盛顿的员工，总共解雇 14 万人，即约 20% 的员工。这些当然都是胡说八道，但轻率地公布这些数据并不能使我的工作更加轻松。邮政工人工会可以说是全国最有势力的组织，我感觉得到他们对我极为仇视。他们知道我会比他们先下台，所以他们所需要的只是阻止我出手，然后等待"凯西风暴"过去就好。

理事会也很紧张，他们怀疑自己是不是选错了人。倒是麦克金，显然从很多方面来说是个严格要求的人，真诚地希望进行积极的改革，很快地改善局面。而伏斯则令人不胜厌烦，他总是不断地插进来管别人的事，从业务到采购什么都要掺和。他最珍爱的计划是自动化，因此便不停地催促我采取行动，购买可以处理九位数邮政编码的高速设备。邮政署考虑改用邮政编码一事已经有一年多了，有人甚至猜测伏斯在解雇卡林这件事上起了关键性的作用，因为卡林在邮编处理设备这件事上拉了他的后腿。购买这些设备需要 2.5 亿美元的一笔大数目，而我由于两个原因不太喜欢这个计划：首先，即使工会不奋起反抗（毫无疑问，扫描仪会代替人的劳动），我也还没有相信这么做能节省开支。其次，并且更重要的是，两家投标安装工程的公司之一是总部设在达拉斯的 REI（Recognition 设备公司），其总裁是威廉·摩尔，就是第一个推荐我担任这份工作的人。所以，如果理事会坚持要做这件事的话，我已经决定退出投票。

伏斯是那么坚决、那么好管闲事，我决心再运用一下上帝的力量，解决他这个难题。既然我可以让曼哈顿市中心的灯熄灭，当然也能把伏斯放逐到某个遥远的海外小国。知道他是个自高自大迷恋显赫头衔的人，于是有一天我装作若无其事地问他："彼得，如果你可以自由选择的话，你现在最想做什么？"

我早已知道答案了，但故意要让他落进我的圈套。

"我一直想当一名美国大使，"他说，"其实，我恰巧知道现在就有一个驻尼日利亚大使的职位空缺着，你觉得你可以帮上忙吗？"

"让我试试吧。"我像个智者一样点点头说。我脑子里有了个交换的主意，也许还真能成功。

我打电话给当时的国务卿乔治·舒尔茨手下的副国务卿约翰·怀特海德，问他是否有可能考虑让邮政署的副理事长伏斯担任驻尼日利亚大使。

"艾尔，"怀特海德冷冰冰地回答道，"你为何不管好你的邮政署，让舒尔茨国务卿决定大使的人选？"

我估计他会这么说，于是就给老朋友唐·里甘打了个电话。唐·里甘是当时的白宫助理办公厅主任，我来到华盛顿以后就经常和他一起吃午饭。我知道里根夫人很想发行一张邮票，以纪念已故的哈维·古辛博士。因为这位波士顿人和她父亲的关系十分密切。按照传统，邮政署长每年有权指定发行一枚新邮票，唐已经问过我能否发行一枚邮票纪念哈维。唐在几个问题上和里根夫人发生了矛盾，这主要还是因为里根夫人认为里甘逼总统逼得太急。所以里甘想，如果他能帮助里根夫人实现她的愿望，那么两个人之间的关系应该就会改善。那时我还没有同意他的要求，但是此刻我感到时机来了。

"唐，"我说，"白宫按规定可以干预大使的任命。但据我所知，白宫没有使用这一权力已经很久了。你能帮我把副理事长伏斯送到尼日利亚去吗？"

我对古辛邮票的事没做什么承诺，但我肯定唐心里一定想到这是我和他交换的条件。

不一会儿，我接到了约翰·怀特海德的电话。

“艾尔，”他说，“我刚才接到唐·里甘的一个电话，我想我看到了艾尔·凯西在背后要的花招。不过，我还是向国务卿提了伏斯先生。要说他不感兴趣那可是大大的错了，他已经把伏斯的提名递交给参议员的审批委员会去审批了。”

虽然并没有承诺，我还是信守诺言，安排批准了纪念古辛博士的邮票，并且为自己这么快就学会华府的办事方式并用它来为自己服务而大为得意。正如我以前说过的，你可能没有很多的机会来扮演上帝……

4 月，理事会计划在亚特兰大召开会议，我迫切地想看一看有没有关于任命伏斯的消息下来。会议正要开始，只见两名检察人员走近伏斯，附耳对伏斯说了什么，伏斯的脸上露出了沮丧的神情，他一言不发地站了起来，跟着两名检察人员走出了房间。理事会议他也没有参加。但当天就有消息传出来，说是伏斯被指控有重罪——因伪造开支账目之类的事将受到审讯。

我马上意识到自己的小花招这下可要适得其反了。居然想推荐一个被指控有重罪的人当美国大使！真有你的，凯西！我连忙给唐·里甘打电话，告诉他发生的一切，问他能不能帮忙给国务卿舒尔茨打电话。

“艾尔，”他说，“我可不能给舒尔茨国务卿打电话讲这件事。你自己弄糟的事，现在自己解决吧。”

于是我给约翰·怀特海德打了电话，告诉他是怎么回事，但他不肯作答，而把我的电话直接转给了国务卿舒尔茨，后者把我好好地说了一顿，显然我是活该了。我这才开始知道华府是怎么办事的，和我原来计划的好像大不一样。

结果，伏斯甚至比我想象的还要坏。首先，他是个恶棍：每次来参加理事会的时候，还有一系列他自称与工作有关的出差时，他总是买一等舱的机票来报销，然后自己坐经济舱，从而赚取这之间的差额。担任理事的三年来，通过这个办法他贪污了4.4万美元！此外，他还向私营的承包商收取回扣，把本来可以邮政系统自己完成的调查研究交给他们去做。这两件事就够糟的了，可还有更坏的呢。原来伏斯一直在迫使卡林和我实现自动化，特别是购买recognition设备公司的设备是因为他和为recognition公司游说的公关公司有私下的安排，如果recognition被选中的话，伏斯就可以拿回扣。这家公关公司的负责人约翰·格诺是1980年里根在俄亥俄州竞选的经理人。这笔交易的回扣占合同金额的1%，也就是250万美元！伏斯显然至少可以拿到62.5万美元。

我感到厌恶加反感，无法相信有人会像伏斯这样滥用公众对他的信任。当有人提出伏斯可能默许了把我请进理事会一事以操纵我时，我驳斥道，自己从一开始就不喜欢这个人，而且（没有说出为何以及怎样做的）还努力想把他赶走呢。

鉴于发生了这么多事，而我又和达拉斯那边有关系，我打电话给比尔·摩尔，很高兴他完全是清白的。他说，他所做的只不过是努力要为REI争取生意，不多也不少。而后来的调查也确实证明摩尔和REI对此事毫不知情。尽管如此，这件事还是给我留下了很不好的印象，舆论的宣传也无疑使我们精简机构、提高效率的工作更加困难。

“伏斯丑闻”促使我更加果断地进行改革，步伐比以前更快。几周来我一直在研究美国邮政系统的基本组织结构，向一些高层官员咨询了解情况，我开始尊敬这些人。我清楚地意识到，公众认为我们官僚作风严重的看法一点也没有错。

这次，我仍是从上面开始，先整顿总部。我设了一个助理邮政署长的新职，再加上副邮政署长，组成一个高层管理小组。我还把市场营销工作提到高层一级，由助理邮政署长向我汇报。但精简总部机构只是第一步，我仍然相信倒金字塔的观点，在1986年冬天，从基层到总部之间至少有一层官僚机构是多余的。事实上，我们有约2万个邮局向216个“区域管理中心”汇报，后者又向42个地区的办事处汇报，再由地区办事处向5个区域总部汇报，然后汇总到华盛顿的总部。我越是考察，就越是认为地区办事处往往是延误而不是加速办事的过程，于是痛下决心取消这一部分。我任命了5名区域邮局局长，建立起72个地区分部，所有的分部都向这5个新上任的邮局局长负责。一些几经周折才能到华盛顿的问题这样就可以在区域以内得到处理。

我们挑选了72名最好、最有经验的高级邮政雇员——根据他们过去的记录和成绩审核，提升为这72个分部的负责人，从而向全体员工传达了一个信息：我们是任人唯才。这显然造成了一些混乱，但我告诉国会自己的目的不是解雇员工，而是对他们的职务进行调整，从而提高效率。

我们的雇员——总共75万人——必须理解邮政事业是非常有竞争力的业务，他们必须更加关注客户的需求。我们需要延长邮局工作时间，提高服务质量，这就意味着邮件的递送要更快更准确。我们还要缩短邮局之间的路线。我们在全国各地的各个邮局实行了周六主班制度，在一些城市还试行了周日工作制。所有地方的公众都立即做出了积极的反应。

为了帮助缩短路线，我们在全国各地安装了2.5万台新邮票售卖机。为了帮助加速邮件的传递，减轻邮递人员的工作量，我们从长岛的克鲁曼公司购买了99150辆货车，既用来替换老化的吉普式卡车，又使数千名邮递员告别了步行时代，成为驾驶员。一个引为笑话而使邮递员欣喜的革新是把方向盘改装在了右边。(人们说："嗨，伙计，你以为这是在英国吗?") 这样，邮递员只需从右边的窗户里探出身去把邮件塞进邮箱，而不必从车上下来一直走到邮箱边。不过，最吸引我的还是从商业角度来看，这些新车的车体是用铝造的，比原来的车轻了800磅，跑起来也省油多了。也许是因为我一直以来就在美航为燃料价格而头疼的缘故吧，不管怎么说，想到每天每辆车都能省下好多钱，我就特别高兴。而且新货车因为是铝制的车体，所以可以使用24年，比现在老车的使用寿命延长了3倍。

买新车的价格不菲——11亿美元，但是所有的车要6年才能拿到，所以这笔费用可以分摊到6年的账目里。而且，如果我们的计算正确的话——没有理由不相信这一点——邮政署由此省下的钱可达到60亿美元。

上任后的一个月到两个月里，华盛顿官方的政治聚光灯几乎没有关注过我。当然，新闻界却一直像老鹰一样盯着我——几乎每一天都有文章评论总部正面临的“问题”，以及这位新发迹的凯西他的主要革新举动和实施情况。我对这些文章不屑一顾，不过我倒是求神灵保佑，让我免去既浪费时间又令人尴尬的在众议院邮政委员会或其下属委员会出席听证的命运。这种不定期的出席听证似乎成了华盛顿的一项仪式。随便哪个游手好闲的人写的一封信——每天有几十亿邮件送出，又怎么可能没有这样的信——都会马上受到负责这一方面的参议员的关注。当怨言积累到一定量的时候，真实的也好瞎编的也好，下属委员会就会召来邮政署长，强迫他坐在那儿听上 1 ~ 3 个小时——有时甚至是 4 个小时的投诉。然后，这位参议员就会向他或她的选民发去《国会记录》的副本，显示他们的投诉被记录在案，并且已引起了邮政署长本人的关注。毫无戏言，承认一份投诉就等于赢得了一票。到现在为止，我还没有受到这种“殊荣”。就在我额手称庆、以为要轮到我的继任来扮演这个烈士的角色时，我接到了得克萨斯州众议员米奇·勒兰的电话。

“艾尔，”勒兰开始用那慢声慢气的得州腔说道，“我希望你下个星期四上午 10：30 出席我的下属委员会的听证。”

我对华盛顿的套路不太熟悉，但也听说下午听证比上午好，如果可以和午饭时间冲突就更好了。

勒兰有点不高兴了。

“艾尔，”他说，“下属委员会的听证对你应该比其他的都重要。”

“可 10：30 我真的安排不开，”我说，“我真希望我可以做到。”然后又补充道：“我对您本人十分钦佩，并且对您的委员会也十分尊敬。”

事实上，这些听证又冗长又枯燥，对我和我的雇员都是一种负担。但我的话似乎说服了他，他最终同意改到 1：30。

我马上打电话给杰克·盖瑞提，他总是那么乐于效劳，我告诉他这回我们又遇上了新的挑战。

“杰克，”我说，“我想要你去找一个尽可能大的屏幕，至少 8×10 的，如果有更大的更好，然后找出总部所有的投影胶片，一大叠一大叠的胶片，再给我找来全美国最长的教鞭，8 英尺长，如果可能的话 10 英尺长的最好。”

“我想我明白了，”盖瑞提大笑道，“没问题，你等着吧。”

过了几个小时，他带着所有的设备来了，但只带来 2 英尺高的小小一叠胶片。

“太少了，”我说，“我们得要更多的胶片。”

“地下室里还有好多呢，”杰克说，“但可能是空白的。”

“把它们拿来，”我说，“管它是有内容的还是空白的，对下属委员会来说看上去一样吓人。”

指定的那一天到了，下午 1 点整，杰克和我在听证室安装好了投影机和屏幕，一大堆胶片、投影机灯泡——表明我们会需要很多时间——都放在我身旁的桌上。杰克穿着他最好的麦金西服坐在屏幕旁边，拿着 8 英尺长的教鞭。

1：30 一过，下属委员会的成员陆陆续续进来了，大多数人看着屏幕和投影机都显出一副吃惊和沮丧的神情。一位众议员走进房间看了看投影机，转身头也不回地溜走了。

来自宾夕法尼亚州的威廉 · H. 格雷三世众议员做手势叫我过去，他俯下身说：“凯西先生，你这是干什么？”说着朝屏幕和投影机努了努嘴。

“你们委员会的主席要你们了解关于邮政系统的必要背景，然后我好告诉你们最近的发展情况。”

“大概要多长时间呢？”他几乎不掩饰担忧地问。

“大概 1 个小时 15 分钟吧。”我说。我看见他眉头皱得更紧了，便马上补充道：“如果没有提问或打断的话。”我似乎听到他悲叹了一声，便走回到桌边。

这时勒兰主席到了，他也看到了屏幕和投影机，叫我上前，问道：“艾尔，这是怎么回事？”

“主席先生，”我压低声音说，“我知道您对邮政系统的背景和结构十分清楚，但我们想保证您委员会的成员也……”

“艾尔，”他严肃地说，“要多长时间？”

“不超过1小时15分钟，主席先生。如果您能保证没有提问或不被打断的话。”

“有什么别的办法吗？”他焦虑地问道，因为他可以听到他的委员会成员已经开始骚动不安，人们互相讨论着这令人意外的变故。他们对主席可不太满意，怎么能让这种事发生呢？

“好吧，主席先生，”我说，“也许您可以说几句邮政署的好话，讲讲我们是怎样尽最大努力为国会和公众服务的。然后作为回答，我再夸奖一下您和您的委员会是如何做出了杰出的工作，然后您就宣布休会。”

“这不可能，”勒兰说，“艾尔，这是勒索，你知道的。”

“根本没有的事，”我说，“我只是想帮忙罢了，因为我好像听到您委员会的成员正是这么要求的。”事实上，几个显然听到了我们谈话的委员不仅催促勒兰答应，而且还挥动双手表示强调呢。

勒兰狠狠地瞪了我一眼，我敢说那是我有生以来获得的最不怀好意的一眼，然后从牙缝里说：“好吧，艾尔，你赢了，不过我保证下回会逮住你的。”

他的确说到做到。

同时，我做手势叫杰克·盖瑞提收起设备。他在一边摆出严肃的面孔，忙着收拾东西；另一边勒兰主席开始讲一些对邮政署来说最好听的话。只不过他的动听的话还是比不上我对勒兰及整个委员会认真的工作态度和聪明的夸奖。

整个听证会没有如我预计的开一个半小时，而是7分钟就结束了，然后勒兰敲下小槌，宣布休会。

我的日程中还有三件事是在我离任去南方卫理公会大学前要做的。我们的三种邮政服务分别向客户承诺一天、两天或三天之内把邮件送到。对这三种服务的详细调查表明，虽然一天和三天的承诺都达到了90%以上的兑现率，但两天送到的兑现率却低得多。我强烈建议将两天送到的服务取消掉，这大约包括每天4850万份邮件。在建议采取这一行动、抵制内部的反对压力时，他们说：“艾尔，你不觉得这实施起来太难了吗？”我总是耸耸肩膀说：

“我说了，不要把桥造得更高，只要让河面降下去就行了。”但由于任职期即将结束，我无法实施这一计划，只能把它推荐给了我的继任者鲍勃·提希。

这三件事中的第二件我觉得会大大节省邮政署的开支，超过任何其他措施，即建议把信封规定为不多不少正好三种大小统一标准。生产文具和贺卡的公司鼓噪而起，仿佛我宣布第三次世界大战爆发一般。他们向国会强烈抗议，国会果然做出反应。试得不错，可惜没有命中。

第三件事也就是最后一件事是帮助委员会找一个继任的人，一个准备长期担任这一职务的人，这样我便可以自动告退了。我建议了两个人，都是杰出的商界人士，再加上杰基·斯特朗奇，后者的奉献精神和对邮政系统的了解堪称无懈可击。

与此同时，我亲自写了一份题为《关于邮政署长的见解》的数页长的论文，试图说明担任这一工作的人需要具备的特征。“任何担当这一工作的人首先必须具有，”我说道，“精力。他要为这么多选区服务，既不能把权力分给别人，又不能逃避。他无须知道工作的方方面面、每个细节——不要为此浪费时间。人们从经营大型企业中学到的是不能妥协，他不能屈服于满足某个特别的工会、议员或州长的要求。他必须扬起头，直截了当地、坦率地向他们解释为什么他不能为他们开后门。所以我猜除了精力以外，第二项就是绝对正直的人品了。”

我还欣喜地向理事会和国会报告了在我任职期间的那个财政年度，我预测邮政署会获得4亿~4.25亿美元的利润——增加了约7.5亿美元。能够如此地扭亏为盈，其中有些方面有我本人的功劳，对此我感到很高兴，但是也觉得有些惭愧，当年的总体经济形势很好，这帮了我们的大忙。通货膨胀消除了，我来之前又实施了几项劳工制度。所以在我看来，我们为未来做了明智的和很好的投资，这一点要重要得多。

我接受这份工作之前曾事先受到过警告，肯定会碰上个令人窒息的官僚机构、一连串徒劳无功的努力和无所事事的环境。但我短暂的经历却使我接触到许多献身于邮政事业的公务人员，他们对自己肩负的巨大责任十分清楚——使这个国家与其人民密切关系，他们是一支伟大的队伍，并且在不断地完善自己。美国邮政署虽然问题重重，但无疑是世界上最好、经济效益最高的邮政系统，我只希望自己的努力能帮助它保持这一传统。

虽然鲍勃·提希不是我推荐的人选，但其仍在8月的理事会议上被任命为接任我的人。他当时是路易斯公司的总裁，有丰富的商业经验。我相信60岁的他会仍然拥有这个工作所必不可少的精力和奉献精神。我祝福他——以及他的80万名雇员好运。

在自愿经历了华盛顿或至少邮政署疯狂的节奏——一天12个小时、每周7天，接连8个月从未间断之后，我盼望着开始达拉斯和学术界的更宁静、节奏更慢的生活。我知道艾丽对此甚至比我更高兴。

CASEY'S LAW

13

教学和第一共和银行

向前看，而不是向后看。

那是最美好的时代，那是最糟糕的时代；那是智慧的年头，那是愚昧的年头……

——查尔斯·狄更斯

我所期望的一切都在教学中实现了。

我的学生天资聪慧，热情好学，一周两次和他们接触使我感到自己又重新年轻起来了。我还是讲自己读工商管理硕士时的课，但现在我总是把重点放在案例分析上，用现实的公司和难题来教课。鉴于从自己最熟悉的内容开始比较好，我把美航也列入了案例分析的内容，对美航以及过去几十年来困扰整个民航业的问题我还记得一二。为了使这门课更加有趣，也更加有档次，我计划请来美航的首席执行官，让他和学生们对话，然后评价后者针对所研究的问题提出的解决方案建议。这对学生们十分有好处，而且无疑也会对首席执行官有很大的帮助。与好提问题又积极的年轻人接触会大大激发企业领导人的灵感，尽管他们可能尚未认识到这一点。鲍勃·克兰多还不知道自己已经是我计划中的第一位人选，当然还有一些其他公司，如西尔斯、高露洁、时代明镜、AM 公司（Addressograph-Multigraph）和加利福尼亚银行。

虽然我在商界是个众所周知的好好先生，很平易近人，但我也从来不怕采取强硬措施。我刚到美航头一年就裁掉了六七个副总裁，一下子和好几家管理咨询公司中断了业务，在邮政署的时候也做过这样的决定。一些以手腕强硬出名的首席执行官觉得裁员很难，甚至是不可能的，这我可以理解而不敢苟同。留下那些不尽力或者不够资格的人不仅对其他尽心尽力工作的员工是不公平的，对你所经营的公司也是不公平的。我相信应该给领导者和经理以机会，但是如果在一段合理的期限后他们仍不能令人满意——我总是认为两年是很公正的，也许这是最长的期限——那么他们就应该走人。

同样，我也希望自己的学生做到这一点，我要求他们出勤所有的课，课前要做好准备，并且要参加课堂上的讨论。

1987 年夏末，我围绕 5 个真实的案例来教授商业政策课。这 5 个案例是：

宝丽来对柯达

1974 年的链锯案

气体产品和化学品

大众影院

人民运通航空公司

我们的问题都是在现实中各个公司曾碰到过的，都有关于数字的“硬”问题。人的天性使得人们总是想关注一个而忽视另一个，而我强烈地感到，最成功的经理正是那些两者都兼顾的人。事实上，我敦促我的学生，更加强调他们往往容易忽视的那一面。

我们的课堂自始至终都很活跃、很有意思，有时大家互不相让，总是很有创见。我怀疑教学最大的考验不过是你是否和你的学生学到的一样多，对年已 67 岁的我来说，回答当然是“是”。

我还坚守自己的商业经验和原则，每周必定安排时间与学生单独谈话，回答他们的问题，或澄清还没有讲明白的问题。通过这些谈话，我更加了解和理解了自己的学生了，这和我从事商业工作时的经验是一样的。

我对我的学生说，世界上第一位商业管理学教授是摩西的岳父。《圣经》中埃及记第八章第十三节到第二十七节写道，摩西从早到晚判决人们的纠纷，虽然尽心尽力但还是无法做好这项工作。摩西的岳父认为他这样“肯定会把自己弄垮的，而且会让所有的人也筋疲力尽……你不可能自己一个人完成这项工作”。他接着建议摩西应该建立起一种结构，“让人们有的负责统治几千人，有的负责统治几百人，有的统治几十人……这样你就可以承受这份工作，而所有的人也都会得其所归。”

我总是提倡学生要向过去学习，从自己的错误中吸取教训，我们一定要问自己：这件事为什么会发生，我们如何才能保证它不会再次发生？

教学和经营企业大相径庭，但从某些角度来看同样具有挑战性。年轻的学生们每个学期提出新的挑战——看法，使我亦永远保持一颗年轻的心，保持警觉的头脑。

教学意味着必须真正地研究和努力，而不能唠唠叨叨地贩卖自己的经验。你必须有一个连贯的计划或方案，决定到底要传授什么东西，宣传一个什么样的观点。

每学期开始学生第一次看到我的课程大纲时，总是会有人哀叹和翻白眼。我的课都不容易，需要做出很多努力、投入很多的时间来完成个人和小组所分到的题目，还要写论文以及各种作业，但大多数学生还是能够迎接这一挑战。例如，我发现越来越多的学生都一心想成为好的经理和好的行政人员，但又对只由利润推动的商业提出疑问。他们感到有太多的企业为了达到目标可以不择手段，很多人还对企业如何采取积极行动保护环境和为社会做贡献十分关心。

“很好，”我告诉他们，“我很高兴看到你们的父亲和母亲从小就向你们灌输对社会的责任感。”

我特别重视和那些给我留下深刻印象的学生保持联系。

我还试图把自己在40年的职业生涯中学到的东西传授给学生——他们都上了我亲自传授的凯西法则课。

有个学生有一次打电话来说：“凯西先生，我很乐意利用你多年来建立起来的关系网，你能不能给我一份名单，尤其是你最亲密的朋友？”

但大多数学生都很有教养、有很高的积极性。“你们无论做什么事情都一定要努力，”我告诉他们，“有几分劳动就有几分收获。”

对老师也是一样。

教学的另一个好处是使艾丽和我有更多的时间来参加社会活动、放松和旅行。

我一直很喜欢高尔夫球，虽然打得总是那么不尽如人意。有时，我参加和许多职业高尔夫球协会巡回赛相联系的职业—业余比赛。我在时代明镜时，公司收购的杂志就包括《高尔夫》。著名的杰克·尼克拉斯是该杂志编辑之一，我因此认识了他，并参加了他的一些职业—业余巡回赛。

有一天，《高尔夫》授予尼克拉斯一项奖励，后者在南佛罗里达自己的俱乐部招待了我们。虽然当时有四个人在场，但他还是坚持要求我们听他读完整篇发言。他讲了整整20分钟，我们心里都在盘算是逃之夭夭好，还是用大棒把他打昏更好，这篇讲话简直太无聊了。但是说句公道话，杰克·尼克拉斯的确变了，他现在已经大大不同了，比以前优雅而且迷人得多，甚至有了幽默感。

“我那个时期可真叫人讨厌，对吗?”他有一次问我。

“杰克，我们都在向好的方向发展，”我回答道，“只要我们努力。”

几年后，我已经在美航工作时，参加了杰克在俄亥俄州举行的纪念巡回赛。J. 威特是那次比赛的赞助商，想不到它的首席执行官菲尔·佩塞尔也来凑热闹。佩塞尔的公司是西尔斯所有的，我当时是西尔斯公司的董事，但我觉得这层关系同受到邀请没有关系，当然，也不会是因为我球技出众。总之，我一般总是很爽快地接受这类邀请，纯粹是为了好玩。我参加当然也有其他的原因：在那里可以遇到很多生意上的老朋友，还可以结交一些新朋友。而且就像打扑克一样，打高尔夫球也总是可以学到一些新的东西——看到人们如此满意且感到愉快，也看到人们如何接受失败和胜利。在这种情况下，你可以看出一个人的领导素质。

参加杰克的巡回赛基本上只是为了开心，我总是惊讶地发现人们常常看到这样的一个基本理由。严肃地承担责任和过于认真这二者之间有十分重要的区别。我总是认真对待自己的责任，但不是秘密的规则，只不过是统领我们一切关系——私人也好、业务也好——的规则而已。当然，最重要的一条规则就是要玩得公平。商界太多的人甚至可以说绝大多数人都忘了前一个词，同时他们常常也会忘记后一个词。

可怜的杰克·尼克拉斯虽然从事的是比赛，可是有时也会忘记这一点。他在俄亥俄州的墨菲尔德举办高尔夫巡回赛时，一心想重现奥古斯都时代的光辉。星期四、五、六日是职业选手比赛，然后星期一进行职业—业余选手的比赛。参加后一轮比赛的多是些在广告和业务上有往来的人，其中也有一些职业选手参加，但人不多。

1980 年春天，我参加了职业—业余选手的比赛，才刚打到第十二还是第十三洞时，有人打电话给我。我打得不怎么高明，属于末流选手，拖着整个队的后腿，但也打出过几个漂亮的球。我们队从来不让我打关键的球，所以谁也不会注意到我跑开去接了电话。

“是你女儿打来的，”俱乐部的人说，“她想和你讲话，她在家门前，她关节炎发作了，痛苦得要命。”于是我就离开赛场去给她打电话。在我看来，再接下去打高尔夫球也没什么意义了。

“去你的吧，”我自言自语道，“我要去洗个澡，然后第一个到酒吧去。”

后来杰克走了进来说：“艾尔，我们已经算出最后的成绩了。祝贺你，你赢了巡回赛的大奖。”

“去你的吧！”我回答道。

“真的，你真的赢了。”他又说了一遍。

“那太好了，杰克，”我说，“奖品是什么？”

他很懊恼我居然不知道奖品是什么，因为这是他亲自挑选的。

“我已经告诉过你奖品是什么了，”他有点儿不高兴地说，“是我在 60 年代用过的麦克里格球杆的复制品，那段时间我一连赢了好多次比赛。”

“太好了，”我说，“他们会按我的长度修改吗？”

“艾尔，他们不是拿来给你使用的。”

当晚，在职业—业余选手赛的晚宴上，杰克好意地拿我开起了玩笑。

“凯西连最后六个洞都没打，他连奖品是什么都不知道，而且，他还想真的去使用这些球杆呢。”杰克一边把他的麦克里格球杆发给我一边说。

他要是知道现在我仍把这些球杆放在车库里还不知会怎么想呢。

※ ※ ※

从邮政署长的位置上退下来以后，我又重新恢复了当时被迫辞去的许多董事职务。我喜欢董事会会议上那种交流见解的气氛，它使我还有机会重新培养自己所珍视的长久的友谊。

1988年开始后，虽然我仍然封闭在象牙塔里面，但也越来越明显地感受到得州乃至全国的经济问题。房地产市场很不景气，再加上石油价格下跌，最终导致出现了所谓的储贷危机。

20世纪90年代初，金融崩溃像蝗虫一样困扰着美国，要理解这次危机就必须理解其背景，是什么导致了这场威胁，要把美国带入另一个大萧条的危机？人们都是健忘的，有些心理学家说，这正是人类通过忘却不快的事来保存理智和生存的方法。然而事实是，当时这次储贷危机很可能引发一场比30年代更可怕的大萧条，如果可以想象的话。

在大萧条时期，有成百上千家银行——包括商业银行和所谓的储蓄所——几百万美国人辛辛苦苦挣来的钱就此付之东流，还有几百万人找不到工作。整个国家已经接近毁灭的边缘。为了寻找对策来应对越来越严重的危机，国会通过了法案来改革银行系统。问题的关键是要恢复人们的信心，而要做到这点，最重要的就是为美国和储户提供储蓄保险。目的是要保证资金的流动性，让其稳定和繁荣，如果可能的话，谁也不想再经历一遍30年代的金融恐慌了。

慢慢地，金融系统开始恢复元气，虽然整个过程非常缓慢又非常痛苦，持续了近10年之久。然后在“二战”后约有20年左右，美国经历了一段前所未有的繁荣时期。商品的价格和利润持续稳定，银行和储蓄所在金融法规的保护下蒸蒸日上。五六十年代，美国人蜂拥到郊区去购买新房，储蓄信用机构，也就是储蓄和贷款成了我们生活的基本方式。这些以社区为基础建立的机构有双重的功能：提供购房抵押贷款和接受人们的储蓄。只要利率保持稳定，抵押贷款利率和存款利率之间的差额就可以使这些机构保持赢利。

但是到了60年代末，一个新的转折时期开始了：为越战和大社会工程的种种雄心勃勃而又昂贵的计划提供融资引发了通货膨胀。此外，1973年欧佩克（石油输出国组织）崛起于世界政治舞台亦加重了通货膨胀的压力。各石油输出国操纵油价连连上涨，使所谓的发达国家马上难以招架，几乎要跪下求饶了。通货膨胀使美国的资金和希望都付诸流水。而只要有通货膨胀，紧接着利率就会上升。到70年代末，利率已经高达20%，令人瞠目。

此外这其中还有一些其他的不稳定因素：随着70年代的结束，金融部门的竞争日趋升温。银行推出一项项革新，更加雄心勃勃，也更想开发新的投资来源。电脑技术打开了通往新投资机会的大门。由于效率太高，人们感到迫切需要比传统方式更高的资金回报。其中一项很有吸引力的选择就是货币市场的互助基金，这些基金可以不受衰退时期政府法令的限制，提供比在储蓄所储蓄更高的利率。随后，整个70年代乃至80年代，资金源源不断地从储蓄所——仍然受旧的法规的限制，规定可以向储户支付多高的利息以及如何用储户的钱进行投资——流入互助基金。

储蓄银行眼看自己几十年来的赢利受到威胁即将要成为往事，遂向国会施加压力要求放宽管制，这自然毫不奇怪。他们说，他们想要的只不过是公平竞争的条件，使他们能在新的金融环境下有公平的竞争机会。1980年，国会通过新法取消了以前对储贷银行的限制，包括原有的贷款数额最高限制和储蓄利率的限制。储蓄所现在可以进行更复杂、更投机的投资。这一法案还把储蓄保险从原来的4万美元提高到10万美元。

然后在1982年，国会又通过了另外一项法案，即加恩-圣热曼储蓄保险法，它允许储蓄所发放无保险的贷款，还首次允许它们大笔投资在商业房地产中。与此同时，对谁可以拥有储蓄所的规定也放宽了。在得克萨斯、加利福尼亚和佛罗里达等一些州，投机商纷纷租赁储蓄所，因为他们意识到拥有储蓄银行就好像拥有了自己的铸币厂，而不用拿自己个人的资金去冒险一样。

不幸的是，国会的这两项法案的双重作用直接影响到美国的纳税人。因为所有这些增长、投机、投资和风险无不都是以储蓄保险的形式花纳税人的钱。换而言之，储蓄保险原来是金融立法的谨慎框架的一部分，现在却成了放宽管制、以冒险和投机为生活方式的新金融环境的组成部分。现在人们可以大笔投机——而且我十分怀疑我们每个人身上都免不了有点赌徒的潜质——用大量保了险的贷款来从事投机活动。许多储蓄银行的所有者虽然是十分诚实的人，现在也被迫涉足他们多年来回避的投机领域，这只是为了满足客户越来越高的要求。他们可能做了很多愚蠢的投资，但怎么都不能算作违法。其他人则利用国会提供的好机会在80年代大肆挥霍。这其中包括十足的小偷和骗子，他们唯一的目标就是迅速致富，才不管储户不储户呢。他们身后所留下的烂摊子——破产的银行机构、破碎的信心和希望——比自大萧条以来的任何经济危机都更具破坏力。

不幸的是，许多无辜的人们成了破产和诉讼浪潮后紧接而来混乱的牺牲品。许多银行随随便便地选举了董事——尤其是女性——而不认真地告诉他们，万一银行遇上麻烦他们要承担何种责任以及可能的个人债务。在这种情况下，许多人突然发现自己因为“做了每个人几十年来一直在做的事”而被推上了法庭，成了被告。一些好几年前就卖掉了房产的人发现，因为买主欠债不还自己又成了那房产的主人——然后又要他为欠债人的行为负责。

尽管这已经够糟的了，可最糟糕的还在后头呢，情况越变越坏。

1986年，国会又通过了一项初衷很好的法案——1986年税务改革法——其目的是削减税率和免税优惠政策。虽然这些政策的目的无疑都是很好的，但国会里谁也没能预见到其后果，尤其是对房地产市场的影响。这部法案一夜之间取消了对房地产投资的激励措施，房地产商马上撤回了他们对商业房地产的投资，把融资的负担和空空荡荡的写字楼留给了储蓄银行去收拾。

几乎与此同时，70年代的高价供应体制也崩溃了。这股浪潮提高了油价，也促使储蓄机构和银行对石油开采进行了巨额投资。他们贷款时的本意是期望油价不断上涨，也就是说，对他们贷款的偿还不是建立在石油产量增加，而是建立在油价上涨的基础上的。这两件事——商业房地产市场和石油价格的崩溃——产生了巨大的冲击力，在非常短的时间内使几百家贷款过多的储蓄机构，尤其是得克萨斯，但也包括其他地区的储蓄机构纷纷破产。

此外还有一个同样严重的问题，国会虽然把储蓄机构的储蓄保险保障提高到了10万美元，但是未能要求同样提高储蓄机构支付的保险费用，以使银行家和由私人支持的保险基金能进行储备，以此来保护自己不受放宽管制后风险更高的影响。到80年代中期的时候，储蓄机构的保险基金已经囊中空空，什么也掩饰不了了。

到了1985年，得克萨斯州和俄亥俄州由私人支持的受政府管制的保险基金已经不可救药。如果这个问题不尽快得到解决的话，对储蓄和银行显然也会产生影响。但是此后的4年中，政府里没有一个人想直面这个问题，显然是希望出现某种奇迹让这个问题自动消失。

到了1989年的时候，继续无视这场危机已经不可能了。1989年，空气中有一种恐慌的情绪——你几乎可以感觉到，1980年以来已经有近500家储蓄机构破产倒闭，仅1988年就有202家——我们可以看出这个问题是如何在以几何数级扩大的。储蓄机构的损失是惊人的，而且也没有保险费用来支付储户的存款。为了遏制这股浪潮使公众不产生恐慌，许多已无清偿能力的储蓄所仍然照常开业，而这只增加了可损失的数量。国会开始辩论纳税人应该拿出多少钱来拯救这些储蓄机构，政府和金融界的许多人预测整个储蓄机构都已走到了末路。雪上加霜的是，多年来困扰政府的预算赤字在这一年更是达到了前所未有的高额数目——对国会来说真是走投无路了。

布什总统在上任后不久便着手处理这场危机。1989年，国会艰难地通过了里程碑式的立法，对储蓄机构立法结构进行了大刀阔斧地改革，成立了解决信任公司（解决信托公司），主要任务就是处理危机，恢复对储蓄保险制度的信心。说白了，解决信托公司的工作就是关闭无力偿还债务的储蓄银行，以尽可能高的价钱出售其资产，并且追查和整治那些造成混乱的罪魁祸首。简单来说，解决信托公司是一个以挽救纳税人和储户财产损失为目的的救援公司。

为了完成这一使命，解决信托公司就成了企业接收机器——接管破产的储蓄机构，准备出售。它还做各种各样的零售生意，出售从半成品到艺术收藏的各种东西。同时它还是一家律师事务所，因为在清理的过程中它必须追究和起诉那些滥用职权的储贷银行运营商。最后，也是最为微妙的一项外交任务就是分发国会的“礼物”。为了替解决信托公司筹资，国会在经过反复的争论之后拨出了300亿美元，命令解决信托公司在6天之内花完。这后一条规定是如此的荒诞，我至今仍不能理解。结果为了支付破产储蓄机构的存款，全国各地都少修了不少水坝、邮局之类的公共设施。而解决信托公司从营业第一天开始就成了政治足球，每天任由想从资产出售者获得资金的国会议员踢来踢去。

简而言之，解决信托公司的任务在美国历史上是没有先例的。按华盛顿讽刺专栏作家的说法，任何人都想领导解决信托公司都必须“既是政客，又是大亨，还得是个疯子”。我想我至少满足其中三分之一的条件。

我是怎么成为解决信托公司的总裁的呢？虽然在反复无常、挑战不断的民航业工作了11年，但我仍没有面对这份工作所带来的财务，更不必说政治要求的准备。我不敢说肯定，但我怀疑自己担任这份工作是从1988年4月9日开始的。那是一个星期六的上午，当时我正在达拉斯自己家中，有人从华盛顿打电话找我。这个人正是艾伦·格林斯潘。他从那时起到现在一直是联邦储蓄委员会的主席。

“凯西先生，”他说，“您肯定已经知道我们和第一共和银行有一个严重的问题。”

“我知道他们有问题，”我说，“但是不敢肯定知道事情的来龙去脉或细节。再说，我也不是他们的董事，你和他们的董事谈不是更好吗？我敢肯定他们会告诉你具体的情况。”

“这不是我打电话的目的，凯西先生，我已经知道了所有我需要知道的细节。”

电话线那头又沉默了很久，我早已习惯这种长长的沉默了，知道肯定又有什么出人意料的事要发生，但这会儿还猜不出会是什么。

“凯西先生，”他说，“我希望您过来接手第一共和银行。”

“这个我恐怕干不了，格林斯潘先生，金融业可不是我的专长。”

"凯西先生，要不是情况已经令人绝望，我不会给你打电话的。第一共和银行已经濒临破产的边缘了，但我们所关心的不仅仅是这个：第一共和银行是西南部另外1500家银行的清算银行，我们担心它的支票会被拒绝。"

"多米诺骨牌效应。"

"正是，"格林斯潘说，"那时可就惨了。"

我当时正在南方卫理公会大学修第二个学年，干得不亦乐乎，无意卷入这种显然一片混乱、有许多无法解决问题的金融困扰中。

第一共和银行是一家商业银行，过去几年里由于在达拉斯/沃斯堡地区扩展储贷业务太广，因而遭受了很大的损失。达拉斯/沃斯堡地区在商业和住房抵押领域做出了很大，并且往往是危险的举动，给予第一共和银行类似的银行造成了很大的压力。

从1984年到1986年，该地区的房地产贷款增长了50%，创下了300亿美元的纪录。1968年石油价格从每桶28美元暴跌到10美元之后，房价也直线下跌——在休斯顿跌了35%~40%，在达拉斯跌了20%。很多人原来只以10%的利率租房，而现在只好搬家去别处。那一年，达拉斯的楼房闲置率为33%，而奥斯汀为38%。

为了解决越来越多的亏损，第一共和银行于1987年6月6日同第一国家银行合并，这两家都是得克萨斯州的主要银行。这样一合并规模固然更大了，但问题也更加多了。总之，合并后的银行仍然面对所有和从前一样的问题，只不过更严重了。我想我无须知道更多令人不快的细节便拒绝了华盛顿那边的要求。

"我真的觉得自己的经验不足以帮上什么忙。"我说。

"凯西先生，我和许多人谈过，他们使我相信恰恰相反，我们并不需要一位金融专家，我们需要的是一位有丰富的商业经验的人。您能和比尔·塞德曼及罗伯特·克拉克谈谈吗？"

塞德曼是联邦储备保险公司的董事长，克拉克则是货币审计主任，他们都是大有来头的人物。看来问题显然是很大了，肯定比我想象的要大。但是根据我长期的经验，至少在现阶段，我应该避免走进会把自己淹没的泥潭。

“我确实很感谢您的夸奖，但是回答还是不。”说完我就挂掉了电话，继续干我的事去了，虽然心里有一点点愧疚，但也为自己没有屈服而松了一口气。

第二天早上，电话铃又响了，我还没有接就知道是谁，肯定是格林斯潘，这个家伙可不会听到一声“不”就放弃的。

“凯西先生，我们进一步讨论过了，讨论只使我们更加坚信，您必须接受这一任务。先生，这是您对国家的责任。”他接着解释说除非马上采取行动，否则该地区的银行就会受到冲击。最后他总结说：“我们必须发表宣告，并且是马上发表，以阻止这种事情的发生。克拉克正在去达拉斯的飞机上，他一抵达您能否就和他见一面？”

看来情况比我想象的严重多了，我同意当晚和克拉克以及其他三人见面——第一共和银行的董事长兼首席执行官杰瑞·弗朗特豪斯，前任董事长、现在是董事及银行控股公司董事的杰姆·贝里以及第一共和银行最大的股东兼董事 H. R. 布莱特。

晚上 8 点钟杰姆开车来接我，带我来到布莱特在湖畔镇的房子，我们在那儿谈了近两个小时——介绍了最迫切的需要解决的问题，探讨了种种可能的战略。越来越难以偿还房地产贷款和商业储户纷纷提款已经使银行第一季度亏损 15 亿美元，第二季度的情况看来也不会好多少。他们每个人都催促我马上出任银行的董事长，想在第二天上午 9 点就宣布我出任董事长一职。但是我感觉到这可能是一件大事，于是还是要求容我再考虑考虑。不过我同意第二天上午和他们每人单独谈半个小时，从 7 点钟开始，我需要一些时间来思考自己要求他们做出哪些承诺。

第二天早上，和四人都见过面后，我同意他们宣布将在第二天选我为董事长。然后我见了许多银行官员和董事，他们中的很多人都似乎不怎么关心银行的危险处境——银行从联邦储蓄银行提取的数额已经超出了定量——而此刻只关心自己的责任利益。我了解得越多，脑海中就越闪现出“混乱”这个词。谢谢你，格林斯潘先生！

内心对话，格林斯潘和凯西试图说服艾尔·凯西：

凯西：你疯了，凯西！

格林斯潘：你是在为国家做出巨大的贡献。

凯西：铁道，好吧。报纸，好吧。航空公司，呃……好吧。邮局，好吧。行将就木的银行，绝对不干！

格林斯潘：你会为自己同意接受这一使命而自豪的！你的祖国会永远感谢你！

我回到家，深深地吸了一口气，坐下来后，我开始把自己所认为的银行的最大问题和要做的工作写在一张纸上：

- 管理混乱，要让很多人辞职
- 和 FDIC 一起解决工作安排
- 努力留住大客户
- 结构改革方案，律师和投资银行家
- 6 月初外面董事的保险需要续签
- 找一个新的首席执行官

我马上动手组织了一支 60 人的队伍，分成 15 个小组，首先确定事情的准确现状，然后制定出第一共和银行未来的战略。我们最迫切的任务是准备出售银行。每个星期六我们都要和其他经理一起召开不间断的部门会议——只要还有问题和建议就会一直开下去。每个星期天我还和各个部门的负责人一起工作。此外，每周我要和总部全体员工约 600 人见面，向他们通报最新进展并答疑。摆在面前的问题多得惊人，而且大得惊人，但我下定决心解决这些问题——如果可能的话——唯一的方法就是用开放的态度、交流、信任和幽默。在危机之下，重新振作士气是第一件要做的事，这你可以随便去向哪个军队的将军求证。如果新来的董事长每天苦干 12 个小时，一周上班 7 天，那么状况总该有些希望吧？

上任三个星期后，有一天早晨 6 点钟我突然醒了过来，我对艾丽说：

“是谁说银行家彻夜难眠来着？”

她知道现在想要放弃这份工作已经太晚了。“是谁在说退休以后要轻松地生活来着？”她补充道。

在我的要求之下，董事会的6名成员向我递交了辞呈，他们是现任首席执行官杰瑞·弗朗特豪斯、杰姆·贝里、布莱特，副总裁杰姆·启、乔伊·穆索利诺和戴维·佛劳伦斯，最后一位则是银行以前一位传奇般的总裁的儿子。我马上任命穆索利诺为总裁，任命另一位重要官员杰姆·厄文为副总裁，因为我急需几个熟悉银行内部情况和员工的人充当过去管理和行动的桥梁。

有一段时间，我在达拉斯的第一共和银行有85名联邦储蓄保险委员会的检查人员，在休斯顿分行还有40位检查人员，他们都在评估我们的流通价值，在决定是应该重组还是应该解散。

但我还有另一个计划，这个计划不仅可行而且还可以保持银行归当地所有。我们和德雷克赛尔（Drexel）Burnham、西尔斯公司、Raebuck的子公司丁·威特公司和科德威（Coldwey）银行家房地产公司一起合作，把困难重重的第一共和银行分成了两部分：一个拥有所有良好资产的“新的”第一共和银行和一家持有所有坏账和那些“可疑”贷款的“处理银行”。

这两家公司的部分资产将由联邦储备保险委员会持有，部分则出售给投资商。德雷克赛尔和丁·威特将充当联合包销商，包销向公众发行的10亿美元股份，而科德威银行家房地产公司将管理所有坏账。

公众为什么会愿意购买正在重组的银行的股份呢？因为我们将以非常有吸引力的利率——11%～12%——来发行股份，而且联邦储蓄保险委员会也会提供担保。虽然有很多的坏账，但第一共和银行仍有大量信誉良好的资产——它们共超过250亿美元。我和我的同事们都认为这次公开发行的股票会全部被认购，或许还会超出账面数额。

1988年6月9日，我把自己的计划上交给了联邦储蓄委员会，后者同意成立一家处理银行来处理第一共和银行的坏账，条件是联邦储蓄委员会将拥有75%的股份，其余的25%卖给外界的投资者。联邦储蓄委员会起初规定我们在6月15日之前找到竞标商，随后又把期限延长到6月30日以前，因为到15日为止他们只接到我们的一份竞标。塞德曼和联邦储蓄委员会找了其他一些大银行，其中包括威尔士法戈和花旗银行，但在做出详细调查后却都表示不感兴趣。同时，北卡罗来纳国家银行，也就是现在的万国银行有一段时期曾表示感兴趣，但却没有提出具体的建议。

在我不知道的情况下，10月底，北卡罗来纳国家银行终于同塞德曼坐下来达成了一个交易。为此联邦储蓄保险国家银行必须向北卡罗来纳国家银行提供40亿美元的"嫁妆"——有史以来最大一笔救援资金。联邦储蓄保险委员会注入的这笔资金，冲销第一共和银行现有的所有债务和坏账，使之有足够的资金可以重新开张。作为交换，北卡罗来纳国家银行控制了268亿美元的资产，规模于一夜之间扩大了一倍。这笔交易的花费使联邦储蓄保险委员会有史以来第一次出现赤字，因为40亿美元的购买费用大大超出了联邦储蓄保险委员会每年从成员银行处征收的20亿~30亿美元的保险费用。

我当时觉得，并且现在也仍然认为自己的计划是可行的，而且也更节省费用。不说别的，其他州的银行和独立的得克萨斯州银行会有不同的优先考虑。但联邦储蓄保险委员会的总裁比尔·塞德曼显然不这么想。我怀疑部分的问题在于德雷克赛尔 Burnham 和其好夸耀的垃圾股票大王，麦克尔·米尔根当时已经受到新闻界越来越密切的注视。联邦储蓄保险委员会显然不希望在任何途径中牵涉到德雷克赛尔 Burnham 或米尔根。尽管如此，就我们和任何其他人所知，米尔根这个人虽然不争气但很聪明，他和德雷克赛尔 Burnham 承担的风险似乎完全有道理。

不管怎么样，这次危机终于结束了，人们恢复了信心，至少暂时如此。塞德曼打电话给我说了一大通感谢的话，谢谢我的"贡献"。在那几周里，我了解到的关于我们银行系统的东西比我想学的都多。我很高兴这一切终于结束了，我又回到了自己正常的生活轨道，开始准备下一学期的课程。我不知道自己的金融生涯这时才刚刚开始呢。

1989年11月底，艾丽和我飞往拿骚（Nassau）去参加 Memorex Telex 的一次董事会会议。会后，我们出席了仪式性的晚宴。晚宴十分热闹，艾丽认识大多数的董事和他们的妻子，和他们谈得十分开心。她总是很关心别人，对他们的计划、希望和孩子们都很感兴趣，她花了大半个晚上了解朋友们的近况。

用过晚点后，她注意到我们的好朋友鲍勃·斯特劳斯悄悄地离开了。

“鲍勃不应该不辞而别的。”她对我说，说完她就站了起来，快步穿过大厅，在走廊上和他道别。然后她转过身来对我说：“艾尔，我去楼上拿毛衣。”

即使是在拿骚，这个季节的夜晚也有些凉意。她知道喝咖啡后我们要散步去娱乐场。

过了15分钟，她还没有下来，我上楼走到我们的房间门口，大声地敲门。

“艾丽，”我叫道，“门锁住了，开开门。”

没有人回答。于是我下楼在服务处拿了钥匙，打开门，我发现艾丽一动不动地躺在地板上。

我连忙打电话叫来医生，然后口对口做了很长很长时间的人工呼吸——甚至大夫到了以后还在做——都没有用。我们费尽努力，还是没有一丁点儿脉搏跳动的迹象。我在前面提到过，后来我们才发现她得的是动脉瘤，和我做手术的那次一样。

一架美航的志愿飞机和机组人员飞到拿骚，将我们送到了波士顿，艾丽被埋葬在马萨诸塞州布鲁克林的霍利霍德家族墓地。葬礼在西罗克斯布里的圣德雷萨教堂举行。那天，来的人和朋友挤满了教堂。在仪式上，我痛苦地读了以下致辞以纪念艾丽：

> 艾丽乐于成为每个人的朋友。事实上，这种感情——友谊——对她来说是那么自然，因为她真正关心所遇到的每个人：他们有什么希望？有什么理想？他们的孩子怎么样？你们每个人可能都敢说自己是她最好的朋友，她十分珍视与你们的友谊。你们每个人都是她皇冠上的珠宝，因为她无疑是一位皇后——我的皇后，我的妻子。

我们深爱着对方。艾丽为我这个不能保持一份工作和自己健康的人做了所有可能的一切。我将孤独地一个人生活——请从她的突然逝世中吸取一个重要的教训：请每天告诉你的爱人，你有多么热爱他们。

这是我一生中最痛苦的一天，这些话是我说过的最困难，也是最真挚的话。

艾丽去世后的15个月里，我不仅感到茫然失措，而且丝毫不想再出现在社交场合。无数个好心的寡妇打电话来，表达了一连串的哀悼和慰问。我表示了极大的感激，婉言谢绝了。后来我的女儿朱迪搬来和我一起住，给我带来了许多的快乐和安慰。

艾丽的好朋友之一帕特·帕特森的家是达拉斯的一家展览馆，当地人称为粉色屋。帕特常常将她的家借给朋友进行社交接待和用于各种慈善活动，包括艾丽参与的几次。帕特在那几个月里给了我很大的帮助和支持，最后我开始在社交场合露面时，一般也总是在粉色屋举行的活动上。我发现生活中的事总是一件接一件地发生，慢慢地，帕特和我对彼此越来越有好感。几十年来我一直信守自己的一条格言——向前看而不是向后看——过了一年半以后，我觉得自己应该重新开始遵守这条格言了。

CASEY'S LAW

14

解决信托公司

“活到老，学到老”。我发现你要是想做什么事的话，只管去做就是了，而最坏的做法就是征求别人的批准。那样的话一定会什么也干不了。

招聘：

坚忍不拔的经理人员，能处理这令人窒息的官僚机构，并尽可能地挽回一个已不可能成功的局面。应聘者应具备果断的决策能力，能够精简办事程序。该职位报酬和福利相对偏低。

请把简历寄往解决信托公司。

《达拉斯早间新闻》

1991 年 9 月 19 日

1991 年 9 月中旬的一天，新学期刚刚开始不久，我在达拉斯南方卫理公会的办公室接到一个电话，莉比·司各特接了电话，然后便不停地按铃要我接听。

“是财政部副部长约翰·罗伯森，”她说，“他听起来挺激动。”

“早上好，约翰，”我说，“华盛顿近来如何？”

“很好，艾尔，很好。我就有话直说吧。关于解决信托公司的职务我们已经决定了。”

“谁是那个幸运儿？”我在报纸上看到寻人委员会开出了一张 200 名候选人的名单——没有人想到要告诉我——我自己的名字最近也被补充到了这短短的名单上。

“艾尔，我们想让你来领导解决信托公司，但是我们没有权力任命你，因为还有寻人委员会。所以我们想让你和委员会的人见见面，再和财政部长布拉见一见。”

“等一等，等一等。你说得太快了，约翰。再说，你也知道，我不是银行家。”

“艾尔，我们都知道你在第一共和银行干得怎么样。再说这份工作需要的是机灵的商人，不是银行家。”

“就我所知道的一点点来看，”我说，“听起来好像它需要一位魔术大师。现在有人在管这摊子事吗？”

“比尔·塞德曼，”他说，“他作为联邦储蓄保险委员会的主席，现在当代理首席执行官，不过新人一任命他就会退下来的。”

根据我在第一共和银行的经验，我对解决信托公司所面临的那类问题有第一手的了解，接受这样一份工作就等于自己跳进虎穴。到今天为止，全国已经有多少家破产的储蓄银行？我从国会能够得到什么样的支持？从政府、监督委员会又会得到什么样的支持？我手下的人会是什么样的？时间一长国会会继续给我们提供资金吗？因为在我看来这显然不是一件可以一蹴而就的事，可能需要几年时间才能解决，其中牵涉到的数目是惊人的——几千亿美元。如果我失败了怎么办？

可能正是这最后一个问题帮我下了决心，因为我突然意识到这是一个墨菲式的问题。

积极一点想，艾尔——你喜欢参与大问题；喜欢大数目的钱（我脑子的声音在说：好吧，可是有这么大?）；喜欢和很多人一起工作。让我们来面对它。你喜欢担任公职，给国家一点回报。这听起来很幼稚，可这就是我的感受。

我的决定中还有一个因素——艾丽死了，我优先考虑的问题也变了。原来想去旅行，快活地享受晚年，有更多的时间能够在一起。现在我的目标却是使自己忙碌，这个我敢肯定。

简而言之，我答应了同寻人委员会见面。我强调说，如果自己真的同意了，那么我的目标将是使解决信托公司没有存在的必要，就像在邮政署那次一样，使自己再度失业。

“凯西先生，您对自己的时间安排有什么想法吗?”委员会的一位成员问道。

“我们要处理的是大数目——4000 亿美元以上，这你们是知道的——还包括各种令人头昏眼花的资产。不过作为对你的问题的回答，我希望在 1996 年年底看到解决信托公司关闭。”

“凯西先生，那么这段时间内，”另一位委员说，“您认为您能‘挽救’百分之多少的资产呢？”

我回答说在没有更好地了解局势之前瞎猜是不合适的，不过我会努力尽可能挽救百分之一百的资产。

在 10 月 15 日上任之前，我做了两个星期的顾问，在此期间比尔·塞德曼向我介绍了情况，讲述了关键的职务和人员，同时把他对各个部门负责人的评价告诉了我。这帮了我的忙，但也使我马上认识到我们的人手还远远不够，没有基础设施。日程表上的第一项是要处理资产价值达 1040 亿美元的 262 家破产储蓄银行，这头两个星期里我的脑海中不断出现“令人瞠目”这个词。

塞德曼在走以前请求我帮他一个忙，而我总是对快要离任的行政长官在最后一分钟提出的帮忙要求感到有点儿不悦。

“为了使我的四名助手愿意离开在联邦储蓄保险委员会安稳的工作，”他说，“我在他们来解决信托公司时给了他们慷慨的早退许诺，如果他们可以离开的话。艾尔，我非常希望你保证他们的这一待遇。这笔钱已经上报到立法建议里，下一次报款法案就会发下来。”

“这听起来很合理。”我说。

“这个对我很重要，”他接着说，“参议员泰瑞·桑福德会建议把它包括在拨款法案中的。”

我打电话给桑福德参议员，要求尽早见上一面。他在我们见面时肯定了他已同意把早退条件包括在拨款法案里。“我支持塞德曼。”他说。于是我满意地离开了他的办公室，认为一切都没有问题了。

结果后来却出现了问题，这使我提出另一条生死攸关的法则：即使你已经完全相信自己做了正确的决定，也要假设仍有一丝可能性——无论是多么细微的一丝可能——你还没有完全解决问题。

上任后不久，塞德曼手下的戴维·库克提前辞了职。戴维·库克在解决信托公司的职务大约相当于企业的副总裁。当时我并不知道，根据法案的条款早退的负担是在解决信托公司，还是落在了联邦储蓄保险委员会身上。自然，联邦储蓄保险委员会的人都很不安，因为库克早退大约要花费 150 万美元，这会给预算留下一个不小的漏洞。总会计师办公室（General Accounting Office）因此要求联邦储蓄保险委员会在库克辞职时预订早退费用，这件事在报纸上闹得沸沸扬扬，于是有人打电话给塞德曼询问他是怎么回事。

“啊，我也很不安，”塞德曼说，“我不知道凯西为什么提出这个早退条例，我是肯定不会批准这种要求的。”

我听闻后大怒，打电话给塞德曼。“比尔，”我说，“你好像很健忘，是你要我支持你的早退规定的。你忘了你叫我去见泰瑞·桑福德了吗?”

电话那头又沉默了一会儿，不过这次短多了。“噢，艾尔，”我仿佛可以看见他一边摇头一边说，“你只是不知道这个城市的做事方式罢了，你会习惯华盛顿的。”

“比尔，这太可耻了。你不是我以为的朋友，你也不是我认为的那种人。”

我挂了电话，发誓再也不会同他说话。此后我果然再也没有同他说过一句话。

1991 年 10 月 1 日，我在杰佛逊饭店租了一个套房（杰佛逊饭店后来因为克林顿总统的前政治战略家理查德·莫里斯而名声大噪），租期为 6 个月。快到年底的时候，我竭力说服帕特·帕特森也一起到华盛顿来。

估计这份工作的时间会比较长，至少需要几年的时间，因为当时看来布什显然会在 1992 年获得连任。于是我们决定租一栋房子。帕特在参议员马克·哈特菲尔德的妻子托妮·哈特菲尔德的帮助下在卡勒拉马路上找到了一栋漂亮的房子。那里的地方很宽敞，可以招待客人，而且还有好几间卧室，这就是说我们可以在那儿接待朋友和孩子们——她的孩子帕蒂和卡罗琳以及朱迪和彼得——还有家人。帕特把卡勒拉马路上的房子变成了粉色屋第二，把她的法国古董、名贵地毯和查尔斯国王的小狗都搬到了北方。我们大宴宾客，没出几个星期帕特就成了首都最主要的女主人。在华盛顿，人们总是在几个小时的聚会——在一个安静的角落里喝咖啡或吃晚餐——之后做成许多生意，招待聚会是做生意的最好方法。我们还宴请了许多解决信托公司的成员，以帮助大家培养友谊，这也使我们在快节奏的工作之后可以静静地、清醒地讨论一些今后几个月或几周内亟须解决的问题。

此外还有得克萨斯人：我们邀请的很多宾客都来自得克萨斯，以至于没过多久，卡勒拉马路的房子就被大家称为得克萨斯使馆了。

我的老朋友休·凯雷州长（我在纽约的时候在他手下工作过）每次到华盛顿来都以我们的房子为第二个家，这使我们蓬荜生辉。事实上，他来得如此频繁，于是最后我们干脆在他的房间里为他留了一个大衣橱。每次他来帕特都会问清楚他是否和我们一起在家吃饭。他是一个真正的好朋友，在我们外出旅行的时候甚至还会帮助照看我们的狗。

那段时期最令我们难忘、最不寻常的招待会是星期六下午的橄榄球聚会。不是艾尔·凯西同泰西·肯尼迪打橄榄球，而是华盛顿红皮队对堪萨斯城队长队，在堪萨斯城比赛。我们的贵宾有红皮队的老板杰克·肯特·库克，他早就宽恕了我在泰勒普罗特时同他的对抗。我们的华盛顿客人名单可谓名人云集，有艾伦·格林斯潘、维农·约丹、安德鲁·米切尔和十多名政界和商界人士。无论他们在工作上意见如何有分歧，也都是红皮队的拥戴者。

我们在房子的各处放了十来台电视机，屏幕最大的一台在起居室。我们希望聚会十分热闹、激动人心。杰克和妻子玛丽娜在比赛开始后一会儿就到了，杰克完全被堪萨斯城的赛事吸引住了，对任何响声——甚至欢呼——或其他任何打扰他注意力的东西——都会颇不高兴。显然，杰克相信只要自己的注意力一松懈，红皮队就会立马遇到麻烦。所以当其他客人发现起居室在3个小时内都必须保持绝对安静后，就三三两两踮着脚悄悄地退出了房间，到别的房间去看不那么严肃的电视去了。（注：红皮队输了。）

随着时间的推移，解决信托公司占用的我的时间和精力越来越多，我常常不得不在傍晚打电话给帕特推迟晚餐或告诉她不回去吃晚饭，帕特对这些坏消息总是毫无怨言。有时在获得成就后我会兴高采烈地回到卡勒拉马路的住处，然后我们会庆祝一番。有时事情进展得不顺利，墨菲占了上风，我筋疲力尽地回到家，(暂时的) 为这一切是否值得而疑惑，这时帕特就会让我高兴起来，准备第二天继续战斗。如果没有她，我非常怀疑自己能否承受这份工作的压力——显然这是我一生中最艰难的时刻之一——我对从她那里获得的支持十分感激。

※　※　※

10 月的第一个星期，我和解决信托公司的行政人员见了面，告诉他们从现在开始每周要和向他们汇报的负责人单独见面一次。我还出席了一次解决信托公司官员的大会，后来才知道这种会每月都要召开一次。

在第一次会议快结束的时候，我以建议的形式做了一个发言。“女士们，先生们，”我说，“我建议这些例行的员工大会以后每年举行一次，可以在圣诞节前后举行。”

从他们的反应中我无法看出大家是不是被逗乐了。总的来说，在和每位高级雇员见面谈过一个小时以后，我对解决信托公司的高层人员留下了深刻的印象，并且公开地说了出来。

有新闻记者问我最初一段时期我的首要任务是什么。

“学习解决信托公司的说话方式。”我说。

“对不起?”

“就是政府的官话。我得先学会了才能同大家交流。”

并不是华盛顿都像比尔·塞德曼一样。我在邮政署期间认识的桑德拉·黛·欧科纳法官问我能否为我主持一次就职招待会。我受宠若惊，表示十分高兴。她安排我在高级法院大楼举行就职仪式，并主持了 400 多人的参加仪式前的招待会。

一些其他高级法院的法官也出席了招待会。我带着女儿朱迪早早地就到了，我们到的时候，桑德拉·黛穿着一件很漂亮的裙子，没有穿她的法官长袍。

“欧科纳法官，”我摆出自己最严肃的表情说，“非常感谢您今天为我做的一切。不过我注意到您没有穿自己的正式袍服。我认为除非您穿上正式服装，否则宣誓仪式就不够正式。”

“真的?”她说，但看起来无动于衷。说完她便退下了，几分钟后又穿着整套法官袍子出现了。在那次拍的照片里，她看上去令人肃然起敬。

80 年代中后期，储贷问题已渐渐演变成了一场危机，但媒体却由于某些原因对之漠不关心。我猜测比起烟雾大火来这要有趣得多，尤其是一场失去了控制的大火。我到的时候，解决信托公司已经处在火灾的中心，受到新闻界的关注甚至是穷追不舍，好像它是自己试图纠正丑闻的罪犯似的。记者们常常集中于一件事，把事实的范围有选择地缩小，引用某些（口头的）批评，然后指责解决信托公司犯有这样或那样的错误：官僚机构臃肿，人员配备不够，迟钝，在资产的处置问题上有失公正。这些指责没有一条是正确的，除了可能在我刚到的时候确有一些员工工作效率不高之外。我马上开始了精简机构，但是在一些领域内我们又必须增加人员配备，因为当时我们要处理七百多家破产的储蓄银行，总共资产数量超过了 4000 亿美元。说得更形象一点，这笔数目超过了美国花旗银行和通用汽车公司的资产价值之和。此外，我们的“产品”是如此得多种多样，当时我们出售一切东西，从完整的空写字楼到造了一半的高尔夫球场，什么都有，所以随便哪个首席执行官都会为严重“产品组合不良”的问题而睡不着觉。

1989 年国会第一笔拨款 300 亿美元主要被用于支付已保险的储户。我们需要更多的资金来处理危机的第二部分，因此出售资产从而使纳税人免予承受所有的负担。但对拨款总是小心谨慎的国会还是对解决信托公司的操作方式不甚满意，他们拒绝继续拨款。在国会看来，解决信托公司的动作太缓慢了，这种指责倒是没有全错。“快节奏”是今天的时尚，但是我知道如果我们进行得太快就会搞成大甩卖，使资产价值直线下跌。而我认为自己的责任是要尽可能地挽回这些资产：我对国会说过，我的目标是 100%，虽然谁也不相信这是可能的，也许连我自己也不完全相信。

总之，一部分的问题在于起初解决信托公司一直在零零碎碎地出售资产，这儿一块地，那儿一幢楼，再把一个高尔夫球场卖给当地的企业家。这样零零碎碎地出售带来三个问题：可能永远也卖不完，你也不知道自己卖的价格公不公道，而且很可能这些资产会受到政治方面的压力——选民们会打电话给国会议员，要求给他们以优惠。

“议员先生，我想买我的抵押，您能帮我吗？”

“议员女士，我知道解决信托公司要卖路那头的一个高尔夫球场，我想买下来。您能帮助我们当地人吗？”

除了其他种种危险以外，还有一个不可否认的事实，那就是这么做不经济。只卖一幢大楼所花的费用同卖 50 亿美元的资产组合一样高。所以我可以预见，鉴于现在国会已经不愿意向我们继续拨款，如果我们不能做出实质性的成绩的话，以后就更不用说拨款了。

1992 年年初，国会在决定由国会来批准解决信托公司的首席执行官后通过了单独的一套法律，对拨款和首席执行官的要求做出了新规定。根据新法，1992 年 2 月 1 日起我接手了解决信托公司的工作。

我的第一项任务是像自己在时代明镜和美航所做的那样组织一个新的执行委员会。我希望新的管理组织权力下放，机构精简，对客户的反应更敏捷、更加灵活。而且我希望更多的决策在现场立即完成，因为那里的人知道资产的价值和经济状况。

原来在联邦储蓄保险委员会任职的比尔·罗艾尔担任了首席执行官兼首席会计师。同样从联邦储蓄保险委员会来的拉马·凯利负责资产的处理，这相当于企业里的市场营销部负责人。杰拉德·约伯在我来的时候就已经是总顾问了，但因为同亚利桑那州州长的关系，所以一年之内必须离开。替代他的是里克·阿布西。里克与其说是顾问，毋宁说是行政管理人员，因为他要负责在全国各地成立部门，决定是否要起诉破产银行的负责人或官员。如果我们同意起诉，他就得负责同当地的顾问合作，制订预算，评估解决信托公司的费用和预计恢复期限。第四位行政负责人是戴维·格力尔，其负责管理公司的杂货：采购、审计、道德、人事和公共关系等。

每个星期一的上午我都和四位行政负责人见面，安排我们的日常，总结上一星期的进展，集中讨论新出现的问题。罗艾尔还有一项额外的重要任务，即接受由储蓄监督办公室确定破产的储蓄贷款，并对之进行管理，然后分别建立会计账簿。然后解决信托公司就用这些资产——银行索要的储蓄和抵押品——来支付已保险的储户。同样的程序也适用于商业银行，只不过是由货币控制部门（Controller of the Currency）来确定是否破产，并由联邦储蓄保险委员会接管处理。所以说我们有两个平行的结构——一个用于商业银行，一个用于储蓄银行。

按现在处理资产的速度和做法，解决信托公司别想在100年内处理完所有的抵押、资产和证券。于是我们想出了一个新办法：证券化。简单地说就是把贷款集中起来，以它们为抵押发行证券，尤其是债券，然后像其他债券一样买卖。同一类的许多贷款被集中起来组成临时证券，例如，抵押临时债券的投资者可以购买由这些抵押支持的证券。把这些贷款集中转化成标准化的证券，使发行者可以取消中介以进行大数额的交易。当然，已发行证券的价格直接取决于抵押物的价值。但总的来说，吸引投资者的是高于平均利率的回报。当我们第一次提出这个想法的时候许多人都表示怀疑。但是随着时间的流逝，虽然把各种资产组合起来比较复杂，有时也不一定能组合得很好，但我们回收资金的速度快多了，效率也高多了，要是继续零卖的话绝对没有效率。

1992年，解决信托公司手头有许多土地，我们受到了很大的压力，要尽快地把它们处理掉。但是这也意味着要以低廉的价格一块块单卖，我拒绝了这样做。于是我们就组织了一个新的“土地基金”，目的是提高土地资产的价值。这个基金的结构有点像合资企业，一方是想为每块土地卖上最好价钱的私营部门管理者，一方是在未来利润中收取合伙利益的解决信托公司。总体来说，华尔街的包销商对这个方案的最初反应不怎么热心。但这一方案宣布以后，竞标者蜂拥而至，没有几千也有几百，连华尔街也为之动容，啧啧称赞。我觉得自己最得意的时候是五角大楼也打来电话询问这个方案，考虑这种想法能否推广到管理他们落伍的军事基地上。

从所有这一切来看，你可能会认为解决信托公司可以放手去做一切它想做的事，但事实并非如此。我们必须和国会争辩，因为只有国会不断给我们拨款，公司才能运转下去。此外国会还指定了委员会监督我们。当然，还得对付新闻界。监督委员会的成员包括财政部长尼克·布拉迪、副部长约翰·罗伯森和联邦储备委员会主席艾伦·格林斯潘。这些人都抱怨我不同他们商量。这倒是真的。我不同他们商量是因为他们显然不会同意我做的任何事，这一点早就很明白了。为了澄清事态，我于是召集了一次董事会会议。

“先生们，召开这次会议是为了问大家一个简单的问题：你们为什么聘请我？”

他们面面相觑，好像在说这个问题提得多怪。然后有一人说道：“这个，是为了出售破产储蓄机构的资产……”

“尽可能获得最高的售价。”另一个补充道。

“大家有没有想过这项工作的压力有多大？”

所有的人嘟囔着表示同意。

“我可以和别人共事，这个没有问题，但是我不想受监控，我喜欢自己做主。而且想来你们聘请我也是因为认为我能完成这份工作，我可以担负所有责任，我不希望有别的掣肘。所以，如果你们想让我听别人的指挥的话，那还是另请高明吧。”

所有的人都表示支持我。可以说从那天起，我做起事情来轻松多了。当然，解决信托公司的工作从来就不可能是真正轻松的。不过，起码我们的计划实施起来顺利多了。

凯西法则说，如果你碰上了一个烦人的问题，比如监督委员会，千万不要拖时间，应该越早解决越好。面对问题，做好思想准备，该放弃的就放弃。当然，我并不想离开解决信托公司，但是如果要让我在别人的监视下工作，那我多半不会成功的，还不如早点走呢。当时，我赌的就是董事会会做出让步，结果果然赢了。

虽然“解决”了监督委员会的问题，但我没有一天会不得罪一两个人的。谁都想开后门，而我却不是一个会开后门的人。由于我坚持原则不放，他们就开始指责我偏袒有钱有势的人。又由于不让当地人买地产和楼宇，我被指责为歧视无权无势者。在解决信托公司那阵子，我估计自己是华盛顿最不受欢迎的人了。去他的吧，我才不在乎呢。当初接手这份工作时我就已经想到这一点了。

一天，我碰上了副总统奎尔，他揶揄着祝贺我说：“艾尔，现在多亏了你，这个国家才又统一起来了。你已经成为公众憎恨的对象：国会恨你，白宫恨你，银行家们不喜欢你，连你自己的雇员也讨厌你。”

“谢谢，副总统先生，”我说，“您说的也许不错，不过我想您该知道，当初我接受工作就不是为了让别人喜欢我，我接受这份工作是想早点把它干完。”

上班才几个星期我就学了些新东西——“活到老，学到老”向来是我的信念。我发现你要是想做什么事的话，只管去做就是了，而最坏的做法就是征求别人的批准。那样的话一定会什么也干不了。但是如果谁也不问就去做的话，那你就得做好一切准备，为你的行动辩护。

我刚上任的时候，支持解决信托公司的人简直寥寥可数，大家谁也不喜欢它，害怕会因此增加赋税。国会也不喜欢它，因为它是政治上一件令人尴尬的事，还有可能构成危险。新闻界则是找到了一个最好的靶子。但最令我感到气愤的是连得克萨斯州的众议员山姆·约翰逊也批评起我来，这简直是在人心窝里刺了一刀，于是我当即在《达拉斯晨报》上写文章反击：

储贷银行拯救基金至关重要

有句话说，在得州什么东西都大一号，不幸的是，储贷银行的破产也应了这句话。虽然大多数得克萨斯人并没有觉得怎么样，但人们对储贷银行的失败普遍感到不安，对解决信托公司的工作表示愤怒，虽然到头来仍是解决信托公司来收拾烂摊子。

储贷银行的破产以及解决信托公司的活动是得州人未曾经历的，所以我一点也不奇怪山姆·约翰逊议员的抱怨引起了得州选民的共鸣。在得州，只要一提起解决信托公司，就等于点着了人们对储贷银行的愤怒之火。

但是如果我们想帮助得州恢复健康的经济，保护储户利益的话，我们就不能把解决信托公司和此前发生的事混为一谈，就像不能把失火归咎于救火员。现在解决信托公司所面对的正像是一场大火灾，而得州的火情又是所有各州中最严重的。

我向来愿意接受一切建设性批评，但约翰逊先生的批评完全是瞎开炮，根本不以事实为依据。让我们先来仔细地看一看事情的前因后果，然后再决定要不要停止拨款，保护储户。

解决信托公司损害了得州人的利益吗？没有。在储贷银行事件中，得州的情况比其他各州都严重，因此解决信托公司在得州投入的钱和时间也是最多的。得州遭受的损失最大，达到 240 亿美元，相当于迄今为止总花费的 1/3。得州的 137 家破产储蓄所成了我们关注的焦点。一些任性的得州人那种不顾后果的投机行为致使得州遭受如此大的痛苦，结果却要纳税人来承担后果。解决信托公司关闭并出售了 130 家资不抵债的储蓄机构，保护了近 300 万储户总共 370 亿美元的存款，也避免了对得州经济进一步的破坏。

解决信托公司阻碍了得州经济的发展吗？没有。就像得克萨斯的巡逻骑兵恢复正义然后奔赴下一个目标一样，解决信托公司的任务一完成它就会离开这里。和约翰逊先生的描绘恰恰相反，解决信托公司快刀斩乱麻地出售了得州的资产。我们提前完成了 1991 年的任务，截止到 9 月 30 日，售出的资产总额已达 118 亿美元。自 1989 年以来，我们共处理得州资产近 290 亿美元，平均每月售出 1.3 亿美元。我们不希望出现倾销现象，因为那只会使脆弱的得州经济更加不景气，减缓复苏的过程。现在，全国破产资产账面价值的大约 96% 已经收回。

解决信托公司付给律师的钱太多了吗？不是。法律规定解决信托公司只能聘请私营部门的专业人员。我们请律师处理近 10 万件法律事务，占了剩余储贷银行破产资产的一半以上。对每一家破产的储蓄机构，我们总是先认真地进行评估，然后才决定是否值得诉诸法律。我们的开支也总是压缩在最低限度之内。如果我们不得不通过法律手段解决一个偷窃案或破产案的话，公司会聘请合适的专业人员来帮助收回纳税人的钱。按规定，解决信托公司必须和私营部门合作，聘请包括律师、房地产代理、评估商和许多其他得州人。

纳税人的确已经感到厌烦了，但约翰逊先生也知道，现在停止拨款、中止出售破产的储蓄机构只会抬高市场价格，从而每天给纳税人带来 400 万美元的额外负担。纳税人希望我们能尽早完成任务，去做别的该做的事。和约翰逊先生所指责的恰恰相反，解决信托公司并不存在管理不善的问题。面对如此巨大的挑战，解决信托公司处理得很好。我们已经在全国售出或关闭了 583 家破产储蓄机构，相当于每个工作日卖出 2 家；售出资产和回收资金超过 2000 亿美元，相当于每个工作日 3.44 亿美元。现在不是停下来讨论要不要继续拨款和保护储户的时候。国会决定在 4 月 1 日以后继续拨款是正确的。明年，国会还应该继续提供剩余的 550 亿美元以完成这项工作。之所以需要拨款，是因为破产的储贷银行自 1989 年以来增加了一倍。立法者们决定就储贷银行的解体采取措施时，约翰逊先生并不在国会。当时虽然大部分破产的储贷银行都在得州，但得州的议员还是表现出政治家以大局为重的气概，投票支持了保护储户的决定。现在，破产的得州储蓄机构的大部分储户都已拿回了存款，我们不应该只看到地方利益，撤回对其他各州储户的支持。

所有这一切都分散着我们的注意力，而新闻界却是最不甘气馁的一个。我对新闻界向来钦佩有加，并且坚信言论自由的必要性。但有时媒体不负责任的报道也确实令我震惊。全国各地有成千上万的人日夜辛劳试图扭转这场金融灾难，但有时整个新闻界却只关心预算中 67 美分这样一笔小数目。

事情是这样的。

1992年2月18日，我开车刚进解决信托公司大楼的地下车库就发现美国广播公司电视台的评论员山姆·唐纳森站在我的车位旁。我停下车刚打开门，“唰啦!”所有的摄影灯都突然亮起，山姆则开始说话。

“我的老天爷，山姆，你在车库干什么呢?”我问道，“干吗不到我的办公室里去?”

“因为你肯定不会让我们进去的。”他说。

“胡说什么，”我说，“我怎么会不让你们进去呢?”

唐纳森和我走进办公室，坐了下来，他才问起报纸报道的关于解决信托公司花67美分影印一页材料的事。

我已经读过报道，便点了点头，心想正好趁这机会澄清一下这件事。断章取义的报道讲的是加利福尼亚圣迭哥家庭联邦储蓄银行的事。这家银行拥有120亿美元的资产，是解决信托公司手头最大的银行。1992年2月，储蓄银行的问题当时还是由解决信托公司管理，涉及了一个监督办公室和解决信托公司共同发起的项目，叫作《加速解决方案》。这个方案的目的是要在资产贬值前加快出售的速度。我们计划同时出售家庭联邦储蓄银行的储蓄特许权和资产，这就意味着有许多调查工作要做。要审计银行的资产，向潜在的投资者提供资料。解决信托公司也需要全面的信息，以便评估投标，发放许可证。鉴于家庭联邦银行资产的大规模和复杂性，我们不得不雇用了几家评估公司来评估这份工作，并安排了几名经理来监督和协调它们的工作。经过竞争，Price Waterhonse被选中负责监督工作。我们和PW签订的合同总共金额达500万美元，其中包括影印。由于可以理解的原因，我们的预算常常不够花。

当时选择PW的时候，两边都不知道联邦大陪审团已经传讯了家庭联邦银行的所有文件。虽然我们以前也处理过类似的问题，但从未被要求上交这么多的文件：包括银行所有的簿记和记录。为了避免上交原件，像抵押单、贷款协议、存单等——这会使资产的出售延缓好几个月甚至几年，最后联邦同意接受影印件。但是影印件要达到联邦关于特证规定的技术要求，就必须在影印时采取一些特殊的措施。首先要保护文件不被遗失或损坏；银行和聘请负责影印任务的公司必须建立一个文档管理库；影印过程必须有银行熟悉这些簿记和记录的人员在现场监督；每份影印件都要和原件进行对比；要获得在一旁监督的银行人员的认可；还要按银行文档原来的次序排好。总之影印的过程是如此复杂，我们编写了一本两英寸厚的《文档管理程序手册》作为影印时的指导。

我滔滔不绝地解释着这一切。从他时不时发出的“嗯”“嗯”声和点头来看，唐纳森显然理解了每一步。

总之，我把事情的来龙去脉一点不漏地讲解了一遍，说明了为什么影印工作比人们想象的要复杂得多，涉及问题要多得多。我们不可能把这些文件捆扎成包送去了复印了事。这是要用来做证据的。

“非常感谢您的解释，”唐纳森放下笔，说，“现在问题就清楚多了。”

“山姆，67 美分不是全部用于影印的，而是包括了准备工作、影印、核查、质量管理和质量保证。我还可以告诉你，Price Waterhonse 已经开始和我们谈主动把收费降低了 400 万美元。这样平均每张文件的影印费用就从 67 美分降到 37 美分，他们是主动提出这样做的。”

山姆说了一大通感谢的话，并和我握了手，回去打发一直在门口等候的摄像人员了。我很抱歉讲了这么多琐碎的内容，但是想到可以澄清事实这又是值得的。我期待着听到山姆·唐纳森在晚间的新闻节目上解释这个误会。

过了几天，我把电视调到了美国广播公司的新闻节目。山姆·唐纳森从屏幕上直视着我，严肃地说：

“美国广播电台一直在调查解决信托公司滥用经费一事。我们发现了一个看似无足轻重但十分严重的问题，解决信托公司影印每张文件的费用达到 37 美分——不错，37 美分……”

我愤怒地关上电视，真可惜唐纳森没有亲自在我的卧室里直视着我的双眼。

第二天我就打电话到美国广播公司新闻部找他。

小姐说：“对不起，唐纳森先生不在。可以让我转告吗？”

我说："告诉他凯西先生打过电话找他，请他给我回电话。"

过了两天，他还是没有回电话。我又打了一次电话，不出所料，他还是不在。接电话的人许诺他一定会给我回电话的。但直到今天，我还在等他的电话。

到1993年3月15日我离开解决信托公司的时候，我们已经收回了售出的银行账面价值的93%。约有850家破产的银行被纳入我们的控制——是解决信托公司成立时预计破产银行数目的两倍还多——总共资产达4150亿美元。其中我们售出了3850亿美元的资产。我倒是很想再干一两年，把剩下的7%也都榨出来，可是这时华盛顿的政局已经易主，不难理解，新上任的政府想在重要位置上安插自己的人。我只留下了小小的7%的遗憾，总的来说，我觉得自己干得还不错。多亏全国各州无数充满奉献和无私精神的人的支持，我们终于帮助国家避免了一场大灾难。

我还想纠正一个对解决信托公司的普遍误解。因为时至今日，我们仍然存在这种误解，即成立这个不被理解、遭人厌弃的机构是为了"赎买"储贷银行。其实并非如此，成立解决信托公司的目的是保护人民，保护那些可能失去其终生积蓄的储户。媒体老爱用"赎买储贷银行"这个词，其实这完全是用词不当。国会拨给的每一美元都付给了储户，没有一分钱被用来"赎买"股东或储蓄银行的行政人员。

关于解决信托公司的最新消息是：

1996年7月，高级法院判决一些银行被鼓励接受大笔债务，以援救一些储贷机构。政府要求它们收购破产的储蓄机构，作为回报，它们可以得到优惠的会计待遇。根据判决，两者之间的合同等于许诺由政府而不是储贷机构来承担任何变动可能带来的金融风险。联邦立法者说服业务良好的银行用会计方法收购破产银行，允许它们将承担的债务记成"商誉"，也就是说可以在35~40年内冲销。这些交易对银行十分有利，因为这种账面的资产使它们可以发放更多的贷款。

1989年，国会从储贷机构最低资本要求中取消了"无形资产"，包括商誉这一项，许多储贷机构因此变成了非法的。

一些储蓄银行向华盛顿的联邦法院起诉了政府，1992 年，它们获得了胜诉。政府声称不应该把它的合同解释为承诺以某种方式实行规管的权力。

戴维·苏特法官指出，储贷银行并没有反对国会修改法律的权力，但政府承担了支付法律修改后可能给银行带来的任何损失的责任。

当时有近 100 家银行状告政府违反合同，实际损失将由初级法庭判决。1996 年 1 月，政府花了 100 万美元说服法庭听取它的上诉。

在 20 世纪末到来之际我们面临着一个又一个危机。一切都来得那么快，对很多人来说，解决信托公司已经被淡忘了。这令我很高兴，因为当时如果不是果断而直接地解决这个问题的话，它对美国金融体系的破坏性影响可能会超过 30 年代的大萧条。

CASEY'S LAW

15

哈佛：君子报仇十年不晚“毒品行不通”道德的复苏

什么是我们自由基础的道德价值？荣誉、对上帝和对国家的责任、为他人服务、忠诚、善良、慷慨、努力工作、自力更生以及最重要的诚实和正直。

20 世纪 60 年代有一段时期我被提名竞选哈佛大学的督事，哈佛的督事会就等于其他大学的理事会。竞选就是比人缘，受到提名的共有 10 人，其中得票最多的 5 人会当选。我猜测能被提名就应该是极大的荣幸，不过我没被选上，我可不喜欢输给人家。老朋友们会跑来问：“嗨，艾尔，哈佛竞选那事儿后来怎么样了？”我不想回答，于是就告诉他们这类的话：“不好说，到现在为止才收到 60% 的选票。”

这次失败之后又过了几年，哈佛的校长德雷克·波克打电话来。“艾尔，我有个好主意，”他说，“你知道，这些年来当选的督事中有些既没有我们所需要的经验又不负责任，所以我现在正在建议，从我们过去没选上的人里找一遍，也许有人会做出更大的贡献，这样我就可以得到 5 名我真正想要的督事。你能否允许我把你的名字也包括在内？”

“德雷克，”我说，“第一次失败就够令人感到屈辱的了，不过当时和我一起参加竞选的有不少新近毕业的人，而且很多本来会选我的同学当时不在。虽然这么说，第二次再失败可就令人难以接受了。”

“我理解，艾尔，”他回答道，“不过你能不能至少听听两个很钦佩你的人的电话，他们都想看到你接受。”

“是谁？”

“安德鲁·海斯克尔和霍克斯·布尔。”他说。前者是时代明镜公司的董事长，后者是波士顿 Ropes & Gray 律师事务所的高级合伙人，也是美航董事会长期以来的成员。我说我会很高兴和他们说话。海斯克尔打来电话，列举了一长串我为什么应该支持德雷克的理由。我没有同他争论，而是静静地听他说完，然后问道："安德鲁，如果我同意的话，你会投我的票吗？"

照例是一段长长的沉默，然后安德鲁短促但是深深地叹了一口气说："艾尔，你知道这次的人都很有能力，其中还有几个是我自己的亲密好友。"

然后，霍克斯·布尔也打来电话，我们照例说了一番，然后我提出了同样的问题："霍克斯，如果我同意参加竞选，你会投我的票吗？"

又是片刻沉默或者至少是犹豫了一会儿，然后霍克斯说道："你知道，艾尔，我是公司董事会成员，所有校长中只有我们不许投票。"

事实上，霍克斯一直是由7人组成的公司董事会的成员，担任这一职务已28年，是哈佛建校以来任职最长的人。

虽然我的两个"哥们"都回答得不很热情，但我还是决定参加竞选，并且（居然）被选上了，做了6年的督事，那6年应该说每年都过得很有意思。

1968年，我们班开25周年班级聚会的时候我被推选发表演讲，支持美国在越南参战，同同班同学诺曼·梅勒辩论。我本来就不怎么想支持我们这一方，梅勒辩得十分出色，列举了一个又一个理由，以说明美国为什么不应该插手越南的事务，为什么应该尽快退步抽身来避免更大的损失。有关越战的问题是如此错综复杂，我虽然不能同意梅勒的看法，但亦难以想出有说服力的论据。我的辩驳在梅勒连珠炮似的进攻下只有招架之功没有还手之力。规定的时间到了，我谦卑地接受了失败。

在通常的情况下我会很快忘掉过去，把注意力集中在未来。但是被梅勒打败一事不知怎的一直留在我脑海中，倒也不算很长，只不过25年而已。1993年我终于找到了报仇的机会，这次聚会的规划委员会写信给我，问我愿不愿意在小组里发言谈谈同学们对未来的作用，因为大多数人都已经退休或即将退休了。我猜测他们邀请我做这件事多半是因为有人以为我找到了使"暮年"——一个我讨厌的词——生活更加有意义的妙法。起初我犹豫不决，因为我觉得同学们多半都对自己这时想做什么或不想做什么有很好的想法，要泛泛而论多半会变成说教。不过这时我突然记起输给梅勒那件事来，我告诉组织者如果他们可以安排梅勒、《华盛顿邮报》的前任编辑本·布拉德索和我一起参加一个谈论小组，我就答应出席并谈谈退休的好处。他们找到梅勒，他犹豫地同意了参加谈论小组，谈论的题目是：现代社会中的广告，利大于弊还是弊大于利？

辩论快要开始的时候梅勒向我走来，神情有点迷惑地问我为什么坚持要他参加这次辩论。我板起脸看着他说：“耐心，诺曼，耐心。”

梅勒辩论说广告是不道德的，它说服消费者购买不必要的产品，充满了愤世嫉俗的内容，广告商只鼓吹产品的优点和好处，偏离真实。这种理想化的要求听起来挺好，但在一个以商业为基础、有 2.5 亿人依靠商业活动的国家，他对市场营销术的谴责听起来十分无力，难以令人信服。

轮到我发言了，我解释了广告和市场营销在我的长期经验中是如何为公司带来更多利润，这些利润被重新投资来扩大企业规模，开发新的项目，而又提供更多的就业机会，向国家和各州上缴更多的税。我列举时代明镜和美航甚至邮政署的广告为例，显示这些广告是如何向公众传达简单、直接、诚实而又有内容的信息。与梅勒的泛泛而论相比，我的辩论听起来合乎逻辑、组织周密，而且我必须谦卑地承认，还十分聪明。总之这就是大家一致的看法。我讲完以后，梅勒显得有点吃惊，不过我想他也明白了为什么我要让他参加辩论。我们之间的账清了，这花了我 25 年的时间，不过我终于跟他扯平了。

我希望不要有人从这个小插曲中就贸然得出结论，认为我争强好胜，或者认为我不肯认输。这可真是大错特错。

现在虽然我已经不是哈佛的督事了，但我还是三家商业公司和三家公益公司的董事。我还是总部设在华盛顿的“全国毒品行不通运动”的主席。

今天商界面临的最大问题之一就是在工作场所使用的毒品现象越来越严重。大企业有资金可以开展工作场所无毒品运动，但许多中小型企业却没有财力物力来提供更多的帮助，只能是空口许诺而已，而中小企业雇用了全国 80% 以上的雇员。“毒品行不通运动”的目的就是要帮助中小型企业制定有效的战略，创造自己的无毒品工作场所。

这项行动是由布什总统和毒品顾问委员会（我是其中的委员）以及无毒品的美国伙伴计划建立的，最早在比尔·科夫曼的领导和预测下在康涅狄格州试行。比尔是大通曼哈顿银行的前高级行政官员。这第一个试点运动逐渐成为全国范围最广最有效的私营部门领导的反毒品运动。在佛罗里达试点也获得成功后，毒品行不通遂成为全国性的反毒品运动。

1994年春天，我的好朋友杰姆·布尔（当时是无毒品美国伙伴计划的主席）问我愿不愿意担任“全国毒品行不通运动”的主席。我了解到一项估计表明，有71%的吸毒者有工作，每天他们都去办公室、工厂或商店上班。这使我意识到毒品问题比晚间新闻摘要上所描绘的要复杂得多，于是我就接受了。解决毒品危机似乎已不再是华盛顿最优先考虑的问题，唯一的办法是让私营部门领导这场战斗，继续反毒品运动。

问题不仅仅在于市中心的无业游民，从华尔街到各个城市的大街，从最穷困的贫民区到最富有的郊区都有人在吸毒。把社会问题归咎于国家的年轻人虽然很简单，但我认为他们往往是受害者而不是祸根。这个国家的价值观和优先考虑是在学校、家庭和工作场所制定的。如果成年人不认为迫切需要消灭物质的滥用，年轻人就不可能改变自己的态度和行为。

我希望现在我已经说明了自己是一个执著于过去或一厢情愿地追忆“往日年华”的人。参加“毒品行不通运动”使我周游全国各地，到过各个城市、小镇和农家，也使我相信毒品问题和道德价值观的严重沦丧有明显的不可否认的关系。

我们这个社会或任何社会的道德水平就是父母和他们的孩子、老师和他们的学生、雇主和他们的雇员、公职人员和他们的员工、专业人士和他们的客户、个人和他们的朋友的单独行为的总和。在我们生命中的某一时刻，我们都不可避免地要充当这些角色，所以我们的决定和行为对整个社会的道德水平都很重要。

由于谈论我们自己或朋友的道德行为比较尴尬，人们就开始泛泛地讨论道德，抨击企业和企业官员、政府和政府官员的“道德行为”。随便做个调查，大部分美国人都会认为商业主要是贪欲驱动的。同样，我们所选举的官员也不断受到不道德和违法行为的调查。

对这个问题要从历史的角度来看。200 年前，我们的国父们建立起分权的概念，组成了美国宪法的基础。更早些时候，法国政治哲学家孟德斯鸠就探讨过人民和政府之间的关系。他说，独裁统治是建立在恐惧的基础上的，所以当恐惧消失时其制度也就消失了。显然，最好的政府形式是自由共和制，但根据孟德斯鸠的分析，共和制也是最脆弱的政府形式，因为它依赖大众的美德。

他说的大众的“美德”是什么意思呢？对我来说，“美德”就是按高的道德标准生活。同样，我们所说的道德又是什么意思呢？阿尔伯特·斯威瑟博士曾给过一个最好的定义。“总的来说，道德就是我们对好的行为的关心。我们感到必须不仅考虑自己的利益，而且也要考虑他人和整个人类社会的利益。”

因此，孟德斯鸠的意思是在自由共和国里领导者和大多数人民承诺只做对整个国家有利的事。当这种承诺被打破时，当人们只考虑他们自己的个人利益时，就不能继续指望他们只做对整个国家有利的事了。这时就出现了法律、规章和官僚机构。换而言之，这些东西的目的都是强迫人们守信用，是约束的工具而不是自由的工具。

18 世纪 50 年代中期也就是孟德斯鸠的那个时代，爱丁堡大学有一位亚历山大·提特勒曾预言过以下的过程：

——从约束到精神信念

——从精神信念到巨大的勇气

——从勇气到自由

——从自由到丰富

——从丰富到自私

——从自私到自满

——从自满到冷漠

——从冷漠到依赖

——从依赖又回到约束

在我们历史上的大部分时期，基本的道德价值被认为是一个国家和组成国家的人民都必不可少的。这些价值观通过家庭、学校和宗教机构一代代传下来，这三者又相互加强。我们不仅对价值观而且对价值观的重要性都达成了一致，从而知道我们是一个民族，我们的国家要往哪里去。

那么，什么是作为我们自由的基础的道德价值？荣誉、对上帝和对国家的责任、为他人服务、忠诚、善良、慷慨、努力工作、自力更生以及最重要的诚实和正直。但是今天，在整个美国有太多的家庭、学校和宗教机构不再发挥其作为道德价值的捍卫者和宣传者的作用。太多的人在小时候几乎得不到关于这些一度联合所有美国人的价值教育。而且，除了少数例外，商界和政界的人很少表示，更不用说强调我们的年轻人曾带给成人世界的道德价值观。看一看那些今天的特殊利益集团，它们把自己狭隘的利益置于国家利益之上。再想一想大多数拒绝投票的选民的自满和冷漠。我们的社会是一个骄傲自满的社会吗？通常在选举总统时，全国只有1/2的选民参加选举。也就是说，如果当选总统的得票率为51%，那么实际上只有1/4的选民选择了他。民主不应该受到如此对待。

我们的社会是一个自私的社会吗？联邦预算里有一大部分是给各种头衔的人，这是投票选举自己从公共财产中获得慷慨赠予的绝好的例子。美国已经在很大程度上变成一个自满的国家，人民只关心自己的利益。因此，我们的政策制定了一大堆法律、规章和制度，这些东西把我们像木乃伊一样包裹起来，大大地减少了使美国成为世界上最伟大的国家的那种自由。

我是不是听起来开始有点像墨菲了？希望不是。我仍然并且永远是非常乐观的。我相信今天成百上千万的美国人已经开始意识到道德价值的重要性。我在全国旅行的时候，在南方卫理公会大学讲课的时候，都清清楚楚地感到人们越来越意识到要在家庭、学校、大学和宗教机构中采用和遵守道德准则，尤其是在工作场所。

我总是对自己充满信心，至于是因为基因遗传还是因为小时候受到的教育则不得而知。我感到如果自己付出足够的努力的话可以做任何事情。我不会说是信仰给了我行动的勇气，我认为是一种父母从小灌输给我的是非观念促使我这样做。一切事物都是黑白分明的，我猜这是爱尔兰人的性格。母亲曾经说：“只要想象你要做的或说的会成为明天报纸上的头条新闻就行了。艾尔，我会为你感到骄傲吗？”这个问题的答案是肯定的，但母亲不断地把它印在我的脑海里。

“我不能总是给你们帮助，”她说，“但是你必须永远只做正确的事，不许玷污父母或家族的名声。”

商界的每个人都应该同意，道德地对待客户、雇员和供应商是保障生意成功的前提。但企业总是向员工施加大量有时是太多的压力，要求他们提高利润。现在它们必须学会同样严格地要求雇员在实现目标时走道德的大道。

“只有讲道德的人才能获得自由，”乔治·华盛顿说过，“理解和维护美国的生活方式，以身作则来向它表示敬意，把它完好地传给下一代人，这是每个真正的美国人的责任。”

我们每个人都必须决定自己怎样才能最好地完成这一责任，作为一个国家，我们有丰富的资源及很好的设备、交通和技术。再没有哪个国家比美国更具有生存和繁荣所需的条件。但是，机器和技术并不是导致国家不同的根源，就像它们不是企业间不同的原因一样。一个成功的社会是人民的事业，这个国家的灵魂就是那些理解如果食物有变好的可能就应该变好，然后尽其最大的努力去做好的男人和女人。

图书在版编目（CIP）数据

正念力：挑战墨菲定律的凯西法则 /（美）艾尔凯西 著；谷永亮 译. —北京：东方出版社，2014. 5

书名原文：Casey's law

ISBN 978-7-5060-7500-8

Ⅰ. ①正… Ⅱ. ①艾… ②谷… Ⅲ. ①成功心理-通俗读物 Ⅳ. ①B848. 4-49

中国版本图书馆 CIP 数据核字（2014）第 112934 号

正念力：挑战墨菲定律的凯西法则
（ZHENGNIANLI：TIAOZHAN MOFEIDINGLÜ DE KAIXIFAZE）

作　　者：［美］艾尔·凯西（Albert V. Casey）
译　　者：谷永亮
责任编辑：崔雁行　乔　俏
出　　版：东方出版社
发　　行：人民东方出版传媒有限公司
地　　址：北京市东城区朝阳门内大街 166 号
邮政编码：100706
印　　刷：北京市大兴县新魏印刷厂
版　　次：2014 年 7 月第 1 版
印　　次：2014 年 7 月第 1 次印刷
印　　数：1—6 000 册
开　　本：710 毫米×1000 毫米　1/16
印　　张：19. 25
字　　数：190 千字
书　　号：ISBN 978-7-5060-7500-8
定　　价：48. 80 元
发行电话：（010）64258117　64258115　64258112